HERMANN FLOHN

DAS PROBLEM DER KLIMAÄNDERUNGEN IN VERGANGENHEIT UND ZUKUNFT

ERTRÄGE DER FORSCHUNG

Band 220

HERMANN FLOHN

DAS PROBLEM DER KLIMAÄNDERUNGEN IN VERGANGENHEIT UND ZUKUNFT

Mit 35 Abbildungen und 12 Tabellen im Text

1985
WISSENSCHAFTLICHE BUCHGESELLSCHAFT
DARMSTADT

CIP-Kurztitelaufnahme der Deutschen Bibliothek

Flohn, Hermann:
Das Problem der Klimaänderungen in Vergangenheit und Zukunft / Hermann Flohn. – Darmstadt: Wissenschaftliche Buchgesellschaft, 1985.
(Erträge der Forschung; Bd. 220)
ISBN 3-534-08889-1
NE: GT

1 2 3 4 5

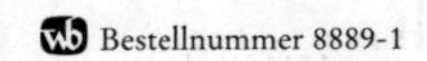
Bestellnummer 8889-1

Satz: Maschinensetzerei Janß, Pfungstadt
Druck und Einband: Wissenschaftliche Buchgesellschaft, Darmstadt
Printed in Germany
Schrift: Linotype Garamond, 9/11

ISSN 0174-0695
ISBN 3-534-08889-1

INHALT

VERZEICHNIS DER ABBILDUNGEN

VERZEICHNIS DER TABELLEN

VORWORT

Der hier in deutscher Sprache vorgelegte Forschungsbericht beruht auf einigen größeren, auf den heutigen Stand gebrachten Beiträgen des Autors zu dem – in den letzten Jahren vor allem im Ausland viel erörterten – Kohlendioxyd-Klimaproblem. Diese Beiträge sind (in englischer Sprache) in den Jahren von 1978 bis 1981 auf Veranlassung internationaler Organisationen entstanden, die auch die Kosten getragen haben. Soweit bisher gedruckt, sind sie an Stellen erschienen, die nur Fachkreisen (insbesondere auf dem Energiesektor) zugänglich sind. Es handelt sich um folgende Berichte:

a) H. FLOHN: A Scenario of Possible Future Climates – Natural and Man-made, in: World Meteorological Organization, Proceedings of the World Climate Conference (Genf, Februar 1979), WMO No. 537 (1979), S. 243–266.
b) H. FLOHN: Possible Climatic Consequences of a Man-made Global Warming. International Institute for Applied Systems Analysis (IIASA), Laxenburg bei Wien, Publication RR-80-30.
c) H. FLOHN, R. FANTECHI (Eds.): (with A. Berger, A. Bourke, W. Dansgaard, J. Duplessy, H. H. Lamb, A. Rosini, C. Schuurmans): The Climate of Europe: Part, Present and Future. Natural and Man – Induced Climatic Changes: A European Perspective. D. Reidel Publ. Comp., Dordrecht 1984, X + 356 S.
d) H. FLOHN: Major Climatic Events Associated with a Prolonged CO_2-Induced Warming. Institute of Energy Analysis, Oak Ridge Associated Universities, Report ORAU/IEA-81-8 (M) (1981), 76 S. In umgearbeiteter Form (mit Diskussion) erschienen in: W. C. CLARK (Ed.): Carbon Dioxide Review 1982, Oxford Univ. Press, New York 1982, S. 143–185.

Das Kohlendioxyd(CO_2)-Klimaproblem behandelt eine der Grundfragen der künftigen Energiepolitik. Wie die Entwicklung der Weltwirtschaft in den Jahren seit der ersten massiven Ölpreiserhöhung (1973) schmerzhaft gezeigt hat, ist die Energiepolitik eines der Fundamente jeder künftigen Wirtschafts- und Sozialordnung. Klima und Energieprobleme müssen langfristig gesehen werden, eine Sichtweise, die viele Politiker – besonders in einem föderalistischen Staat, in dem kaum ein Jahr ohne Wahlkampf abläuft – nur allzugern zugunsten der Tagesbedürfnisse verdrängen.

Während eines Zeitraumes von über 400 Millionen Jahren hat die belebte Natur einen kleinen Bruchteil der verfügbaren Energie der Sonne – weniger als 1 % – über die Photosynthese umgewandelt in lebende Materie. Ein noch viel kleinerer Bruchteil dieser lebenden Materie wurde als Erdöl und Erdgas, Steinkohle und Braunkohle (Lignit) gespeichert. Seit Beginn der Industrialisierung – in nennenswertem Umfang erst seit Mitte des 19. Jahrhunderts – nutzt der Mensch diese fossilen Energiequellen aus, lange Zeit in dem naiven Glauben, sie seien unerschöpflich.

In diesem Forschungsbericht soll weder die Frage nach dem Umfang der vorhandenen Reserven noch die nach dem künftigen Energiebedarf behandelt werden. Die erstere ist kein Problem der Geologie und Lagerstättenkunde allein – die Erschließbarkeit von Reserven hängt nicht nur von der Entwicklung der Technik, sondern vor allem von der Wirtschaftlichkeit, also vom Preis ab und muß daher heute (und erst recht in 50 Jahren) anders beurteilt werden als noch vor 10 bis 15 Jahren. Der Energiebedarf ist ebenso ein wirtschaftliches Problem: das Ansteigen der Energiepreise bis 1982 hat unsere Vorstellungen über Wachstum zwangsweise revidiert.

Aber niemand darf diese Frage aus der Perspektive eines Landes mittlerer Größe allein beurteilen: im Hintergrund steht das Weltproblem der wachsenden Erdbevölkerung, das Kardinalproblem der Dritten Welt. Auch wenn hier inzwischen eine Tendenzwende erkennbar wird – die globale Rate des Geburtenüberschusses hat inzwischen den Höchstwert von rund 2 % jährlich wieder unterschritten und liegt zur Zeit nahe 1.7 % –: dieses Wachstum wird noch tief bis in das nächste Jahrhundert hinein den Hintergrund aller globalen Projektionen und Zukunftsvisionen bilden müssen. Machen wir es uns klar: bei einer Weltbevölkerung von 3.2 Milliarden Menschen und einem Geburtenüberschuß von 2 % wie um 1960 kamen jährlich 64 Millionen hinzu, brauchten Nahrung, Wasser, Arbeitsplätze. Da das Jahr 31.5×10^6 Sekunden hat, bedeutete dies ein Wachstum von 2 pro Sekunde – der „geneigte Leser" schaue kurz auf seine Uhr. Aber bei einer Bevölkerung von über 4.5×10^9 (1983) und einem Geburtenüberschuß von 1.7% kommen wir heute auf über 75 Millionen jährlich, d. h. auf mehr als 2.4 pro Sekunde ... Dieses wahrhaft erschreckende Problem kann weder durch Totschweigen noch durch Gesundbeten gelöst werden: der Verfasser fühlt sich unzuständig und verzichtet auf jede weitere Anmerkung.

Eine umfassende, auf den neuesten Stand gebrachte Darstellung des CO_2-Problems mit seinen politisch-wirtschaftlichen Verflechtungen, aber auch mit der Erörterung geeigneter Gegenmaßnahmen hat W. BACH (Universität Münster) im Sommer 1982 herausgebracht. Eine weitere, sehr gründlich durchgearbeitete Zusammenfassung aus amerikanischen Quellen ist durch W. C. CLARK (im Auftrag des U.S. Department of Energy) als ›Carbon Dioxide Review 1982‹ herausgegeben worden.

Die Projektionen des künftigen Energiebedarfs und des Anteils, den Kohle, Öl, Gas, Nuklearenergie, die erneuerbaren Energien (Wasserkraft, Sonne, Gezeiten, Biomasse) sowie die sehr großen Reserven der geothermischen Energie und der Temperaturdifferenz im Ozean (beide nicht erneuerbar) haben werden, sind der politischen Entscheidung unterworfen. Dieser Bedarf läßt sich nur abschätzen; noch so raffinierte mathematische Verfahren beruhen auf Annahmen, die heute unverifizierbar sind.

Die künftige Entwicklung des CO_2-Gehalts der Atmosphäre hängt aber auch von dem komplexen CO_2-Haushalt in Atmosphäre, Ozean und Biosphäre ab; hierunter verstehen wir nicht nur Vegetation (vor allem die großen Waldregionen) und Tierwelt, sondern auch Humusboden, Moore und Tundra. Dieser Haushalt ist in den letzten 5 bis 10 Jahren vielfach untersucht worden; es ist schwierig, wirklich repräsentative Zahlen für Speicherung, Umsätze und Transporte zu erhalten. Trotzdem scheint sich heute eine Klärung abzuzeichnen, die in Kapitel D. 4. kurz behandelt wird. Möglicherweise wird das Problem durch die – in ihrer Intensität erst jetzt erkannte – Schädigung der Wälder durch den sauren Regen noch weiter verschärft.

Ein weiteres Gebiet ist bisher nur selten in seinem vollem Gewicht behandelt worden: das der atmosphärischen Spurengase, die dieselbe Glashauswirkung ausüben wie CO_2. Da dieser Effekt nach begründeten Schätzungen schon heute (mindestens) 70% der Zunahme des CO_2-Effektes weiter ausmacht – eine Zahl, die notwendig anwachsen wird –, muß dieses wichtige Gebiet (trotz vieler Kenntnislücken) hier ebenfalls (Kap. D. 4.) kurz behandelt werden.

Dieser Bericht konzentriert sich auf ein Gebiet, für das sich der Verfasser einigermaßen kompetent fühlt: die Zusammenhänge zwischen CO_2-Gehalt der Atmosphäre, Glashauseffekt und Klima. Dabei dürfen die übrigen Einwirkungen des Menschen auf das Klima – über den Gehalt an trübenden Teilchen (Aerosole), über die Vegetationszerstörung und ihre Rolle für Reflexionsvermögen (Albedo) und Bodenfeuchte – nicht vernachlässigt werden (Kap. D), ebensowenig die natürlichen Prozesse, die Klimaschwankungen hervorrufen können (Kap. C). Die bisherige Zunahme des atmosphärischen CO_2-Gehalts von rund 265 ppm um 1850 auf rund 340 ppm im Jahr 1981 ist zu gering, um schon im globalen, über die ganze Erdoberfläche gemittelten Temperaturverlauf sicher nachgewiesen werden zu können. Die natürlichen, regional unterschiedlichen Klimaschwankungen und die Verzögerung durch die Wärmespeicherung im Ozean überdecken den Effekt, wie das Rauschen, etwa bei Funkstörungen, ein Signal überdecken kann. Inzwischen mehren sich aber die Indizien für eine schwache globale Erwärmung (vornehmlich auf der Südhalbkugel und in den Tropen), an der der CO_2-Effekt beteiligt sein dürfte.

Die künftige Klimaentwicklung hängt nicht nur von dem Signal „CO_2-Gehalt" ab; wohl aber kann dieses bei entsprechender Zunahme alle anderen Effekte überdecken, die entweder nur schwach oder in ihrer Zeitskala zu kurzfristig (wenige Jahre) oder zu langfristig (10^3–10^4 Jahre) sind. Hier interessieren uns in erster Linie die Effekte, die in der „humanen" Zeitskala 50 bis 100 Jahre ablaufen, die durch die Lebensdauer des Menschen gegeben ist. Damit wird das Problem einer Klimavorhersage für das 21. Jahrhundert aktuell;

es wird heute mit Modellrechnungen (Kap. E) in Angriff genommen. Der Autor selbst hält einen zweiten Ansatz für ebenso notwendig: das Studium ausgewählter Klimastadien der Vergangenheit (Kap. F; G). Um Zukunftsprojektionen aufstellen zu können, müssen wir die geophysikalischen Ursachen der Klimaänderungen der Erdgeschichte verstehen lernen, die bis heute nur ungenügend bekannt sind. Hierzu brauchen wir zahlenmäßige Angaben über ausgewählte Klimastadien der Vergangenheit, um unsere Modelle auf ihre Fähigkeit zu testen, diese Zustände genügend realistisch und vertrauenswürdig simulieren zu können. Auf diesem Gebiet sind in jüngster Zeit überraschende Fortschritte erzielt worden; diese führten auch zu der (im Titel enthaltenen) allgemeinen Fassung des Themas. In diesem Forschungsbericht können die kurzfristigen, vorwiegend regionalen Klimaschwankungen der instrumentellen Periode nicht im Detail erörtert werden, wenn sie auch zum besseren Verständnis der größeren Skalenbereiche notwendig sind. Das Schwergewicht liegt bei den großräumigen Klimaänderungen der Zeitskala um und über 50 bis 100 Jahre.

Während der Abfassung der oben genannten Berichte a)–d) hat der Verfasser Gelegenheit gehabt, mit fast allen auf diesem Gebiet maßgebenden Forschern die wesentlichen Fragen zu diskutieren. Diese Diskussionen gehören zu den wahrhaft bewegenden Erfahrungen dieser Jahre: über alle Grenzen und nationalen Interessen hinweg zeigt sich ein Geist großzügiger, freundschaftlicher Zusammenarbeit um der Sache willen. Diskrepanzen werden offen erörtert, Möglichkeiten zur Aufklärung empfohlen, Schwächen und Vorzüge der bisherigen Modelle und der paläoklimatischen Daten nüchtern verglichen. In jüngster Zeit hat sich unter den wirklichen Fachleuten der ganzen Welt doch ein bemerkenswerter Konsensus, eine Übereinstimmung im Prinzip entwickelt, wenn auch das zahlenmäßige Ausmaß der erwarteten Änderungen und ihre Auswirkungen noch im einzelnen unsicher sind.

Der Autor muß es sich versagen, einzelne Namen zu nennen; sie stehen im Literaturverzeichnis. Aber er darf den Initiatoren der oben genannten Berichte danken: R. S. White, jetzt Boulder (Colorado) und F. K. Hare/Toronto bei der Welt-Klima-Konferenz;

W. HÄFELE/Laxenburg, jetzt Jülich, aus Mitteln des U.N. Environment Program-Nairobi (M. A. TOLBA); H. BRUNNER und G. SCHUSTER bei der Europäischen Kommission in Brüssel; A. WEINBERG in Oak Ridge (Tennessee), der dem Verfasser einen mehrmonatigen Studienaufenthalt (1981) in den USA als Mellon Distinguished Fellow ermöglichte. Inzwischen ist ein nationales Klimaprogramm, wie von der World Meteorological Organization gefordert, in bescheidenem Rahmen zustande gekommen.

Darüber hinaus möchte ich dankbar die Unterstützung und Ermutigung anerkennen, die ich als Mitglied wissenschaftlicher Akademien erfahren habe: die Rheinisch-Westfälische Akademie der Wissenschaften in Düsseldorf mit ihrem Klimaforschungsprogramm, die Bayerische Akademie der Wissenschaften in München, die einen Preis für einen Beitrag zum CO_2-Klimaproblem ausgelobt hatte, die Deutsche Akademie der Naturforscher (Leopoldina) in Halle mit ihrer über 300jährigen Tradition, sowie die Koninklijke Akademie der Wetenschappen, Schone Kunsten en Letteren in Brüssel. Ebenso möchte ich erwähnen die traditionsreiche Deutsche Gesellschaft der Naturforscher und Ärzte.

Bei der endgültigen Fassung hat mir Dipl. Met. Rita Glowienka wesentliche Hilfe geleistet; ebenso danke ich Dr. Andreas Hense für wichtige Diskussionsbemerkungen. Ein Teil der Abbildungen wurde von cand. R. L. Drauschke um- oder neugezeichnet. Das Manuskript mit seinen verschiedenen Fassungen wurde von Frau Inge Lockwood am Meteorologischen Institut der Universität neben ihrer Diensttätigkeit ins reine geschrieben.

Manuskript abgeschlossen Mai 1983.

A. DAS GEOPHYSIKALISCHE KLIMASYSTEM: NATÜRLICHE UND ANTHROPOGENE EFFEKTE

Die heutige Diskussion über das Problem der Klimaschwankungen und ihren physikalischen Hintergrund wurde ausgelöst durch die Frage nach der möglichen Rolle von Eingriffen des Menschen in den natürlichen Haushalt (SMIC-Konferenz Stockholm 1971). Als ein möglicherweise weltweites Problem wurde es schon 1938 von CALLENDAR erkannt; diese Arbeit regte auch den Verfasser zu langfristigen Überlegungen an (FLOHN 1941). Die Modellrechnungen von PLASS (1956) lösten dann eine Diskussion aus, auf die aus Raumgründen hier nicht weiter eingegangen werden kann. Auf der anderen Seite sah I. M. BUDYKO (Leningrad; 1962) in dem dünnen, durchbrochenen Treibeis der Arktis ein Schlüsselproblem der Klimamodifikation im Zusammenhang mit der marxistischen Lehre von der bewußten Veränderung der Natur unter dem Einfluß des Menschen im Sozialismus: ein Problem, das damals (1959) von der Partei der Moskauer Akademie der Wissenschaften zu gründlicher Bearbeitung übergeben worden war.

Klimaschwankungen sind nicht nur ein Problem der Meteorologie – sie gehören zu den fundamentalen Problemen der Erdwissenschaften, der Geophysik im umfassenden Sinn dieses Wortes. Das Klima ist zwar eine Eigenschaft der Atmosphäre, aber es entsteht durch die Wechselwirkung verschiedener Subsysteme des *Klimasystems,* das sich zusammensetzt aus den rasch bewegten Subsystemen der Atmosphäre und des Ozeans, aus Schnee und Eis, aus vielfältigen Wechselbeziehungen. Das ist keine neue Erkenntnis – sie ist in verschiedener Formulierung schon nachzulesen bei A. VON HUMBOLDT, bei A. WOEIKOF, bei A. WEGENER, um nur drei weitblikkende Wissenschaftler verschiedener Generationen zu nennen. Diese verschiedenen Subsysteme unterliegen ganz verschiedenen

Reaktionszeiten zwischen wenigen Tagen und Millionen von Jahren (Abb. 1). Die charakteristischen Zeitskalen – im Jargon der Wissenschaft auch als „Gedächtnis" bezeichnet – lassen sich zahlenmäßig definieren, z. B. durch die mittlere Verweildauer von Spurenstoffen oder durch das zeitliche Absinken der Autokorrelationen typischer Maßgrößen bis zur Signifikanzgrenze.

Trotz dieser verschiedenen Zeitskalen scheint – auf den ersten Blick – das gesamte Klimasystem sehr gut ausbalanciert und robust (Sir John Mason in der Diskussion auf der Welt-Klima-Konferenz) zu sein; jedenfalls wird dieser Schluß nicht selten auch von Wissenschaftlern gezogen, die die Klimageschichte seit Beginn systematischer Beobachtungen (Akademie von Florenz 1652; Royal Society 1659; Societas Palatina Mannheim 1780) kennen. Man kann noch weiter zurückgehen: Die Klimageschichte der letzten 5000 Jahre (seit dem Abschmelzen der Reste des laurentischen Eises, s. Kap. F) zeigt zwar wirkungsvolle Klimaschwankungen sekundärer Art und markante Extremperioden, jedoch keine Klimaänderungen großen Stils. Dennoch waren sie wirksam genug, um schwerste wirtschaftliche und soziale Krisen auszulösen, ja Revolutionen (Neumann 1977): wir sprechen von „Auslösen", von einer Mitbeteiligung klimatischer Ursachen, ohne dilettantisch deterministischen Kausalbeziehungen irgendwie das Wort reden zu wollen. Denn in den Randgebieten der Ökumene – Grönland, Island, Sahel und Sahara als Beispiele – hängt die Existenz des Menschen oft genug von solchen Klimaschwankungen ab, wie es auf der Tagung "Climate and History" in Norwich (Wigley, Ingram u. Farmer 1981) kritisch erörtert wurde.

Die Ursachen der Klimaschwankungen können hier nicht systematisch dargestellt werden. In der Tat kennen wir die erwähnten Wechselwirkungen erst unvollständig, vor allem in ihrer quantitativen Auswirkung (Kap. B); ähnliches gilt für die Auswirkungen externer (zudem noch unvorhersagbarer) Vorgänge außerhalb des Klimasystems (Kap. C). Relativ am besten, wenn auch immer noch unvollständig, sind wir über die Wirkungen menschlicher Tätigkeit unterrichtet (Kap. D). Um nur ein Beispiel natürlicher Prozesse zu erwähnen: Breitet sich das arktische Treibeis aus, so ist das zugleich eine Folge und eine Ursache von Klimaänderungen, ein komplexer Rückkoppelungsvorgang, der durch eine rein empirische Betrachtung nicht aufzuklären ist, sondern Modellrechnungen auf physikalisch-mathematischer Grundlage erfordert (Kap. E). Eine neueste Zusammenfassung gibt HOUGHTON (1984).

Von den externen Effekten sind nur die Folgen vulkanischer Ausbrüche recht gut bekannt, sollten aber nicht in ihrer Bedeutung überbewertet werden. Schon ihr einwandfreier statistischer Nachweis erfordert einen ziemlichen Aufwand (Kap. C). Die so oft angeschuldigten „Sonnenflecken" – hier mit den übrigen physikalischen Prozessen der Sonnenaktivität zusammengefaßt – sind als klimatogenetischer Effekt noch immer durchaus kontrovers. Eine kritische Übersicht hat PITTOCK (1978, 1982) gegeben; ebenso sei auf die Buchveröffentlichung von MCCORMAC (1979) hingewiesen. Hier ist sorgfältige Selbstkritik besonders erforderlich; mit Recht sprach A. S. MONIN (mündliche Diskussionsbemerkung, Stockholm 1975) in diesem Zusammenhang von einer „erfolgreichen Autosuggestion", der auch sonst kritische Wissenschaftler gelegentlich erliegen können (Kap. C). Neue paläoklimatische Befunde haben – auch für den Fachmann überraschend – gezeigt, daß in seltenen Fällen abrupte Klimaschwankungen sehr großen Ausmaßes auftreten können (Kap. G.5.). Sie zeigen, im Gegensatz zu der landläufigen Meinung, daß das Klimasystem eine sehr hohe, potentielle Sensitivität besitzt, über deren Auslösemechanismus wir noch viel zu wenig wissen (Kap. F).

Die immer intensiveren Eingriffe des Menschen in den Klimahaushalt (BACH 1976; KELLOGG 1982) sollen in Kapitel D behandelt werden. Wir sprechen zusammenfassend von „anthropogenen" Effekten, da in der deutschen Sprache ein Äquivalent zum englischen "man-made" fehlt. Diese Effekte sind in der lokalen und Mikroskala seit langem bekannt; außer R. GEIGERS wohlbekanntem Standardwerk nennen wir A. KRATZER: ›Das Stadtklima‹ (2. Auflage 1956). Dieser Größenbereich – heute vielfach bearbeitet (H. LANDSBERG 1981), auch mit aufwendigen Forschungsprogrammen, wie "Metromex" in und um St. Louis – muß hier aus Raumgründen wegfallen. Die hier vorgelegte Darstellung beschränkt sich auf großräumige Effekte, wobei schon die regionale Auswirkung nur kursorisch behandelt werden kann.

Zu den anthropogenen Eingriffen gehört ein ebenso weit verbreiteter wie langsam wirkender Effekt, dessen Ursprünge in graue Vorzeit zurückgehen: die Umwandlung von Boden und Vegetation seit der „neolithischen Revolution" vor rund 8000 Jahren, die Rolle von Ackerbau und Viehwirtschaft seit der Domestikation von Kulturpflanzen und Haustieren. Heute hat sich dieser Effekt mit der Bevölkerungsexplosion des 20. Jahrhunderts bedrohlich entwickelt: die Ausweitung der Wüsten, wobei das deutsche Wort das englische "desertification" nur unzureichend wiedergibt. Mehr noch im Mittelpunkt der Diskussion stehen die vielfältigen Wirkungen der „Luftverschmutzung", d. h. die anthropogene Zufuhr von Partikeln (vor allem im Größenbereich 1–10 μm) und von Spurengasen, unter denen Schwefeldioxyd (SO_2) und Kohlendioxyd (CO_2) die dominierende Rolle spielen.

Die direkte Zufuhr von fühlbarer Wärme ist in globaler Sicht unbedeutend. In lokaler Skala trägt sie zu den „Wärmeinseln" der Städte und Industriezentren einen substantiellen Anteil bei und reicht mit typischen Werten von 10 bis 50 Watt/m² für Flächengrößen zwischen 10 und 1000 km² schon in die Größenordnung der natürlichen Strahlungsbilanz (Nettostrahlung, in Mitteleuropa 50 bis 60 Watt/m², globales Mittel rund 100 Watt/m²). Der Partikelgehalt der unteren Troposphäre ist in irreführender Weise vielfach als abkühlend gedeutet worden – aufgrund eines unvollständigen Modells, das nur die Streuwirkung der Partikel berücksichtigt, aber nicht auch deren Absorption solarer Strahlung und die damit gekoppelte infrarote Wärmestrahlung. Vollständige Rechnungen bestätigen jedoch die empirische Erfahrung, daß diese Partikel, jedenfalls über Land, überwiegend im Sinne einer Erwärmung wirken (Kap. D). Gase, die wie CO_2 im Infrarot absorbieren – jedenfalls in den Bereichen, in denen der Wasserdampf mit seinem überragenden Anteil durchlässig ist –, führen ebenfalls zu Erwärmung.

Das klimatische System (Abb. 1) ist höchst komplex, und die wichtigen Wechselwirkungen zwischen seinen Gliedern sind vielfach nichtlinearer Natur. Die bisher vorliegenden *Modelle* berück-

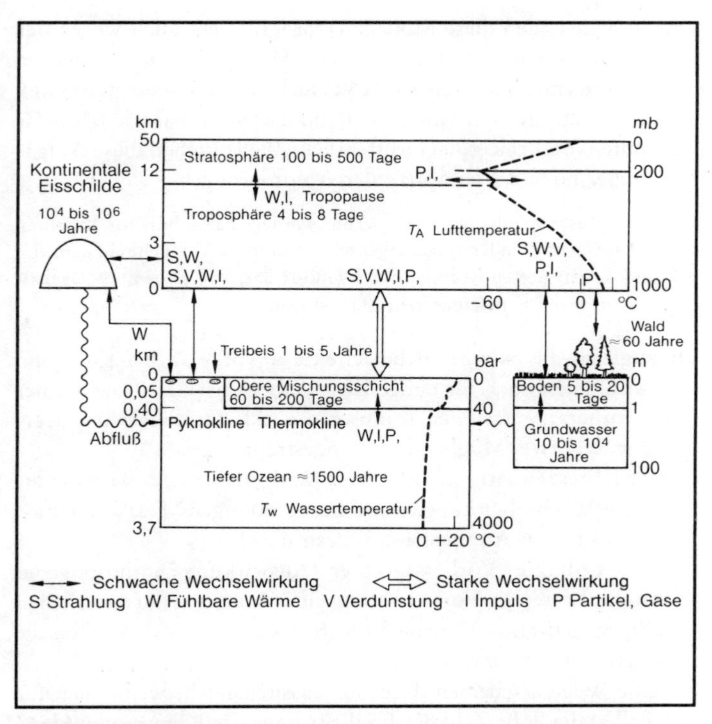

Abb. 1: Das klimatische Wechselwirkungssystem mit seinen Untersystemen. Die angegebenen Zeiten sind die charakteristischen Zeitskalen (z. B. Verweilzeiten charakteristischer Partikel oder Gase) in den Untersystemen.

Quelle: FLOHN 1980 a.

sichtigen diese Wechselwirkungen nur teilweise und unvollständig. So werden z. B. atmosphärische Modelle immer noch vielfach mit vorgegebener Oberflächentemperatur des Ozeans oder Bewölkung behandelt; das ist eine nur als grobe Näherung zulässige Vereinfachung. Der Aufbau eines einigermaßen realistischen Wechselwirkungsmodells ist eine der schwierigsten Aufgaben, besonders wegen des enormen Aufwandes an Speicherkapazität und Rechengeschwindigkeit, den diese Modelle erfordern, aber auch wegen der Lücken unserer Kenntnisse im Detail. Seit Beginn der modernen Computertechnik, seit den ersten Versuchen von ROSSBY, CHARNEY und ELIASSEN an dem von J. VON NEUMANN gebauten ENIAC-Computer von Princeton (veröffentlicht 1949), stehen diese Aufgaben immer noch an der Spitze der Anforderungen.

In diesem Zusammenhang sollte erwähnt werden, daß schon vor 40 Jahren L. EGERSDÖRFER († in Kriegsgefangenschaft) ähnliche Versuche auf dem von K. ZUSE konstruierten Rechner durchgeführt hat; von seinem 1944 gehaltenen Vortrag existiert leider kein Manuskript.

Da zugleich die externen Klimaeffekte unvorhersagbar sind (und dies wohl auch noch für einige Zeit bleiben), ist das Projekt einer Klimavorhersage einstweilen illusorisch. Als Interimslösung werden zur Zeit zwei Möglichkeiten angestrebt:

a) eine Jahreszeitvorhersage für 6 bis 12 Monate auf der Basis der internen Wechselwirkungen und Fernbindungen (Telekonnektionen) zwischen Atmosphäre, Ozean und Eis;
b) eine bedingte Vorhersage der Auswirkung anthropogener Effekte, unter der Voraussetzung einer Konstanz der natürlichen klimagenetischen Vorgänge (auch etwas vage als „Vorhersage zweiter Art“ bezeichnet).

Beide Wege erscheinen durchaus aussichtsreich, wenn auch für den Fall a) die hohe Zahl der Freiheitsgrade des Klimasystems eine Lösung auf empirisch-statistischer Grundlage erschwert. Im Falle b) erscheint die Unsicherheit der notwendigen Voraussetzungen als ein Hindernis, das man in Kauf nehmen muß, solange der Mechanismus der natürlichen Klimaschwankungen nicht besser bekannt ist. Beide Wege müssen begangen werden, ohne auf die ideale Lösung eines vollständigen Modells zu warten. Denn Klimavorhersage ist heute kein akademisches Problem im Elfenbeinturm mehr: sie greift unmittelbar ein in grundlegende Fragen der (nahen) Zukunft des Menschen und seiner Wirtschaft: Energiepolitik, Umweltproblem, Desertifikation. Daß es sich hier um höchst aktuelle Probleme handelt, die auch von seiten weitblickender Politiker durchaus ernst gesehen werden, haben verschiedene Konferenzen auf internationaler Ebene gezeigt: die GARP-Konferenzen über Klima und Klimamodelle (Stockholm 1975), die UNEP-Konferenz über Wüstenbildung in Nairobi (1977) und die Welt-Klima-Konferenz in Genf (1979), deren Ergebnisse zwar veröffentlicht vorliegen, aber leider außerhalb des engen Fachkreises der Meteorologie fast unbekannt geblieben sind. Auf das Problem der Klimamodelle soll in Kapitel E eingegangen werden.

Eine andersartige Zwischenlösung ist vorgeschlagen worden: die Verwendung von Klimaphasen der Vergangenheit als Modelle, als Szenarien für mögliche Entwicklungen der Zukunft (FLOHN 1975b; KELLOGG 1977; KELLOGG u. SCHWARE 1981). Ein Szenarium ist ein Drehbuch für einen Film: in unserem Falle handelt es sich jedoch nicht um ein Erzeugnis der Phantasie, sondern um nachprüfbare Fakten aus früheren Zeitabschnitten, und der hierfür in der Meteorologie übliche Begriff der *Analogfälle* verdient den Vorzug. Diese Analogfälle beruhen auf historischer oder geologischer (im weitesten Sinne) Grundlage, sind also primär empirischer Natur, wenn auch unterbaut mit Hilfe vereinfachter theoretischer Modelle. Wie Modelle, haben auch sie ihre spezifischen Grenzen: ein Klima der Vergangenheit kann sich dann (und nur dann) exakt wiederholen, wenn die Randbedingungen (hier die Land-, Meer- und Eisverteilung, Gebirgsrelief) die gleichen sind. Da wir hier nicht nur auf einige Jahrtausende, sondern auf 10^5 bis 10^7a (= Jahre) zurückgehen müssen (Kap. F, G und H), sind diese Randbedingungen sicher nicht konstant, aber ihre Änderungen gehen nur langsam vor sich, in Zeiträumen von mehr als 10^4 Jahren. So kann die *Klimageschichte* in erster Näherung als Modell dienen für mögliche Entwicklungen der Zukunft, und die Fehlerquellen dieser Betrachtung sind wohl kaum größer als die (noch zu erörternden) der meisten theoretischen Modelle. Vor allem haben diese Analogfälle – besonders bei erheblichen Abweichungen vom heutigen Klima – einen entscheidenden Vorzug, den R. A. BRYSON (1974) nüchtern und klar formuliert hat: Was schon einmal geschehen ist, kann wieder geschehen. Unsere Überlegungen über mögliche künftige Entwicklungen unseres Klimas sollen sich im Rahmen des aktuellen Interesses halten: was kann in der erwähnten „humanen" Zeitskala, also in den nächsten 50 bis

100 Jahren geschehen? In diesem Zusammenhang ist es sehr wichtig zu wissen, in welcher Zeitskala sich die empirisch erschlossenen Klimaänderungen der Vergangenheit tatsächlich abgespielt haben (Kap. G). Ganz allgemein können wir aus der Klimageschichte den notwendigen Hintergrund für unsere Modelle entnehmen (Kap. E). Denn allein die Natur kann das System nicht-linearer Differentialgleichungen, das unseren Modellen zugrunde liegt, simultan und ohne Vernachlässigung lösen, in allen Subsystemen, Zeitskalen und Dimensionen: nur können wir leider auf diese "on-line"-Lösung nicht warten. Da die Zeitskala der Vorgänge in den verschiedenen Subsystemen ganz verschieden groß ist, so dürfen wir nicht erwarten, daß die Folge der Klimaereignisse genau so abläuft wie in der Vergangenheit; diese Sequenz ist also kein vollwertiger Ersatz für eine Klimavorhersage.

Die Verwendung von Analogfällen als Hinweis für mögliche Klimaentwicklungen in naher Zukunft setzt einige Annahmen voraus:

a) keine größere Änderung der Sonnenstrahlung, d. h. eine wirkliche Solarkonstante; Änderungen $<0.5\%$ sind der Meßtechnik bis etwa 1978 sicher entgangen, solche $>1\%$ sehr unwahrscheinlich, von 0,1–0,2% heute nachweisbar (WILLSON);
b) keine ungewöhnliche Häufung sehr schwerer Vulkanausbrüche (wie etwa zwischen 1810 und 1830); die Ausbrüche seit 1912 (Katmai) fallen offenbar nicht unter diese Kategorie;
c) keine ungewöhnlichen Vorstöße des antarktischen Schelfeises (siehe Kap. B).

Diese Annahmen sind schon deshalb notwendig, weil alle diese Effekte unvorhersehbar sind; die unter a) und c) genannten sind noch recht hypothetischer Natur. Eine weitere – leider wenig wahrscheinliche – Annahme ergibt sich aus den derzeitigen Lücken unserer Kenntnisse (hierzu Kap. E):

d) keine signifikante Änderung der mittleren Bewölkung.

B. INTERNE KLIMATOGENETISCHE WECHSELWIRKUNGEN

1. Arktisches und antarktisches Treibeis

Weite Gebiete beider Polarkappen sind – jahreszeitlich oder ganzjährig – von einer dünnen Treibeisdecke überzogen, die von meist nur schmalen, offenen Waken in ein unregelmäßiges System einzelner Schollen zerlegt wird. Der russische Fachausdruck "Polynya" wird für größere eisfreie Gebiete mit z. T. orographisch fixierten Wind- und Stromsystemen verwendet, wie das "North Water" im Baffin-Meer zwischen Devon Island und Grönland (Dey 1980, 1981) oder im subantarktischen Weddell-Meer (Martinson u. a. 1981, Abb. 4 : g), wo sie auf einige 10^4 oder gar $10^5 km^2$ anwachsen können und sich über mehrere Jahre hin verfolgen lassen. Da die Treibeisschollen fast das ganze Jahr über schneebedeckt sind, erreicht ihre Albedo (Reflexionsvermögen) rund 80 %, im scharfen Gegensatz zu dem offenen Wasser, dessen Albedo auch bei niedrigem Sonnenstand nur bei 8 bis 12 % liegt. Während der kurzen sommerlichen Schmelzperiode – die sich in der zentralen Arktis auf rund 10 Wochen, von Mitte Juni bis Ende August, beschränkt – nimmt die Albedo der Eisschollen auf 40 bis 60 % ab; oberflächliche Schmelzwasserpfützen erscheinen vom Flugzeug aus in auffallendem Hellblau.

Diese Treibeisdecke, mit ihrer geringen Wärmedurchlässigkeit, isoliert den „warmen" Ozean (Temperatur − 2° bis 0° C) von der meist viel kälteren Atmosphäre. Der relative Anteil der Waken beträgt in der Arktis im Winter nur 2 bis 3 %, nimmt aber in der Schmelzperiode auf 10 bis 15 %, lokal zeitweilig sogar auf 20 % zu (Vowinckel u. Orvig 1970). In der Subantarktis liegt sie nach neueren Befunden (Ackley 1981) bei 20 bis 35 % – hier führt die geometrische Anordnung der Meridiane zu einer Divergenz der Eisdrift an ihrem Rand zum offenen Ozean, die in dem zu 85 % landumschlossenen Arktischen Ozean fehlt (Ausnahme: atlantischer Sektor). Eine Angabe der mittleren Dicke des arktischen Treibeises – in der älteren Literatur 2 bis 3 m – liefert keine wirklich repräsentativen Werte, da die Dicke vom Alter des Treibeises abhängt: einjährige Schollen haben 50 bis 100 cm, mehrjährige dagegen 2 bis 6 m (THORNDIKE 1975), Eispressungen und einzelne Schelfeis-Inseln (von Ellesmere Land) sogar 20 bis 30 m. Satellitenmessungen der (temperaturabhängigen) Oberflächen-Emission von Mikrowellen (im cm-Bereich) ergeben ein unregelmäßiges Mosaik, das das Ergebnis einzelner Unterseeboot-Erkundungen bestätigt und verallgemeinert. In der Subantarktis ist das Treibeis zu 80 bis 85 % einjährig; seine mittlere Dicke liegt bei 100 bis 150 cm. Die Gesamtfläche des arktischen Treibeises variiert nach VOWINCKEL und ORVIG (1970) zwischen 8.2 (September) und 11.8×10^6 km^2 (April); WALSH und JOHNSON geben neuere, auf Satellitendaten basierende Zahlen an: 7 bzw. 14×10^6 km^2, wobei jedoch verschiedene Definitionen der Konzentration des Eises verwendet worden sind. Wenn auch diese Zahlen einen Anteil mehrjährigen Eises von nur 65 % bzw. 50 % wahrscheinlich machen, so wird man doch wie in einem umfassenden Arbeitsbericht von 27 Autoren (Polar Group 1980) mit einem Anteil von etwa 80 % rechnen können, gegenüber nur 15 % in der Subantarktis, überwiegend im Weddell-Meer. Die Angaben über die Fläche des antarktischen Treibeises variieren noch stärker; nach ACKLEY (1981) schwankt die Fläche mit mindestens 85 % Eisbedeckung jahreszeitlich zwischen 0.3 und 8×10^6 km^2, mit über 15 % Eisbedeckung zwischen 4 und 20×10^6 km^2 (1973–1975, Satellitendaten; s. auch Tab. 1).

Unter diesen Bedingungen ist es schwierig, repräsentative Werte für den Strahlungs- und Wärmehaushalt des polaren Treibeises abzuleiten. Im Winter sind die turbulenten Ströme fühlbarer und latenter Wärme (= Verdunstung) von den offenen Waken – wo das offene Meerwasser (Gefrierpunkt von Salzwasser − 1.8° C) in direktem Kontakt mit der polaren Kaltluft (bei − 20° C bis − 35° C) steht – mehr als 100 mal so groß wie die gleichen Ströme oberhalb der meist schneebedeckten Eisschollen (VOWINCKEL und ORVIG 1973;

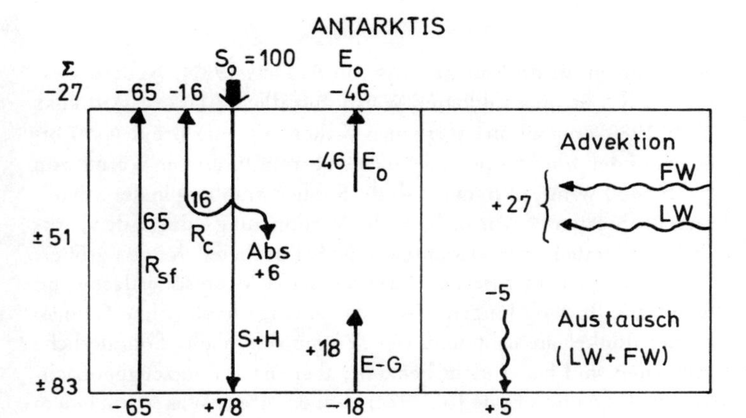

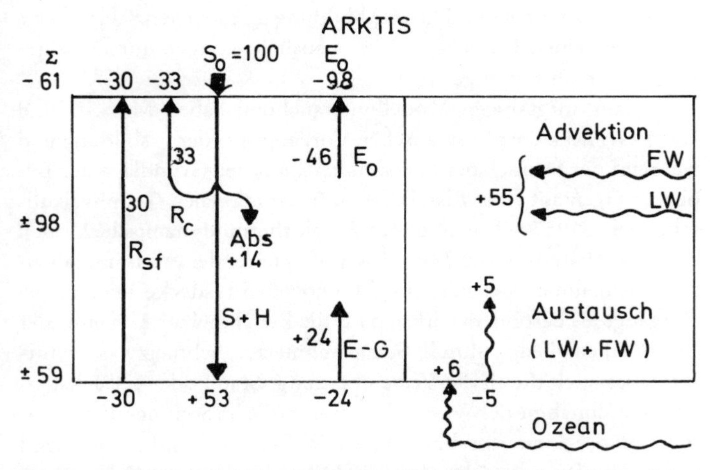

Abb. 2: Geschätzte atmosphärische Wärmebilanzen über der Arktis und Antarktis. Werte in Prozent der Solarkonstante (S_o). Die teilweise modifizierten Daten stammen von SCHWERDTFEGER (1969) und VOWINCKEL und ORVIG (1970).

R_c (R_{sfc}): Reflektion an Wolken (am Erdboden)

S + H: Globalstrahlung (Himmels- und Sonnenstrahlung) am Erdboden

E–G: langwellige Strahlungsbilanz am Erdboden

E_o: extraterrestrische Ausstrahlung

Abs: Von der Atmosphäre absorbierte Sonnenstrahlung

Quelle: FLOHN 1978.

Schätzungen für die Subantarktis von ACKLEY 1981). Neuere Messungen des Stroms fühlbarer Wärme nördlich Alaskas (ANDREAS 1979, 1980) ergaben an natürlichen Waken mit einer Breite von 7 bis 80 m auf der windwärtigen Seite einen Strom fühlbarer Wärme von 250 bis 450 W/m², d. h. mehr als die Sonnenstrahlung in der Sahara. Der Strom latenter Wärme bzw. der Verdunstung – durch den „arktischen Seerauch" direkt sichtbar – ist wahrscheinlich noch größer. Beides führt zu einer starken Abkühlung der Meeresoberfläche und damit zur Bildung jungen Eises, das anfangs noch (ohne Schneedecke) dunkel aussieht und viel Wärme durchläßt. Sommerliche Meßdaten sind leider nicht bekannt; aber (nach Flugzeugbeobachtungen des Autors Ende Juli 1972) können offene Waken mit einem Durchmesser von einigen km trotz permanenten Tageslichtes in kurzer Zeit überfrieren. Die in Abbildung 2 gegebenen Schätzwerte für die einzelnen Terme des Wärmehaushalts können nur als Näherung erster Ordnung gelten.

In einer sorgfältigen Modelluntersuchung haben MAYKUT und UNTERSTEINER die physikalischen Vorgänge bei der Eisbildung und während der Schmelzperiode simuliert, auf der Grundlage der Beobachtungen auf einer Eisscholle im Internationalen Geophysikalischen Jahre 1957/8. Das eindimensionale thermodynamische Modell des Mehrphasensystems Meer-Eis-Luft – unter der etwas unrealistischen Annahme einer horizontal homogenen Eisdecke – zeigt zwei Vorgänge als besonders wirksam für die Eisschmelze: Abnahme der Oberflächenalbedo (durch Schneeschmelze, Schmelzwasserpfützen, aber auch durch die Verschmutzung: Staub oder Ölrückstände), und Zunahme der Wassertemperatur (die im Sommer durch Absorption der Sonnenstrahlung in den Waken erfolgt). Entsprechend den Beobachtungen schmelzen im Mittel im Sommer 40 bis 50 cm Eis ab, während die gleiche Menge während der restlichen Zeit des Jahres unten anfriert. Ein Eiskristall wandert also in 5 bis 10 Jahren durch eine mehrjährige Eisscholle von unten nach oben hindurch. Während dieses Vorganges wird der größte Teil des Salzes ausgeschieden und sinkt als dichtere Salzlauge ab. Die relativ salzarme Deckschicht wird auf diese Weise ständig erneuert und ist wohl auch ursprünglich so entstanden; ein nicht unbeträchtlicher Teil strömt ganzjährig mit dem eisführenden Ostgrönland-Strom ab in den Atlantik. Diese – von der Salzverteilung, nicht von der Temperatur erzeugte – Dichteschichtung des Meeres ist entscheidend für die Aufrechterhaltung der nahezu geschlossenen Decke mehrjährigen Treibeises in der inneren Arktis. In der Subantarktis dagegen trägt die stärkere vertikale Durchmischung des Ozeans wesentlich zu dem jahreszeitlichen Verschwinden der Treibeisdecke bei, die hier durch die extrem kalten, katabatischen (d. h. durch die Oberflächenneigung des Eisdomes erzeugten) und Treibschnee führenden Winde von der Antarktis in Küstennähe immer neu gebildet wird.

Zur Erhaltung der salzarmen Deckschicht des Arktischen Ozeans trägt auch die sommerliche Süßwasserzufuhr durch die Riesenströme Sibiriens und Kanadas bei. Wird sie durch die geplante Umleitung eines Teils dieses Wassers zur Bewässerung Zentralasiens – Zahlenwerte hierzu bei HOLLIS (1978) und MICKLIN (1981) – herabgesetzt, so erhöht sich der Salzgehalt der Deckschicht und damit auch die vertikale Durchmischung des Ozeans (AAGARD u. COACHMAN 1975). Das kann auf längere Sicht – eine Abschätzung ergibt eine Zeitskala in der Größenordnung von 1000 a (Jahre) – nur zu einer Abnahme der Eisdicke führen. Ungleich rascher wirksam wäre eine Verlängerung der Schmelzperiode (durch globale Erwärmung des Meereswassers oder Verschmutzung der Eisoberfläche). In einem ungeschichteten Ozean mit ungehindertem Vertikalaustausch dürfte sich kaum eine permanente Eisdecke bilden.

Das arktische Treibeis wird durch Wind und Oberflächenströme des Meeres in Bewegung gehalten: während zwischen Ostsibirien, Kanada und Grönland ein permanenter antizyklonaler (im Uhrzeigersinn drehender) Wirbel liegt, führt eine kräftige Drift („Nansen-Drift") von den Neusibirischen Inseln quer durch das Polargebiet und mündet in den raschen und mächtigen Ostgrönland-Strom. Dieses ganze windgetriebene System (ROTHROCK 1975) ist – gemeinsam mit den Ausläufern des Golfstroms, die westlich Spitzbergens wärmeres Wasser nach N führen und unter die leichtere Deckschicht abtauchen – für die Bilanzen von Wasser, Salz und Wärme verantwortlich (AAGARD u. GREISMANN 1975).

Nach allen vorliegenden Unterlagen hat diese Anordnung zusammen mit dem zentralen Kern des arktischen Treibeises in dem großen Wirbel nördlich Kanadas nicht nur die Postglazialzeit (10000 Jahre) und die letzte Interglazialzeit (s. Kap. G) überlebt, sondern besteht seit 700000 Jahren, vermutlich schon seit mehr als 2 Millionen Jahren.

Im Gegensatz zu dieser hohen Stabilität des zentralen Kerns unterliegen die randlichen Teile des arktischen Treibeises im atlantischen Sektor zwischen Grönland, Spitzbergen, Nowaja Semlya und Norwegen großen Schwankungen, die auch historisch dokumentiert sind (s. Kap. G). Nach einem jahrhundertelangen Zurückweichen bis zur Nordküste Grönlands (81° N) stieß das Eis zuerst um 1190 (?), dann vor allem ab etwa 1320 mit dem Ostgrönland-Strom vor und blockierte die damalige Schiffsroute nach Grönland, im 17. und 18. Jahrhundert sogar Island (in einzelnen Jahren bis in den Spätsommer) und rückte mehrfach bis zu den Faröern und selbst nach Norwegen vor (LAMB 1979). Berichte sprechen von Eskimos und Eisbären, die in dieser „Kleinen Eiszeit" mit einzelnen Eisschollen Schottland bzw. die Inseln im Norden erreicht haben sollen. Während sich hier der Südrand um rund 2000 km vorschob, hat die Gesamtfläche des Eises im letzten Jahrtausend Schwankungen um schätzungsweise 20% (Abb. 3) erlitten. Kapitel H. 1. geht auf die rezenten Fluktuationen ein.

Die Wechselwirkungen zwischen Eisverbreitung und Klima sind sehr komplex und enthalten mehrere Rückkoppelungseffekte (KELLOGG 1974, 1983a). Diese sind z.T. positiv, d.h. verstärken sich wechselseitig bis zu einem neuen Gleichgewichtszustand, der als Folge gewisser Grenzbedingungen auftritt. Die bekannteste Rückkoppelung ist diejenige zwischen Abkühlung – Niederschlag als Schnee – Abkühlung der Luft über der Schneedecke – Ausbreitung des Schneeanteils am Niederschlag – weitere Abkühlung: das ist ein sich selbst verstärkender Prozeß, der für höhere Breiten charakteristisch ist, aber auch bei der Einleitung kalter Winter in Mitteleuropa eine Rolle spielen kann. Längs der sich nur langsam verlagernden Grenze des arktischen Treibeises bildet sich immer wieder, veranlaßt durch die großen Gegensätze im Strahlungs- und Wärmehaushalt, eine Luftmassengrenze zwischen Warmluft über dem offenen

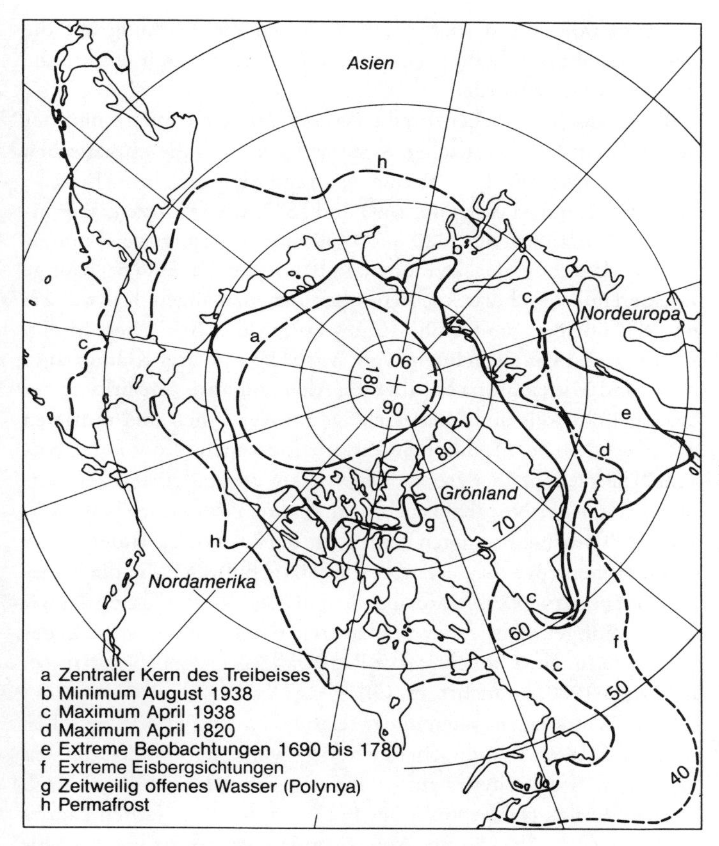

Abb. 3: Grenzen der arktischen Eisausbreitung.
Quelle: FLOHN 1981 c.

Wasser und Kaltluft über dem Eis aus. Das ist – in großräumiger Sicht – eine der Ursachen für die Bildung barokliner Zonen (Frontalzonen) und damit auch von Zyklonen. So führt eine Verlagerung der Eisgrenze auch zu ebenso großräumigen Verlagerungen der Zyklonenzugbahnen und der Luftdruckverteilung. Modellrechnungen von HERMAN und JOHNSON (1978) haben die Wirkung auf die Druckverteilung bestätigt, sind allerdings nicht durch empirische Daten verifiziert worden.

Wegen der zahlreichen Freiheitsgrade der Atmosphäre und der Komplexität des klimatischen Systems lassen sich die klimatischen Auswirkungen der Eisvorstöße während der „Kleinen Eiszeit" (1550–1850, mit Maxima um 1690 und 1820, sowie kurzen, aber intensiven Vorläufern um 1320 und 1430) nur näherungsweise umreißen: Verlagerung der Zyklonenzugbahnen nach Süden, häufige blockierende Hochdruckgebiete über den damaligen Kaltwassergebieten nördlich und wohl auch westlich der Britischen Inseln, häufigere und vor allem intensivere Ausbrüche polarer Kaltluft über West- und Mitteleuropa bis über die Alpen hinaus, Verstärkung der Zyklonentätigkeit und Niederschläge im westlichen und mittleren Mittelmeergebiet. Meridionale Zirkulationstypen ("low index patterns") herrschten über großen Teilen des Westwindgürtels der mittleren Breiten der Nordhalbkugel vor. Analog zu den auch heute keinesfalls selten beobachteten Fällen, in denen die Ausläufer dieser kalten Höhentröge diagonal über die Sahara hinweg bis in die Äquatornähe (FLOHN 1975 a) vordringen, sind diese Wetterlagen offenbar damals häufiger aufgetreten und haben in den Randtropen, so in der Sahelzone, ungewöhnlich starke Regenfälle ausgelöst (NICHOLSON u. FLOHN 1980; s. auch Kap. G).

Diese Wetterlagen traten in der relativ warmen Periode zwischen 1921 und 1960 – wahrscheinlich der wärmsten in den letzten 500 Jahren – viel seltener auf; in ihr zog sich das Eis bis weit nach Norden zurück (Höhepunkt um 1940). In den 60er Jahren kam es wieder zu einer Abkühlung (Abb. 4) und in den Jahren von 1965 bis 1972 zu einem mäßigen Vorrücken des Eises an die Nord- und Nordwestküste Islands. Diese Entwicklung führte zu einigen der auffälligsten Klimaanomalien der 70er Jahre: hierzu gehört das Jahr 1972 mit seinen weltweiten Exzessen, das die heutige Diskussion von Klimaproblemen und ihre ökonomischen Folgewirkungen ebenso anschaulich wie drastisch ausgelöst hat. Diese meridionalen Großwettertypen charakterisieren aber auch den überaus strengen Winter 1968/9 in der Sowjetunion sowie die typische Folge dreier

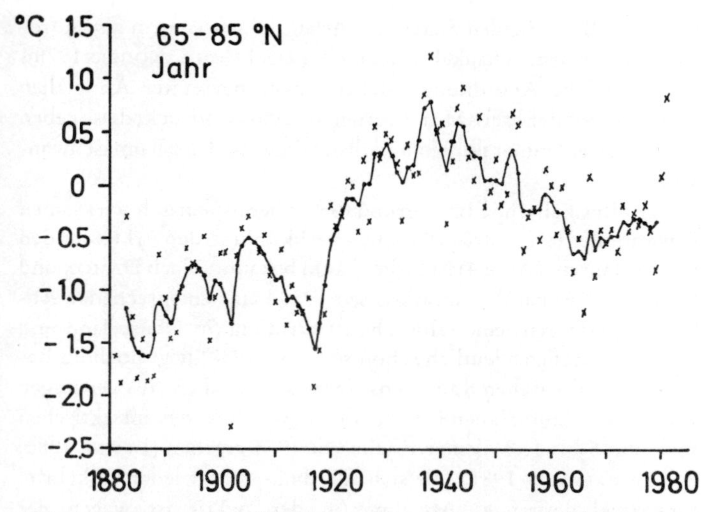

Abb. 4: Temperaturanomalien in der Arktis 65 bis 85° N. Die Abweichungen basieren auf dem Mittel von 1946 bis 1960. Die geglätteten Kurven stellen 5jährige gleitende Mittel dar.

Quelle der Daten: KELLY u. JONES 1981.

Strengwinter (1976/7 bis 1978/9) in großen Teilen Nordamerikas, die Folge von 7 milden Wintern im westlichen Europa in den 70er Jahren. Ebenso gehören hierzu die Folge der drei schwersten Eisberg-Jahre dieses Jahrhunderts bei Neufundland (1971 bis 1973, STRÜBING 1974, 1975), die wiederholten Sturmkatastrophen im Nordseegebiet zwischen 1972 und 1976, das Zusammentreffen einer Dürre in Westeuropa und einem überaus kühlen und nassen Sommer 1976 in der Sowjetunion, oder die vier unmittelbar aufeinanderfolgenden Regen- und Hochwasserkatastrophen in Tunesien im September/Oktober 1969 (FLOHN 1975a).

Die Häufigkeit solcher als anormal empfundener, zu Wiederholung neigenden Wetterlagen, die vielfach als „katastrophal" bezeichnet werden müssen, zeigt zugleich das parallele Auftreten positiver und negativer Anomalien von Niederschlag und Temperatur, wie sie z. B. zu beiden Seiten des Atlantiks seit langem als „nordatlantische Wärmeschaukel" bekannt ist (van Loon u. Rogers 1978). Die räumliche Anordnung solcher entgegengesetzter Anomalien kommt in Breitenkreis-Mittelwerten nie zum Ausdruck; diese geben infolgedessen immer nur ein unvollständiges Bild der Klimaschwankungen.

Der physikalische Hintergrund dieser hemisphärisch wirksamen Erwärmung (etwa 1890–1945) bzw. Abkühlung der Arktis (in den 50/60er Jahren) (Abb. 4) ist bisher kaum bekannt. Nach Damon und Kunen (1976) hat die Antarktis seit 1950 keine entsprechende Abkühlung erfahren; eine schwache Erwärmung (in Neuseeland und Teilen Australiens deutlich schon seit etwa 1930) liegt noch im Bereich des statistischen Rauschens. Inzwischen haben Auswertungen von Satellitenaufnahmen eine deutliche Abnahme des antarktischen Eises um 5 bis 15% seiner Fläche seit 1973 ergeben (Lemke 1980; Kukla u. Gavin 1981), die sich allerdings 1981 wieder umkehrte. Eine (viel geringere) Abnahme in der Arktis ist wegen der inhomogenen Daten unsicher. Eine (spekulative) Hypothese für die Abkühlung der Arktis wird in Kapitel C. 1. diskutiert.

Im Rahmen großer internationaler Forschungsvorhaben (so POLEX innerhalb des globalen atmosphärischen Forschungsprogramms GARP) sind inzwischen fortgeschrittene dreidimensionale und zeitabhängige (d. h. eigentlich vierdimensionale) Modelle dieses Multiphasensystems in Entwicklung (Parkinson u. Washington 1979; Hibler III 1980, 1982). Wir dürfen also in absehbarer Zeit einigermaßen vollständige Lösungen einschließlich der wichtigsten Rückkoppelungen erwarten. Auch für die südlichen Ozeane sind Modelle für den Zusammenhang zwischen Treibeis und Klima in Entwicklung (Simmonds 1979). In diesem Zusammenhang seien wenigstens die riesenhaften Tafeleisberge erwähnt, die vom Rand des Schelfeises abdriften: sie haben eine vertikale Mächtigkeit von 200 bis 400 m und eine Ausdehnung von vielen Quadratkilometern. Einer der größten Eisberge dieser Art war mit rund 30000 km² fast so groß wie die Niederlande. Die Drift dieser Eisberge kann seit etwa 1970 kontinuierlich über Jahre hinweg mittels Satelliten verfolgt werden; ihre letzten Reste erreichen gelegentlich im Atlantik und vor Südafrika 35° Südbreite. Ihre klimatische Rolle besteht hauptsächlich in der großen Wärmemenge, die sie für ihre Schmelzprozesse benötigen und dem Meereswasser entziehen. Eine ausgezeichnete Übersicht über die interdisziplinären geophysikalischen Prozesse im Bereich beider Polargebiete hat eine Gruppe von 23 amerikanischen und 4 sowjetischen Wissenschaftlern als "Polar Group" 1980 veröffentlicht.

2. *Kontinentale Eisschilde und planetarische Zirkulation*

Viel stärker, als selbst Fachleuten bewußt ist, wird unser globales Klima heute von einem kontinentalen Eisschild beeinflußt: das riesige Antarktiseis, das knapp 13 Mill. km^2 (oder etwa 1.5 mal die Fläche Europas) überdeckt, einschließlich der Schelfeise knapp $14 \times 10^6 km^2$. Mit einer mittleren Mächtigkeit von über 2000 m ergibt das ein Eisvolumen, das auf rund 28 Mill. km^3 geschätzt wird. Eine Größenordnung kleiner ist das Inlandeis Grönlands: Fläche rund 1.8 Mill. km^2, mittlere Dicke rund 1200 m, Volumen über 2 Mill. km^3 (Tab. 1). Wenn wir das Verhältnis von Fläche und Höhe bei der Antarktis abschätzen und einen Kreis als Grundriß ansetzen, dann ist der Radius dieses Kreises etwa 2100 km (oder 19 Breitengrade vom Pol als fiktivem Mittelpunkt aus gemessen), gegenüber einer maximalen Höhe von wenig über 4 km. Die meist gebrauchte Bezeichnung Eisdom sollte also besser durch Eisschild ersetzt werden, ein Schild, der mit seiner mittleren Hangneigung unter 1 % noch flacher ist als ein Schildvulkan wie z. B. Mauna Kea und Mauna Loa auf Hawaii.

Diese beiden Eisschilde enthalten rund 99 % des gesamten Eises der Erde; für das im Boden verborgene Permafrosteis liegen nur ungenaue Schätzungen vor. Alle übrigen Eisfelder und Gletscher, so eindrucksvoll sie erscheinen, kommen zusammen nur auf rund 1 % und tragen so nur wenig zur Bilanz bei (s. Tab. 1). Bei der Berechnung der Wasserbilanz setzen wir eine mittlere Eisdichte von 0.91 g/cm^3 an; das Wasseräquivalent des kontinentalen Eises, rund 29 Mill. km^3, würde den Spiegel des Meeres (361 Mill. km^2) um über

Tab. 1: Fläche und Volumen des Eises auf der Erde

Polareis						
Kontinente	Fläche		Volumen	Mittl. Dicke	Max. Höhe	Entsprechender Seespiegelanstieg
	10^6 km²	%	10^6 km³	m	m	m
Grönland	1.81	83	2.2	1210	3230	+ 6.5
Antarktis (mit Schelf)	13.9	97	26	1880	4300	+ 67[1]
Antarktis Schelf	1.4	100	0.5	380	–	–
N. Kontinente Eiszeit	33.6		33 (→50)	~ 1000	~ 4000	– 100 (→ 140)

Ozeane	Fläche			Volumen	Mittl. Dicke	Lebenszeit
	Sommer	Winter	Jahr	10^3 km³	m	Jahre
		10^6 km²				
Arktis[2]	7.1	11.4	9.8	22.5	2.3	5–10
Subantarktis	2.5	22	12	~ 15	1–1.5[3]	< 1

[1] West Antarktis allein 5 m

[2] Polynyas: August 20 %, März 2.5 %, Jahr 6 %

[3] ohne Tafeleisberge ~ 300 m (zu 90 % unter Wasser)

Aus verschiedenen Quellen; neueste Daten UNTERSTEINER (in HOUGHTON 1984).

71 m erhöhen. 1 Mill. km^3 Eis entspricht einer Wasserspiegelerhöhung um 254 cm, wobei (etwas unrealistisch) Konstanz der Ozeanfläche vorausgesetzt ist. Das Volumen des gesamten Treibeises beider Pole beträgt demgegenüber nur rund 38000 km^3. Es befindet sich im Schwimmgleichgewicht, ebenso wie Eiswürfel in einem Whiskyglas; sein Abschmelzen hätte keinerlei Wirkung auf den Meeresspiegel.

Der Klimaeinfluß von Grönland bleibt im Grunde regional begrenzt; der relative Wärmemangel des östlichen Nordamerika und der Meeresgebiete bis Neufundland hin ist (genau wie derjenige Nordostasiens) eine Folge der regelmäßigen Ausbreitung zweier die gesamte Troposphäre umfassender winterlicher „Kältepole" im kanadischen Archipel und in Jakutien; in der warmen Jahreszeit liegt das kälteste Gebiet fast immer zwischen dem Nordpol und Ellesmere-Land, d. h. nach Kanada hin verschoben. Grönland – mit seinen 3000 m überragenden Hochgebirgen – liegt auf seiner Vorderseite, erhält daher ständig Niederschläge von den wasserdampfreichen Golfstrom-Zyklonen, die mit der (baroklinen) Höhenströmung nach Norden oder Nordosten wandern; seine Nordflanke zum Arktischen Ozean hin ist trocken, ja z. T. arid.

Das antarktische Festlandeis dagegen kühlt die ganze Troposphäre, besonders aber die bodennahe Luftschicht viel stärker ab als das dünne, durchbrochene arktische Treibeis (Tab. 2). Da im Gegensatz zum arktischen Treibeis eine Wärmezufuhr von unten wegfällt, bildet sich hier eine fast permanente, nach oben durch eine „Inversion" abgegrenzte Kaltlufthaut, mit den tiefsten Mitteltemperaturen der Erdoberfläche (Monatsmittel unter − 70° C, Einzelwerte mehrfach − 88° C).

Entscheidend für die Intensität der atmosphärischen Zirkulation (zugleich aber auch für die windgetriebene Oberflächenzirkulation der Ozeane) ist – nach dem klassischen Lehrsatz von BJERKNES (1897) – die horizontale (genauer: isobare) Temperaturdifferenz zwischen Äquator und Pol, zusammen mit der vertikalen Temperaturabnahme, deren regionale Unterschiede in der Troposphäre (bis 8 km Höhe im Mittel 6.5°/km) relativ gering sind. Dieses isobare Temperaturgefälle beträgt nun, im Mittel der die Troposphäre

Tab. 2: Mitteltemperaturen (° C) der extremen Jahreszeiten über beiden Polen[2]

	Winter	Sommer	Jahr	
Nordpol[1]	− 33.7	− 1.0	− 19.2	Boden (2 m)
Südpol (2800 m)	− 58.2	− 32.3	− 49.3	
Nordpol[1]	− 41.5 (I)	− 25.9 (VII)	− 35.9	Schicht 300/700 mb (∼ 3–9 km Höhe)
Südpol[3]	− 52.7 (VII)	− 38.3 (I)	− 47.7	

[1] Eisdriftstationen, fast immer > 84° N

[2] Zum Vergleich: Äquator Jahresmittel + 27° (Boden), − 8.6° (Troposphäre), Jahresgang vernachlässigbar gering.

[3] Der Luftdruck am Südpol beträgt 681 mb; wird die Bodentemperatur statt dessen für 700 mb angesetzt, entsteht hierdurch ein Fehler von 0.5° C.

Quelle: FLOHN 1978a.

repräsentierenden Schicht zwischen 700 und 300 mb, auf der Südhalbkugel im Juli 44° C, im Januar 33° C, dagegen auf der Nordhalbkugel in den gleichen Monaten 17° C bzw. 30° C (FLOHN 1967). Im Jahresmittel betragen diese Differenzen auf der Süd-(Nord-)halbkugel 39 bzw. 27° C, also im Süden um fast 12° C oder 43 % mehr als im Norden (s. auch Tab. 2). Das sollte um so mehr auffallen, als die derzeitige Position der Erdbahnelemente (Kap. E) den Südpol begünstigt, der an der Obergrenze der Atmosphäre im Südsommer (das Perihel liegt Anfang Januar) rund 7 % mehr Strahlung erhält als der Nordpol im Juli in Erdferne.

Die südhemisphärische Zirkulation ist also – aus thermischer Sicht beurteilt – über 40 % stärker als die nordhemisphärische. Als eine Folge hiervon ist die südhemisphärische Westdrift stärker als die der Nordhalbkugel (LAMB 1959), und die südhemisphärische Passatzone überschreitet den Äquator und drängt den „meteorologischen Äquator" – definiert durch die Breitenlage des niedrigsten Jahresmittels des Luftdrucks in den Tropen, identisch mit der mittleren

Lage der Konvergenz zwischen beiden Passaten – auf 6° N-Breite ab. Im Juli ist die Differenz noch viel extremer, mit einer Äquatorposition von nahezu 15° N. Im Januar dagegen ist die südhemisphärische Sommerzirkulation etwa gleich stark wie die nordhemisphärische Winterzirkulation (!), und der meteorologische Äquator stimmt mit dem geometrischen etwa überein; nur in dieser Jahreszeit finden wir auf der Erde eine annähernd symmetrische Anordnung der Wind- und Klimagürtel. Die Ursache hierfür liegt in den bereits erörterten (Kap. B.1.; vgl. Abb. 2) geophysikalischen Unterschieden der Wärmebilanz (FLOHN 1978), deren Zahlenwerte noch verbessert werden müssen:

a) Wegen der höheren Albedo im Sommer (Antarktika 84 bis 86%) und der nur geringen, dünnen Bewölkung wird über der Antarktis etwa doppelt so viel kurzwellige Strahlung vom Eis reflektiert als über der Arktis.
b) In beiden Polargebieten wird die negative Strahlungsbilanz an der Obergrenze der Atmosphäre aufrechterhalten durch horizontale Wärmezufuhr aus gemäßigten Breiten. Dieser Wärmestrom (vor allem fühlbare Wärme oder Enthalpie) ist in der Arktis größer, weil hier die Land-Meer-Verteilung einen starken, quasistationären, meridionalen Wärmeaustausch produziert, der in der Antarktis stark zurücktritt. Der ozeanische Anteil an diesem Wärmetransport (nur in der Arktis) ist demgegenüber relativ unbedeutend; neuere Werte liegen jedoch etwas höher.
c) Der turbulente Vertikalaustausch (fühlbare Wärme und Wasserdampf) ist in der Arktis überwiegend aufwärts gerichtet, in der Antarktis abwärts.
d) Wegen des geringen Wasserdampfanteils ist der Wärmeverlust gegen den Weltraum über der Antarktis nur etwa halb so groß wie über der Arktis. Das nach allen Seiten divergierende, der Hangneigung folgende „katabatische" Windsystem über dem Eisschild kühlt die Meeresoberfläche ab und erzeugt so das winterliche Treibeis. Aus der Erhaltung der Massenbilanz folgt Absinken über dem Eis, dessen Größenordnung sich leicht abschätzen läßt. Mit der Annahme einer kreisförmigen Grund-

fläche mit dem Radius R = 2100 km und einer mittleren Mächtigkeit der ausströmenden Schicht h = 210 m ergibt sich eine vertikale (radiale) Windkomponente w(u) : $w = -\frac{2h}{R} \times u$.

Das ergibt (für u = 5 m/s) w = −1 mm/s. Damit werden alle zyklonalen Störungen über dem Eisschild in ihrer Niederschlagswirksamkeit geschwächt, und im zentralen Teil der Antarktis beträgt die Niederschlagsmenge nur rund 5 mm/a Wasseräquivalent, einschließlich der aus der bodennahen Kaltlufthaut ausfallenden Eisnadeln (Diamantschnee).

In engerem Zusammenhang mit dem (oben erwähnten) Zirkulationskriterium von BJERKNES steht einer der entscheidenden Parameter für die Zirkulation auf einem rotierenden Planeten: die thermische Rossby-Zahl

$$Ro_T = U_T / r\Omega$$

mit dem thermischen Wind $U_T = \frac{\partial u_g}{\partial z} dz$,

wobei $\frac{\partial u_g}{\partial z}$ = Änderungen des geostrophischen Windes u_g mit der Höhe ∂z, dem Erdradius r und der Winkelgeschwindigkeit Ω, d. h. dem Drehimpuls der festen Erde rΩ (Äquatorgeschwindigkeit 464 m/s). $\frac{\partial u_g}{\partial z}$ ist proportional zum meridionalen Temperaturgefälle $\frac{\partial T}{\partial y}$.

Nach den Laborexperimenten mit einem heizbaren rotierenden Zylinder (FULTZ u. a. 1959) gibt es zwei grundsätzlich verschiedene Zirkulationstypen, die auf der Erde in wohlbekannter Weise nebeneinander und miteinander gekoppelt auftreten (PALMÉN u. NEWTON 1969):

a) eine mittlere Meridional-Zirkulation symmetrisch zur Rotationsachse, mit einer unten zur Wärmequelle (Äquator) hin-, oben von ihr weggerichteten Strömung, und den zugehörigen Vertikalbewegungen (Aufsteigen am Äquator). Ihr entspricht (idealisiert) die Passatzirkulation;
b) eine ungeordnete Austausch-Zirkulation, in der die Austauschströme nebeneinander (statt übereinander) angeordnet sind;

hier übernehmen wandernde und quasistationäre Störungen ("eddies") den meridionalen Transport konservativer Eigenschaften wie der statischen Energie.

Die beiden Zirkulationstypen werden nach ihren Entdeckern – zur Geschichte vgl. LORENZ (1968) – als Hadley-Typ (1735) und Ferrel-Typ (1857) bezeichnet. Während die Hadley-Zirkulation dynamisch nahezu stabil ist und in der Tropenzone (bei geringem horizontalen Temperaturgefälle) vorherrscht, ist die Ferrel-Zirkulation (in höheren Breiten, mit starkem „baroklinen" Temperaturgefälle) in charakteristischer Weise dynamisch instabil: es bilden sich ständig neue Wirbel (Zyklonen und Antizyklonen). Wenn wir das von SMAGORINSKY (1963) formulierte Kriterium für barokline Instabilität zur Beschreibung dieses fundamentalen Unterschiedes anwenden (FLOHN 1964), dann läßt sich eine Formel für die Breite φ_s angeben, in der die beiden Zirkulationstypen aneinandergrenzen. φ_s ist dann identisch mit der mittleren Breite der subtropischen Antizyklonen (am Boden) und der subtropischen Strahlströmung (in 200 mb), die beide gut übereinstimmen; zu Einzelheiten über die Grundfragen der atmosphärischen Zirkulation siehe die Monographien von PALMÉN und NEWTON (1969) und RIEHL (1979). Die Formel für φ_s lautet nach geringer Umformung (s. auch HENNING 1967; sowie KORFF u. FLOHN 1969):

$$\mathrm{ctg}\,\varphi_s = \frac{r}{h}\,\frac{\partial\theta/\partial y}{\partial\theta/\partial z}$$

mit h = Skalenhöhe der Atmosphäre (z. B. Dicke der Schicht 250/750 mb), θ = potentielle Temperatur, y(z) = meridionale (vertikale) Koordinate. Errechnet man aus der potentiellen Temperatur θ die wahre Temperatur T, dann ist $\partial T/\partial y$ proportional zu dem thermischen Wind U_T (s. o.), während $\partial T/\partial z$ das vertikale Temperaturgefälle dargestellt. Man erkennt die Verwandtschaft mit dem Zirkulationskriterium von BJERKNES, in dem die gleichen Gradienten enthalten sind. Auf dieses fundamentale Kriterium kommen wir noch zurück (Kap. H. 3.).

Aber schon die oben erwähnte jetzige Asymmetrie des Klimas ist mit diesem Kriterium gut zu interpretieren (KORFF u. FLOHN 1969):

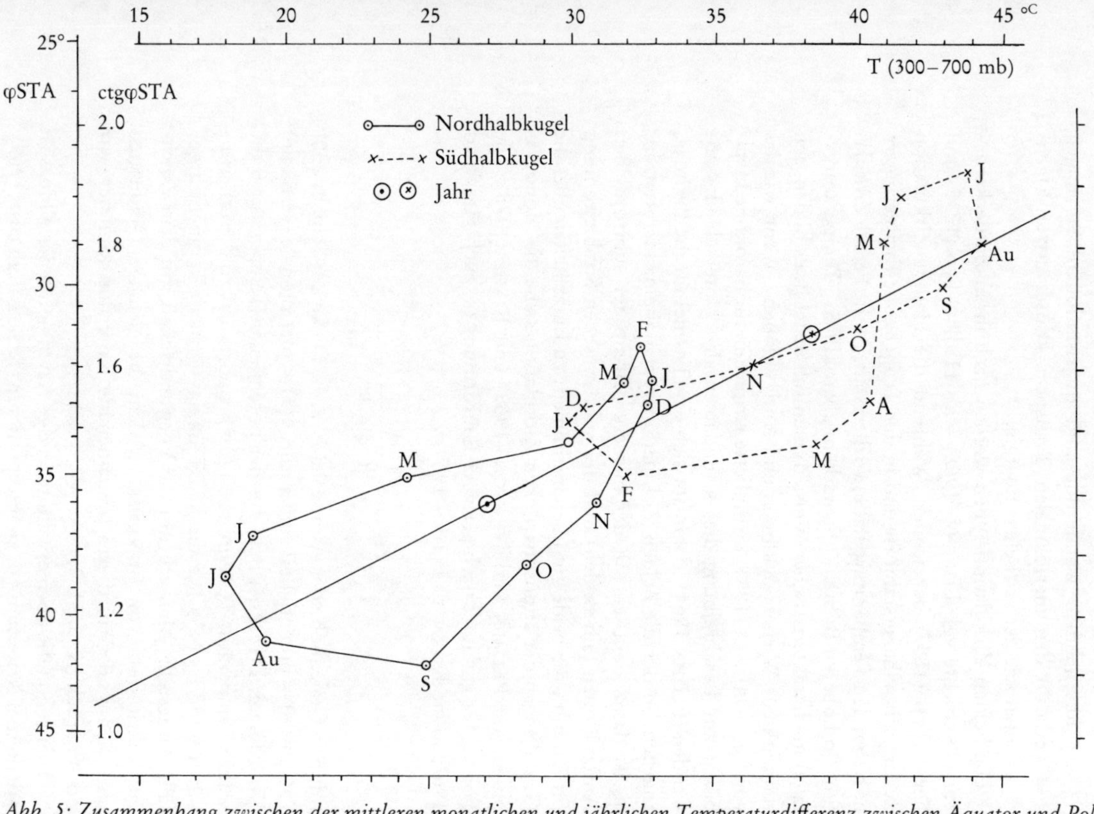

Abb. 5: Zusammenhang zwischen der mittleren monatlichen und jährlichen Temperaturdifferenz zwischen Äquator und Pol der Schicht von 300 bis 700 mb und der Breite der subtropischen Hochdruckzone für beide Hemisphären.

Quelle: Daten nach KORFF u. FLOHN 1969.

Abbildung 5 zeigt aus den heutigen Daten für jeden Monat von φ_s (interpoliert aus den Breitenkreismitteln des Luftdrucks von PFLUGBEIL) und dem meridionalen Temperaturgefälle der mittleren Troposphäre (FLOHN 1967), daß diese einfache Formel – im Grunde ein eindimensionales empirisches Modell auf theoretischer Grundlage – sowohl die jahreszeitlichen Änderungen auf jeder Halbkugel wie die asymmetrische Position von φ_s und damit aller Klimazonen auf beiden Halbkugeln befriedigend wiedergibt. Der Korrelationskoeffizient zwischen beiden Größen liegt bei 0.85; er steigt auf 0.92, wenn man eine Zeitverschiebung von 1 bis 2 Monaten (Temperatur vor Druckverteilung) einbezieht. Ein entsprechendes Ergebnis ist m. W. bisher mittels drei- und vierdimensionaler Modelle noch nicht erzielt worden; das sollte aber möglich sein, wenn die verschiedenen geophysikalischen Bedingungen in beiden Polargebieten voll berücksichtigt werden.

Die Geschichte der Vereisung der Antarktis und ihre fundamentale Rolle für die Klimaentwicklung auf der Erde wird in Kapitel H näher behandelt, die Frage einer potentiellen Instabilität von Teilen des Antarktiseises und ihrer Rolle für den Meeresspiegel in Kapitel C. 3. Auffälligerweise reicht der Klimaeinfluß, gesteuert von der antarktischen Halbinsel und dem mit mehrjährigem Treibeis angefüllten Weddell-Meer – an dessen Rand sich in vielen Jahren eine große offene Wasserfläche (Polynya; s. MARTINSON u. a. 1981) bildet –, im Bereich des Atlantiks und des westlichen Indischen Ozeans viel weiter nordwärts als im pazifischen Sektor: die Nordgrenze des antarktischen, jahreszeitlich Treibeis führenden Kaltwassers liegt im Atlantik in 48 bis 50° S, im Pazifik dagegen um 60° Breite. So ist die Bouvet Insel (54° S) fast vollständig eisbedeckt, dagegen Helgoland (54° N) ein Sommer-Seebad.

3. Ozeanische Auftriebsvorgänge und ihre Rolle für die H_2O- und CO_2-Bilanz

In den meisten Lehrbüchern der Klimatologie wird die Rolle des aufquellenden Kaltwassers aus tieferen Ozeanschichten kaum im einzelnen behandelt. Insbesondere beschränken sich die Beispiele auf Gebiete mit küstennahem Auftriebswasser: die bekanntesten sind auf der Nordhalbkugel (im Nordsommer) die Küsten Kaliforniens und Nordwestafrikas, ferner die Somaliküste, die Küste Südarabiens und (in geringem Ausmaß) die Nordküste Südamerikas, auf der Südhalbkugel (im Südwinter) die Westküste Südamerikas (Peru, Ecuador) und Afrikas (Angola, Gabun).

Erst in den letzten Jahrzehnten hat man klar erkannt, daß unter bestimmten Voraussetzungen längs des Äquators ebenfalls eine Auftriebszone kalten Tiefenwassers existiert, die im Pazifik von der südamerikanischen Küste bis an die Datumsgrenze bei 180° W und zeitweise noch darüber hinaus auf die östliche Halbkugel reicht, also über eine Entfernung von über 12000 km. In geringerem Ausmaß ist das im Nordsommer auch auf dem Atlantik der Fall; im Indik fehlt das äquatoriale Auftriebsphänomen jedoch völlig. Die Ursachen dieses Aufquellens sah man zunächst (J. Bjerknes) in einer Divergenz der Ekman-Drift des Oberflächenwassers. Nach Ekmans Theorie wird die Oberflächenschicht des Meeres unter dem Einfluß der Schubspannung so abgelenkt, daß im Integral über die ganze Reibungs- oder Ekman-Schicht (60–100 m mächtig) eine Driftbewegung senkrecht zur Windrichtung nach der antizyklonalen Seite hin entsteht, d. h. auf der Nordhalbkugel nach rechts, auf der Südhalbkugel nach links. Beiderseits des Äquators führt dies bei Winden aus östlicher Richtung zu einer Divergenz der Ekman-Drift, bei Winden mit einer westlichen Komponente – wie im Indik – jedoch zu einer Konvergenz. Hierdurch entstehen Auftriebskräfte, die bei Divergenz das Kaltwasser unterhalb der Sprungschicht (Thermokline) aufquellen lassen, bei Konvergenz das oberflächennahe Warmwasser zum Absinken zwingen. Diese Betrachtungsweise ist aber nur bei geradlinigen, scherungsfreien Windströmungen in zonaler Richtung gültig, in einer annähernd äquator-symmetrischen Anordnung. Dann sollte man das jahreszeitliche Maximum im Nordwinter, wenn die Symmetrie des Windfeldes am besten ausgeprägt ist (Abb. 5), erwarten. Tatsächlich tritt das Maximum des Aufquellens aber im Nordsommer (im Zentral-Pazifik erst im Herbst) ein.

Die allgemeine Lösung in den oberen Ozeanschichten, die man

in neueren theoretischen Lehrbüchern nachlesen kann, ähnelt den Verhältnissen in der (rund 1000 m mächtigen) bodennahen Reibungsschicht der Atmosphäre. Dort entsteht in einem zyklonalen Windfeld als Folge der Bodenreibung eine aufwärtsgerichtete Komponente, bei antizyklonalem Windfeld ergibt sich dagegen ein Absinken an der Obergrenze der Reibungsschicht. Bei der windgetriebenen Ekman-Drift im Ozean entsteht an der Untergrenze der Ekman-Schicht (Größenordnung 100 m) bei zyklonalem Windfeld Auftrieb, bei antizyklonalem Windfeld dagegen Absinken. Die entsprechende Gleichung lautet (w = vertikale Komponente, positiv nach oben, $\vec{\tau}$ Schubspannungsvektor des Windes parallel zur Windrichtung, Coriolisparameter $f = 2\,\Omega \sin \Phi$ mit Ω = Drehimpuls der festen Erde, Φ = Breite, ϱ = Dichte):

$$\varrho w = f^{-1} \operatorname{rot}_z \vec{\tau}$$

Im Nordsommer überschreitet im Pazifik und Atlantik (FLOHN 1972, 1975a; HANTEL 1972) das Windsystem der Südhalbkugel mit zyklonaler Vorticity (hier $\operatorname{rot}_z \vec{\tau} < 0$) den Äquator, wo f (mit Φ) sein Vorzeichen umkehrt. Während südlich des Äquators ($f < 0$) w positiv ist, also Auftrieb erzeugt, erzwingt das gleiche Windsystem nördlich des Äquators ($f > 0$), wo es im nordhemisphärischen Sinn eine antizyklonale Krümmung hat, durch Konvergenz der Ekman-Drift eine abwärts gerichtete Komponente ($w < 0$). Bei genügender räumlicher Auflösung ($\Delta\Phi$ = 1–2°) belegen alle Daten der Wassertemperatur diesen raschen Wechsel von "upwelling" zu "downwelling" in Nähe des Äquators (HASTENRATH u. LAMB 1978); dort erreicht dieser Effekt – mit $\Phi \rightarrow 0$ und $f^{-1} \rightarrow \infty$ – ein eindeutiges Maximum. Wegen der hemisphärischen Asymmetrie des Windfeldes (über deren geophysikalischen Zusammenhänge s. Kap. B. 2.) tritt dieses Phänomen im Nordwinter auf der Nordseite des Äquators nur selten auf, um so häufiger aber auf der Südseite.

Das Aufquellen in Küstennähe findet optimale Voraussetzungen an langgestreckten Küsten parallel zur Windrichtung, wenn der höhere Druck (die antizyklonale Seite des Windfeldes) auf See liegt. Das ist aus thermischen Gründen im Sommer der jeweiligen Halbkugel in niedrigen Breiten am besten ausgeprägt, wo die Erwärmung über Land stets auch zu niedrigem Luftdruck führt. In diesem Fall entsteht eine ablandige Ekman-Drift mit aufquellendem Kaltwasser im Küstenbereich. Aus geographischen Gründen – etwa vor und hinter vorspringenden Kaps oder Inseln – kommt es zu Abschwächungen oder Verstärkungen. In allen Fällen sind die Vertikalkomponenten der Wasserbewegung nur gering, in der Größenordnung von einigen Dekametern pro Tag (gegenüber km/Tag in der Atmosphäre). Damit kommt das intermediäre Wasser mit Ursprungstemperaturen nahe 14° C unterhalb der in 60 bis 120 m Tiefe liegenden Thermokline an die Oberfläche. Zusammen mit der Absorption der Sonnenstrahlung im Wasser ergibt sich eine Gleichgewichtstemperatur von 18 bis 23° C gegenüber 27 bis 28° C im ungestörten tropischen Ozean. Da die Verdunstung vom Sättigungsdefizit $Q_w - q_L$ (Q_w = spezifische Feuchte bei Sättigung und der Wassertemperatur T_w, q_L = spezifische Feuchte der Luft) und vom Wind abhängig ist, Q_w aber exponentiell mit T_w ansteigt, existiert ein oberer Grenzwert von T_w, oberhalb dessen die verfügbare Nettostrahlung nicht mehr ausreicht, um mehr Wasser zu verdunsten. Bei den in den Tropen gegebenen Strahlungs- und Bewölkungsverhältnissen liegt dieser Grenzwert von T_w bei $\sim$ 29.5° C; er wird im Seegebiet um Indonesien erreicht (Newell u. Gould-Stewart 1981). Nur in Randmeeren – Rotes Meer, Persischer Golf – steigt T_w über 30° C (bis 33° C) an, da hier durch die Advektion heißer, trockener Wüstenluft über den abwärtsgerichteten Strom fühlbarer Wärme dem Wasser weitere Energie zugeführt wird. In diesen Ausnahmefällen kann die Verdunstung mehr Energie verbrauchen, als in der Nettostrahlungsbilanz zur Verfügung steht.

Während im Atlantik der jahreszeitliche Gang (Aufquellen im Südwinter von Mai bis Oktober) überwiegt (Henning u. Flohn 1980), sind die unperiodischen Störungen im Pazifik häufiger. Das „El-Niño"-Phänomen, bei dem im Südsommer (niño = das Kind, d. h. ab Weihnachten) in unregelmäßigen Abständen (zuletzt Anfang 1983) tropisches Warmwasser das aufquellende Kaltwasser ablöst, bestimmt Klima, Ozean und Biosphäre von der Küste von Ecuador bis über die Datumsgrenze hinaus (Julian u. Chervin 1978). Auf die umfangreiche Literatur kann hier nicht eingegangen werden; den neuesten Stand fassen RASMUSSEN und CARPENTER (1982) sowie HASTENRATH und WU (1982) zusammen; die Niederschlagsreihen behandelt BEHREND (1983). Nach WYRTKI (1975, 1979) hängt diese Umstellung, die über 10000 km hinweg (mit einer rasch laufenden Kelvin-Welle) annähernd gleichzeitig einsetzt, mit dem Windfeld auf dem zentralen Pazifik zusammen: Verstärkung der passatischen Ostwinde führt zu Auftrieb von Kaltwasser, Abschwächung zu seinem Verschwinden und der Vorherrschaft warmen Wassers. Zugleich kehrt sich das zonale Gefälle der Wasseroberfläche (von der Größenordnung 10^{-8}) um. Eine etwas andere Interpretation vertritt E. REITER (1978). Das in seiner Intensität und globalen Ausdehnung in diesem Jahrhundert noch nicht erreichte „Super-Niño"-Phänomen 1982/3 ist mit Hilfe von Satellitendaten außerordentlich reichhaltig dokumentiert (s. die Berichte von CANE u. a. 1983).

An den Westküsten von Nord- und Südamerika existiert eine signifikante Korrelation zwischen dem äquatorialen Aufquellen (bzw. den El-Niño-Störungen) und dem Aufquellen an den Küsten (ALLISON u. a. 1972; ENFIELD u. ALLEN), wobei die Störungen mit einer Phasengeschwindigkeit von 60 bis 100 km/Tag sich nach beiden Seiten ausbreiten, jedenfalls bis nach Kalifornien und Mittelchile hin. Diese Ausbreitung wurde auch in Modellrechnungen (z. B. PHILANDER u. PACANOWSKI 1980) gefunden; sie wandert schneller, als durch Advektion erklärt werden kann. Im atlantischen Bereich ist eine entsprechende Korrelation bisher noch nicht nachgewiesen worden, sie ist jedoch wahrscheinlich.

Für das Problem der quasistationären Klimaanomalien spielen diese beiden entgegengesetzten Bewegungstypen (Modi) über den Wärmehaushalt eine entscheidende Rolle. Während bei normalen, tropischen Wassertemperaturen nahe 27° C die Ozeanverdunstung etwa 4 mm/Tag oder 140 bis 150 cm/Jahr beträgt, sinkt sie bei Kaltwasserauftrieb und Temperaturen von 18 bis 21° C rasch ab auf Werte um und unter 1 mm/Tag (TREMPEL 1978 für den Raum der Galapagos; HENNING u. FLOHN 1980 für den äquatorialen Atlantik, s. Abb. 6). Der schwache Strom fühlbarer Wärme kehrt sich über dem Aufquellgebiet um: die Luft gibt Wärme an das Wasser ab, die

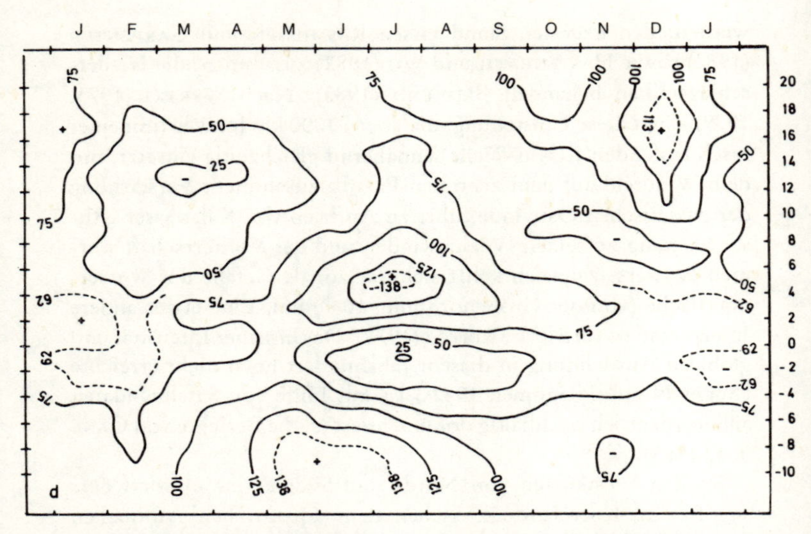

Abb. 6: Jahresgang der Verdunstung in mm/Monat im Atlantik längs Seeweg Europa–Südafrika, Ostroute. Rechts geographische Breite.

Quelle: Henning u. Flohn 1980.

Schichtung der Atmosphäre wird stabil, und die konvektive tropische Bewölkung verschwindet als Folge absinkender Luft über dem Kaltwasser. Die Niederschlagsunterschiede sind extrem: in Nauru (0.6° S, 167° E) fielen von April 1916 bis März 1917 95 mm, dagegen von Mai 1918 bis April 1919 5047 mm. Dieses Freisetzen latenter Wärme durch den Niederschlag ist wohl der energetisch wichtigste Prozeß: 10 mm/Tag liefern mit ~ 300 W/m² eine Energiemenge in der Größenordnung der extraterrestrischen Solarkonstanten (340 W/m²).

Während sich also in den Kaltwasser-Auftriebsperioden auf der Südseite des Äquators eine ausgedehnte Zone mit atmosphärischem Absinken, divergierenden Bodenwinden, minimaler Verdunstung, Bewölkung und Niederschlägen ausbildet, wird diese in den Warmwasserphasen (El-Niño) durch tropische Konvektion und

Konvergenz der Winde, hohe Verdunstung und Niederschläge ersetzt. Die davon betroffenen Gebiete im Pazifik dehnen sich über mindestens 12000 × 800 km² (~ 10^7 km²) aus, im Atlantik über etwa 2.5 × 10^6 km². Neuestens hat WEARE (1981) eine signifikante positive Korrelation zwischen den Wassertemperaturen des ganzen Bereichs 20° N bis 20° S gefunden (s. auch ALLISON u. a. 1972), so daß der in abgeschwächter Form betroffene Bereich im Pazifik tatsächlich 30 bis 50 × 10^6 km² umfaßt; ähnliches gilt für den Atlantik. Die normale tropische Zirkulation (zwei Hadley-Zellen mit einfacher innertropischer Konvergenzzone) wird aufgespalten in zwei Konvergenzzonen mit einer eingelagerten Absinkzone, die im Satellitenbild (auch im Monatsmittel: FLOHN 1975) sich deutlich abzeichnet. Beschränken wir uns für eine konservative Abschätzung der Größenordnung auf den äquatorialen Pazifik, dann dürfte in einem Warmwasserjahr die Verdunstung um 10^7 km² × 1 m/a = 10^4 km³/a höher sein als in einem Kaltwasserjahr. Das sind immerhin etwa 2.5% der globalen Meeresverdunstung: diese unterliegt also interannuellen Schwankungen, die nicht vernachlässigt werden sollten. Da die Verdunstung in erster Linie eine Funktion des Sättigungsdefizits ist, wirkt sich dieser Unterschied auch in der relativen Feuchte der Luft aus: diese beträgt (nach Auswertungen über dem äquatorialen Atlantik) über Warmwasser im Mittel 75 bis 80%, über kaltem Auftriebswasser dagegen 82 bis 90% (vgl. Kap. F. 2.).

Aber auch der globale *Kohlenstoffhaushalt* – der in Kapitel D. 3. näher behandelt wird – unterliegt interannuellen Schwankungen, wie sie in den Beobachtungsreihen ab 1958 (auf dem Mauna Loa auf Hawaii, in 3400 m Höhe, und am Südpol) deutlich in Erscheinung treten (BACASTOW 1976; ANGELL 1981; KEELING u. a. 1982). Wählt man anhand der Wassertemperaturen von Puerto Chicama (Peru 7° S) in der Periode von 1958 bis 1974 jeweils fünf Jahre mit den höchsten und fünf Jahre mit den niedrigsten Wassertemperaturen aus, dann beträgt die mittlere jährliche Zunahme des atmosphärischen CO_2-Gehalts (im Mittel der beiden Stationen) in den Warmwasserjahren (1958, 1963, 1965, 1969, 1972) 1.04 ppm/a, in den Kaltwasserjahren (1960, 1964, 1967, 1971, 1974) dagegen nur 0.57 ppm/a. Nach NEWELL u. a. (1978) und BAES (1982) hängt die positive Korrelation zwischen Wassertemperatur und Zunahme des atmosphärischen CO_2 vor allem vom Nährstoffgehalt des kalten Auftriebwassers ab: während einer Kaltwasserphase ist dieser hoch, und Organismen entziehen der Atmosphäre viel mehr Kohlendioxyd als während der Zeitabschnitte mit wüstenhaft lebensarmem Warmwasser. Zugleich ergibt sich damit auch in überraschender Weise in den entscheidenden Gebieten eine positive Korrelation zwischen dem Vertikalaustausch von H_2O und CO_2, die auch den atmosphärischen Gehalt beider Gase bestimmen muß. Die zahlenmäßigen Abschätzungen dieses wichtigen Effektes werden in Kapitel D. 3., seine Rolle für die Zeitskala der Klimaänderungen in Kapitel F. 3. behandelt.

C. EXTERNE KLIMATOGENETISCHE EFFEKTE

1. Vulkaneruptionen

Ein einziger externer, also von außen in das komplexe Klimasystem (Abb. 1) eingreifender Effekt ist bisher mit Sicherheit nachgewiesen: das sind explosive Vulkanausbrüche, soweit sie magmatische Gase in die Stratosphäre injizieren. Diese Gase bilden dort durch photochemische Prozesse zahlreiche Partikel in der Größenskala 0.1 bis 1 μm, deren Fallgeschwindigkeit nach dem Stokesschen Gesetz sehr gering ist (Größenordnung km/Jahr). Es handelt sich also nicht, wie in der älteren Literatur oft angegeben, um vulkanisches Lockermaterial: dies ist viel gröber (Größenskala 0.1–1 mm und darüber) und fällt zum größten Teil schon in einer Entfernung von einigen 100 bis 1000 km aus, wie die Erfahrungen rezenter (Island, St. Helens 1980) und historischer (z. B. Laacher See vor 10000 Jahren) Vulkanausbrüche gelehrt haben. Die genannten, meist sulfatischen Partikel reichern sich in einer im Mittel 20 bis 22 km hoch liegenden Sulfatschicht an, die auch nach ihrem Entdekker als Junge-Schicht bezeichnet wird (JUNGE 1963).

Sie bildet die farbenprächtigen Dämmerungserscheinungen (Höhepunkt 30 bis 45 Minuten nach Untergang oder vor Aufgang der Sonne), die schon im vorigen Jahrhundert, besonders nach dem gewaltigen Ausbruch des Krakatau (1883), die Aufmerksamkeit erregten.

Diese Sulfatschicht existiert immer und kann unter günstigen Umständen vom Flugzeug aus oberhalb der Tropopause gesehen werden. Sie fällt auch in manchen der von den Astronauten gegen den Erdhorizont gemachten Aufnahmen auf, in denen normalerweise zwei Dunsthorizonte sichtbar sind: die Tropopause (in 10 bis 12 km Höhe) und diese Junge-Schicht, deren Ausmessung Werte von 20 bis 24 km ergab. Ihre Partikeldichte steigt nach Vulkanausbrüchen vorübergehend um einen Faktor 10 bis 100 an. Da in der Stratosphäre wegen des geringen Wasserdampfgehalts – die relative Feuchte sinkt hier unter 10 % ab – keine Wolken gebildet werden, ist der einzige Effekt, der diese Partikel zum Ausfallen bringt, der quasihorizontale Luftmassenaustausch zwischen Stratosphäre und Troposphäre, der im Bereich der Strahlströme ageostrophisch vor sich geht, wo sich regelmäßig zwei Tropopausen übereinander ausbilden (E. R. Reiter 1975). Abschätzungen haben ergeben, daß die Luft der unteren Stratosphäre – zwischen Tropopause und etwa 30 km Höhe (10 mb) – etwa in 12 bis 18 Monaten durch diese Vorgänge einmal gegen troposphärische Luft ausgetauscht wird. Auch in kräftigen Cumulonimben (besonders über dem „maritimen Kontinent" Indonesien, s. Ramage u. a. 1981) werden troposphärische Luftmassen durch die Tropopause hindurch in die Stratosphäre injiziert. Die Einbeziehung stratosphärischer Luft in die Troposphäre vollzieht sich jedoch meist zuerst in den erwähnten Austauschvorgängen in Strahlströmen. Hieraus resultiert eine mittlere Verweildauer der vulkanogenen Partikel in der Stratosphäre von rund 14 Monaten.

Die optische Wirkung dieser Partikel besteht einmal in der Streuung der Sonnenstrahlung, deren Wellenlänge im gleichen (sichtbaren) Spektralbereich (0.35–0.7 µm) liegt wie die charakteristische Partikelgröße. Die Streuwirkung läßt sich dann nach den Gesetzen der Mie-Streuung berechnen; dabei wird nur ein geringer Teil zurück in den Weltraum gestreut, der weitaus größere Teil aber diffus nach vorne. Andererseits absorbieren diese Partikel auch einen Teil der einfallenden Strahlung, erwärmen sich und (durch Emission langwelliger Strahlung) die umgebende Luft. Dieser Effekt ist nach dem Ausbruch des Agung auf Bali (1963) an aerologischen Aufstiegen nachgewiesen worden: die Erwärmung erreichte in 18 bis 20 km Höhe über Port Hedland (Nordwestaustralien) in einigen Monaten bis + 8° C. Inzwischen ist der gleiche Effekt für die ganze Breitenzone 10° S bis 30° N nachgewiesen, auf die sich die Partikelwolke des Chichon-Ausbruches im April 1982 konzentrierte. Für das Klima der bodennahen Schichten spielt es keine Rolle, ob die Staubpartikel in der Stratosphäre mit einer Temperatur von − 68° C oder − 60° C ausstrahlen; hier wirkt sich nur die geringe Abnahme der Einstrahlung (hier der Globalstrahlung als Summe aus direkter Sonnenstrahlung und diffuser Himmelsstrahlung) aus. Verschiedene statistische Untersuchungen (YAMAMOTO u. a. 1977; TAYLOR u. a. 1980) haben gezeigt, daß nach größeren Vulkanausbrüchen die Mitteltemperatur der Nordhemisphäre, besonders in den hohen Breiten (60–85° N), in den ersten 3 bis 12 Monaten um 0.5 bis 1° C absank, dann aber wieder anstieg. Dieser Effekt erscheint geringfügig und ist es auch im Vergleich zu den advektiv (durch die vorherrschende Windrichtung) verursachten Temperaturänderungen, deren Vorzeichen (z. B. längs eines Breitenkreises) mehrfach wechseln, im Zusammenhang mit der Advektion im Bereich der großen quasistationären Rossby-Wellen der Westdrift. Er läßt sich nur durch Mittelbildung über ganze Breitenzonen nachweisen. Eine Auswirkung auf die troposphärische Zirkulation oder auf andere Klimaelemente (Niederschlag) ist bisher empirisch-statistisch nicht festgestellt worden. Modellrechnungen haben POLLACK u. a. (1976) sowie HUNT (1979) durchgeführt. Bei der Seltenheit großer, klimatisch wirksamer Vulkanausbrüche in den durch Beobachtungen gut belegten letzten 100 Jahren ist eine statistisch gesicherte Prüfung – besonders im Hinblick auf die große Zahl der Freiheitsgrade des klimatischen Systems – recht schwierig; mehr als 8 bis 10 solcher Ausbrüche erfolgten nicht. Die ganz großen Ausbrüche (Tambora 1815, Coseguina u. a. im Jahrzehnt ab 1830) lassen sich nur in begrenzten, sicher nicht repräsentativen Gebieten nachweisen – hier wären Fallstudien, etwa für 1816, das „Jahr ohne Sommer", sehr nützlich (POST). Auf die zusammenfassenden Arbeiten von LAMB (1970, 1977a) sei hingewiesen; sein "dust veil index" (auch NEWHILL u. SELF 1981) ist heute durch objektivere Maßzahlen überholt, auf die noch zurückzukommen ist.

In diesem Zusammenhang muß betont werden, daß nicht alle „großen" Vulkanausbrüche, die die Tropopause durchstoßen, auch klimatogenetisch wirksam sind. Das gilt einmal für die gasarmen Ausbrüche sehr flüssiger Lava (wie im Kilauea auf Hawaii), aber auch für die explosiven, aber vorwiegend durch Wasserdampf – aus dem Grundwasser (phreatisch) – erzeugten Lockerausbrüche, wie im Frühjahr 1980 am Mt. Helens im Nordwesten der USA. Die klimawirksame stratosphärische Staubschicht wird nur (photochemisch) durch die erwähnten sulfatischen Gase gebildet. Ihre Partikel erzeugen die sich rasch über die Hemisphäre und, mit einer Verzögerung von wenigen Monaten, über den Äquator hinweg ausbreitenden optischen Phänomene. Zu diesen zählt – außer den erwähnten Dämmerungserscheinungen – der bräunlich-rötliche Bishop-Ring um die Sonne sowie die nur bei sehr einheitlicher („monochromatischer") Partikelgröße auftretende Verfärbung (blau, grün) der Sonne oder des Mondes. Diese Dämmerungs-Phänomene waren nach den Ausbrüchen des St. Helens in Mitteleuropa nur sehr schwach erkennbar, wohl aber über längere Zeiträume nach den Ausbrüchen des Agung (1963) auf Bali und des Fuego (1974) in Guatemala. Lasermessungen (LIDAR) erlauben heute eine Überwachung und Bestimmung der optischen Dicke der Junge-Schicht (Reiter u. a. 1980). Im Sommer 1982 traten – als Folge eines Ausbruchs des Vulkans Chichon im südlichen Mexiko – wieder farbenprächtige Dämmerungserscheinungen in den Subtropen, ab August auch zeitweise in Europa, auf. Nach dem großen Ausbruch auf Kamtschatka (1955) fehlten optische Phänomene fast völlig; ob eine auffällige klimatische Anomalie im Pazifik und im Polargebiet damit zusammenhängt, erscheint daher sehr zweifelhaft.

Die Klimawirkung dieser Vulkaneruptionen ist offenbar im Polargebiet stärker und anhaltender als in mittleren und tropischen Breiten. Das ist einmal eine verständliche Folge des tiefen Standes der Sonne, deren Strahlen einen längeren Weg durch die Staubschicht zurücklegen müssen. Darüber hinaus wurden auch in der inneren Arktis (nördlich etwa 78–80° N) besonders dichte, direkt über der Tropopause liegende Staubschichten noch mehrere Jahre nach dem Agung-Ausbruch beobachtet; da in diesem Bereich Strahlströme und Lücken in der Tropopause kaum auftreten, erscheint eine größere Verweilzeit stratosphärischer Partikel in diesen Breiten plausibel (Flohn 1974). Das wird auch gestützt durch die normale stratosphärische Zirkulation, die in fast allen Jahreszeiten im Polargebiet konvergiert und absinkt.

Inzwischen ist es Hammer u. a. (1977–1979) in Kopenhagen gelungen, die Sulfatkomponente der klimawirksamen Vulkanausbrüche mit sehr großer zeitlicher Auflösung im Grönlandeis (Crête, 71° N, 37° W) in Form von Säuremessungen (pH-Wert) im Eis zu analysieren. Mit einer von der Breite abhängigen Korrektur von LAMBS "dust veil index" leitet er einen verbesserten Index ab, der sich nur auf die Breitenzone vom Nordpol bis 20° S bezieht; zwischen diesem Index und seinen objektiven Meßwerten ergab sich eine hoch-signifikante Korrelation von 0.46 für den Zeitraum 1500 bis 1972. Da nunmehr mehrere einwandfrei analysierbare Eisbohrkerne aus Grönland (65°–77° N) in Kopenhagen vorliegen, kann jetzt die Beurteilung der Rolle vulkanischer Ereignisse in der Klimageschichte auf eine sichere, quantitative Basis gestellt werden. Die bisherigen Resultate geben Anlaß zu einer optimistischen Einschätzung, wenn auch die verwendeten Klimadaten selbst noch mancher Kritik und Verbesserung bedürfen. Damit ist die Entwicklung quantitativer Methoden für die historische und Paläoklimatologie nunmehr in Gang gekommen.

2. *Ist die Solarkonstante konstant?*

Die einzige Energiequelle für das Klima des Planeten Erde ist die Einstrahlung durch die Sonne. Ihre Messung war lange Zeit infolge Absorption größerer Spektralbereiche durch Bestandteile der Erdatmosphäre – in erster Linie Wasserdampf und Kohlendioxyd (CO_2) im Infrarot und das Spurengas Ozon (O_3) im Ultraviolett – recht unsicher. Weder durch Messungen auf Bergobservatorien (wie von der Smithsonian Institution vor 1940 unterhalten) noch durch Messungen im Flugzeug oder in Stratosphärenballons konnten die Fehlerquellen beseitigt werden: auch der wechselnde Partikelgehalt der Atmosphäre (der nach kräftigen Vulkanausbrüchen über die Junge-Schicht hinaus bis mindestens 35, wahrscheinlich 50 km Höhe reicht) kam als Ursache für die beobachteten Unterschiede in Frage. Erst der Einsatz von Flugkörpern, die 80 km Höhe erreichen konnten, sowie von Satelliten machen die Messung der direkten Einstrahlung der Sonne an der Obergrenze der Atmosphäre, frei von terrestrischen Einflüssen, möglich. Diese Größe wird in der Literatur

– ein noch unbewiesenes, prinzipiell wenig wahrscheinliches Meßergebnis vorwegnehmend – als „Solarkonstante“ bezeichnet. Ein gut belegter Wert, auf eine zur Sonne stets senkrechte Fläche bezogen, lag im Jahresmittel bei 1375 Watt/m² (Hoyt 1979); der neueste beträgt 1367 ± 2 W/m². Auf die rotierende Erdoberfläche entfällt dann ein Viertel (342 W/m²).

Seit Jahrhunderten schon ist bekannt, daß die Sonne in wechselnder Menge von „Sonnenflecken“ betroffen ist; in Wirklichkeit handelt es sich um einen ganzen Komplex zeitabhängiger Vorgänge, die in bestimmten Spektralbereichen (extrem kurzwelliges Ultraviolett und Röntgenstrahlung, solarer Wind) sehr starken Schwankungen (um Faktoren bis 1000) unterworfen sind. Zwar liegt deren Anteil an der gesamten Energieemission nur bei etwa 10^{-5}; aber diese heute viel untersuchten Vorgänge zeigen, daß von einer „Konstanz“ im strengen Sinne nicht die Rede sein kann. Jedoch nahmen die meisten Astronomen an, daß die Schwankungen im Bereich maximaler Energie, im Sichtbaren (Wellenlänge 0.35–0.7 µm) und im nahen Infrarot, unterhalb der erreichbaren Meßgenauigkeit liegen. Diese Annahme hat lange Zeit verhindert, daß einer der wissenschaftlichen Satelliten mit einem Meßfühler zur Überwachung der Sonnenstrahlung im Sichtbaren ausgerüstet wurde. Ein derartiges Gerät muß unter Weltraumbedingungen eine Meßgenauigkeit von 0.1 % für eine Anzahl von Jahren einhalten und vom Boden her kontrollierbar, d. h. eichfähig sein. Inzwischen sind die ersten Meßreihen mit einem derartigen Meßfühler veröffentlicht worden (Willson 1981); die kurzfristigen Schwankungen liegen nahe 0.1 %. Eine Zusammenfassung von 4 Jahrgängen geprüfter Satellitendaten für den Strahlungshaushalt der Erde geben Stephens u. a. (1981).

Aus den früheren Messungen der extraterrestrischen Sonnenstrahlung lassen sich, wegen der unsicheren Korrektur atmosphärischer Fehlerquellen, keine Schwankungen ableiten, die 0.5 bis 1 % überschreiten. Auf der anderen Seite haben Modellrechnungen von Wetherald und Manabe (1975) eine erhebliche Sensitivität ihres Klimamodells gegenüber Schwankungen von 2 bzw. 4 % ergeben; eine ähnliche Sensitivität muß auch für das wirkliche Klima angenommen werden.

Kleine Schwankungen der „Solarkonstante" können für den Energiehaushalt der Erde eine nicht vernachlässigbare Rolle spielen, im Bereich 0.1 bis 1 % eine größere als alle anderen Energiequellen. Zu diesen zählt die Freisetzung fossiler und nuklearer Energie durch den Menschen, die geothermische Energie des Erdinnern – die in Italien, Neuseeland, Kalifornien zur Energiegewinnung verwendet wird – sowie erst recht die reflektierte Strahlung der Mondoberfläche (Albedo oder Reflexionsvermögen nur 0.07). Eine Parallele hierzu ist das sogenannte „aschgraue Mondlicht": die Reflexion des „Erdscheins" (planetarische Albedo der zu etwa 50 % bewölkten Erde vom Weltraum aus ca. 0.30) auf der sonnenabgewandten Seite des Mondes.

Eine Zusammenstellung der Energiequellen der Erdatmosphäre ergibt Tabelle 3 (in Terawatt = 10^{12} Watt):

Tab. 3: Energiequellen des Klimasystems

Extraterrestrische Sonnenstrahlung (S_O)	175000
Strahlungsbilanz Erdoberfläche	52000
Photosynthese der Vegetation, Land	90
Dissipation der Bewegung der Atmosphäre	1200
Geothermischer Wärmestrom	40
Reflexstrahlung des Mondes	0.38
Anthropogener Energieumsatz	9

Aus verschiedenen Quellen zusammengestellt, 1975–82.

Die letzten 3 Zeilen repräsentieren externe Wärmequellen, die sich zu der innerhalb des Klimasystems (zu dem auch die Biosphäre gehört) umgesetzten Energie addieren. Sie sind zweifellos relativ geringfügig, selbst wenn man eine (utopische!) Zunahme des anthropogenen Energieumsatzes um einen Faktor 10 annehmen wollte. Realistische Schätzungen des künftigen anthropogenen Energiekonsums liegen heute im Bereich 13 bis 30 Terawatt; Lovins (1980) rechnet sogar mit einem Rückgang.

3. Antarktische Eisausbrüche, das Hudson-Bucht-Ereignis und der Meeresspiegel

Im Rahmen dieses Abschnittes soll ein weiterer Klimaeffekt behandelt werden, der als „extern" nur im Rahmen des heutigen Klimas angesehen werden kann; er gehört einer Zeitskala von der Größenordnung > 1000 Jahre (ka) an und ist im Rahmen der erdgeschichtlichen Entwicklung des Klimasystems „intern" (s. auch Kap. F). Es handelt sich um eine potentielle Instabilität eines Teils des antarktischen Eisschildes, soweit dieser auf dem Felssockel unterhalb des Meeresspiegels aufsitzt (Abb. 7): das gilt für etwa 70% der Westantarktis, aber auch für einige Randgebiete der (viel größeren) Ostantarktis. Dieses Aufsitzen ist nur solange stabil, als das Eis an den Felssockel angefroren ist; wird der Schmelzpunkt an der (unter Druck stehenden) Untergrenze des Eises erreicht, könnte das Meer horizontal vordringen und das Eis (Dichte 0.91 g/cm^2) zum Aufschwimmen bringen. Damit würde aber Wasser verdrängt, und der Meeresspiegel müßte steigen: bei Verdrängen von 1 Mill. km^3 (etwa 3.5% des Volumens des antarktischen Inlandeises) um rund 250 cm. Dieser Aspekt einer globalen Erwärmung (beschrieben von Hughes 1975 und Mercer 1978) hat die Phantasie sensationsgieriger Journalisten beflügelt; Karikaturen der Liberty Statue im Hafen von New York, die nur noch Kopf und Fackel über Wasser hält, erschienen in amerikanischen Zeitungen. Müssen wir nun tatsächlich, in einer Zeit zunehmend pessimistischer Weltbetrachtung, auch noch an die Möglichkeit dieser Art Sintflut denken? Dieses Problem stellt sicher nicht das einzige, auch nicht das größte Risiko der Klimaentwicklung dar: wir müssen es nüchtern im Sinne der Geophysik – hier der Glaziologie – betrachten. Ausführliche theoretische Diskussionen haben Budd und Smith (1981) sowie Hughes und Denton (1981) gegeben; ihre Modelle sind naturgemäß stark idealisiert.

In der Tat handelt es sich um mehr als ein hypothetisches Denkmodell: auch die von Hollin (1980) zusammengetragenen Befunde sprechen eindeutig für ein Ereignis dieser Art im Eem-Interglazial, mit einem Meeresspiegelanstieg von 5 bis 7 m, der an der Themse,

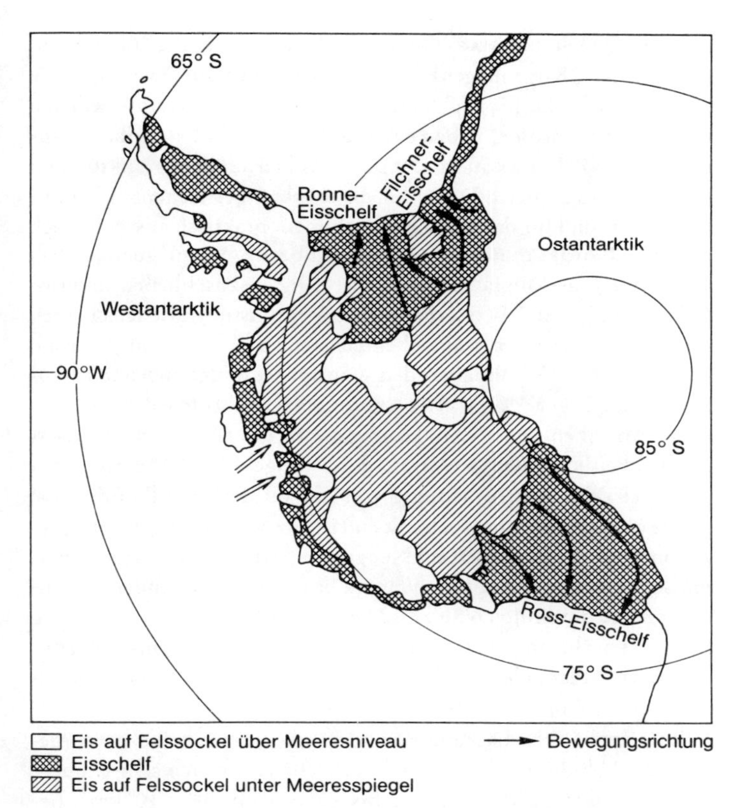

Abb. 7: Das westantarktische Eis. Schraffiert die instabilen Gebiete; die Doppelpfeile weisen auf kritische Gletschermündungen hin.

Quelle: MERCER 1978.

auf Mallorca, Barbados, Bermuda, Hawaii, Neuguinea und anderen Orten einwandfrei belegt ist. HOLLINS weitergehender Befund eines zweiten Anstieges um etwa 16 m (an der Stufengrenze 5c/5b, etwa vor 95000 Jahren) erscheint dagegen noch nicht genügend gesichert. Das erstgenannte Ereignis spielte sich mitten in der intensivsten Warmzeit des ganzen Pleistozäns ab: dem Eem-Interglazial (Stufe 5e nach EMILIANI u. SHACKLETON 1974) vor rund 125000 Jahren. DANSGAARD (Kopenhagen) und DUPLESSY (Gif-sur-Yvette), beide Physiker, die alle Möglichkeiten rationaler Interpretation kritisch und sorgfältig prüfen, haben einen Bohrkern aus dem südlichen Indik (44° S, 51° E) diskutiert, der mit Fossilien aus dem Plankton und dem Benthos zugleich Daten für die lokale Oberflächentemperatur (Plankton) und für das globale Eisvolumen (praktisch ausschließlich auf den Nordkontinenten) liefert (Abb. 8). Wenn auch andere Interpretations-Möglichkeiten nicht völlig auszuschließen sind (lokale Störungen des Wasserhaushalts: Verdunstung/Niederschlag?), erscheint es doch am wahrscheinlichsten, daß mitten in der rund 10000 Jahre (10 ka) andauernden Warmphase mit geringstem Eisvolumen (niedriger ^{18}O-Wert benthonischer Mikrofossilien) ein rasches Absinken der hohen Temperaturen des Oberflächenwassers auf kaltzeitliche Werte eintrat, d. h. einige 1000 Jahre *vor* einer neuen eiszeitlichen Anhäufung von Eis auf den Nordkontinenten (Stufe 5d). Das stimmt auch mit einer ganz unabhängigen Interpretation der Strandterrassen auf Neuguinea (AHARON u. a. 1981) überein sowie mit anderen, hier nicht zu erörternden Befunden. Da die Übergänge der Stufen 6/5e zu 127 ka vor heute (vh.), von 5e zu 5d zu 115 ka vh. angesetzt werden, sollte dieses Ereignis auf etwa 120 ka vh. fallen, gleichzeitig mit einem Anstieg des Meeresspiegels auf + 5 bis 7 m.

Eine grobe Abschätzung der durch die Eisschmelze hervorgerufenen Abkühlung der Meeresoberfläche ergibt sich sehr einfach, wenn wir uns auf die Zone 50 bis 70° S (d. h. 24×10^6 km^2) beschränken und horizontale Wärmezufuhr sowie vertikale Durchmischung vernachlässigen. Für eine Eismasse von 2.5×10^6 km^3 $\times$ 0.91 g/cm^3 = 2.27×10^{21} g beträgt die Schmelzwärme 182×10^{21} gcal. Wenn sich diese über einen Zeitraum von 50 Zeiteinheiten (z. B. Jahre) auf eine 50 m dicke Wasserschicht verteilt, d. h. auf ein Volumen von 12×10^{20} cm^3, ergibt sich pro Zeiteinheit eine Abkühlung um

$$\frac{182 \times 10^{21}\ \text{gcal}}{50 \times 1.2.10^{21}\ \text{g}} \sim 3\ \text{gcal/g oder } 3°.$$

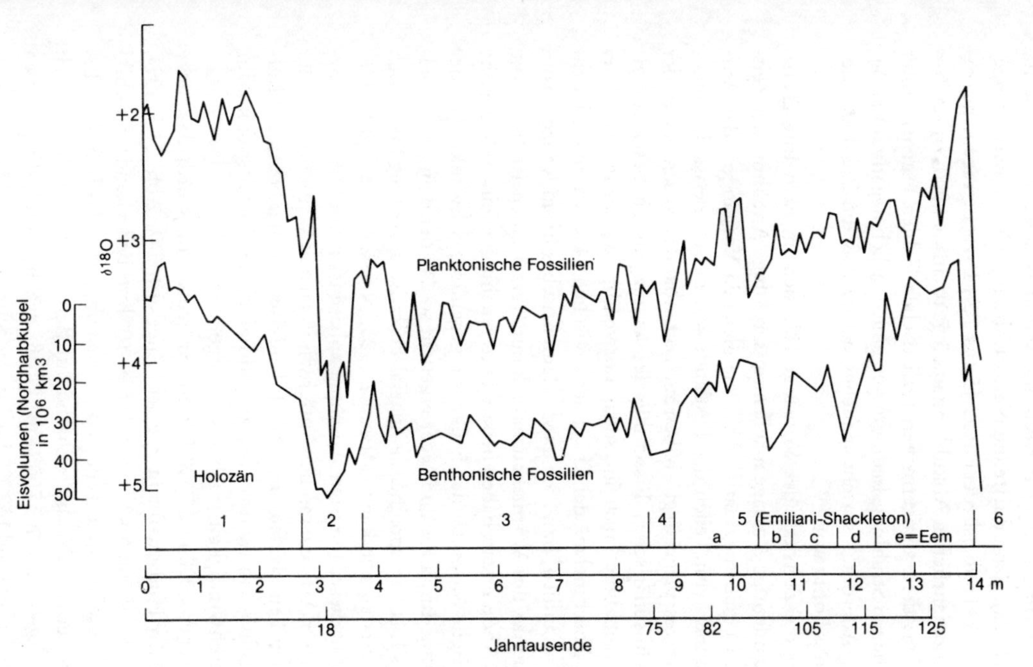

Abb. 8: O^{18}-Isotopenwerte als Maß der Temperatur bzw. des globalen Eisvolumens. Planktonische und benthonische Fossilien aus einem Bohrkern aus dem Indischen Ozean (41° S), Zeitskala in Jahrtausenden.

Quelle: Nach DUPLESSY 1980, S. 480.

Stellen wir die Strahlung in Rechnung (Globalstrahlung ~ 100 W/m^2 = 75 kLy/a), dann dürfte die Nettostrahlungsbilanz, je nach angenommener Treibeisbedeckung, 15 bis 30 kLy/a betragen, gegenüber einer jährlichen Abkühlung um 3 $gcal/cm^3 \times 5000\ cm^3/cm^2$ = 15 kLy/a: diese einigermaßen realistischen Zahlen ergeben unter eiszeitlichen Strahlungsbedingungen eine deutlich negative Wärmebilanz. Allerdings spricht manches dafür, daß die Zeitdauer des Vorgangs höher war.

Über die Zeitskala der Vorgänge läßt sich im Eem-Interglazial keine eindeutige Aussage machen; unsere obige Annahme der Zeiteinheit ist rein spekulativ. Aber die gleichen Vorgänge – das Aufschwimmen von Teilen des Festlandeises, dessen Felssockel unter dem Meeresspiegel liegt – haben auch offenbar das Abschmelzen der nordhemisphärischen Eisschilde der letzten Eiszeit beschleunigt. Diese Annahme erscheint sogar notwendig, da sonst das relativ rasche Abschmelzen der Eisschilde zwischen 14 ka vh. und 8 ka vh. (Fennoskandien) bzw. 5.5 ka vh. (laurentisches Eis in Kanada) vom Standpunkt des Wärmehaushalts kaum verständlich ist (K. Hare 1976). Andererseits haben neuere Untersuchungen eine relativ hohe isostatische Mobilität der Erdkruste gegenüber Schwankungen der Belastung durch Eis und Meer ergeben, so daß der dem Abschmelzen des Eises entsprechende, glazial-eustatische Anstieg lokal doch recht variabel sein kann (Mörner 1980; Newman u. a. 1981). Gegen Ende dieser jüngsten Abschmelzphase ist mindestens ein Vorgang dieser Art – ein rasches Aufschwimmen und Wegschmelzen der zentralen Teile des laurentischen Inlandeises über der heutigen Hudson-Bucht – einwandfrei belegt und liefert uns Anhaltspunkte für die Geschwindigkeit solcher Vorgänge.

Zwischen 8000 und 7500 Jahren vor heute (vh.) wurde das ganze Gebiet der Hudson-Bucht in einem Zuge eisfrei (s. Abb. 23 S. 137), und der bis dahin noch mehr als $5 \times 10^6\ km^2$ bedeckende Eisschild zerfiel in drei isolierte Teile. Von diesen überlebte das Labrador-Eis noch bis etwa 4500 vh., während auf Baffinland sogar heute noch Inlandeisgebiete von 37000 km^2 Größe erhalten sind, die vor etwa 300 Jahren auf rund 130000 km^2 angewachsen waren. Die Mechanik eines so „katastrophalen“ Meereseinbruchs (Ives 1975) hat Hughes

(1977) einleuchtend (aber heute nirgends belegt) als „Kalbungsbucht" beschrieben (Abb. 9): in einem Trog des Meeresbodens zerbricht das Gletschereis beim Aufschwimmen, und die „Grundlinie" zwischen dem schwimmenden, in Schollen zerlegten Eisschelf und dem noch festgefrorenen Eis wandert ziemlich rasch aufwärts (im Falle der Hudson-Bucht ca. 6 km/Jahr). Folgende Datierungen sind gegeben (ANDREWS u. a. 1972): marine Ablagerungen mit Muschelresten seitlich der Hudson-Straße 7970 bzw. 7980 ± 250 (Radiokarbon-)Jahre vh., am Südrand der James-Bucht dagegen 7875, 7760 und 7720 (± 140–200) Jahre vh., d. h. im Mittel 7785 vh. Nehmen wir diese Mittelwerte als realistisch an, dann benötigte der Eisaufbruch von 61° N bis 51° N, d. h. über mehr als 1100 km hinweg, nur rund 200 Jahre. In einem zweiten Modell (HUGHES 1975), auf das hier nicht eingegangen werden kann, verläuft dieser Vorgang offenbar noch langsamer.

Praktisch gleichzeitig (d. h. innerhalb der Fehlergrenze der ^{14}C-Datierung) läßt sich der entsprechende Anstieg des Meeresspiegels an den europäischen Küsten belegen. Hier liegen Daten an der Küste von Lancashire vor (TOOLEY 1974), weitere an der schwedischen Westküste (MÖRNER 1976). In Lancashire (Nordwestengland) kam es zwischen 7800 und 7600 vh. zu einem Meeresspiegelanstieg um 7 m, d. h. um etwa 35 mm/Jahr, etwa dem 25fachen des heutigen Betrages (rund 1,5 mm/Jahr). In diesem Gebiet ohne wesentliche tektonische Hebung scheint der Betrag der Transgression gut gesichert: er entspricht einem Aufschwimmen und Abschmelzen von fast 3×10^6 km³ Eis, was zu einem noch rund 1 km dicken Eisschild über etwa 3 Mill. km² paßt. Die zeitlichen Grenzen stimmen innerhalb der Fehlergrenzen überein. An beiden Seiten des Kattegat steht ebenfalls eine detaillierte Kurve des Meeresspiegelanstiegs zur Verfügung, die sich hier allerdings mit der isostatischen Hebung während der Eisentlastung überschneidet. Der Betrag der Transgression von 10 m ist daher hier weniger eindeutig begründet; Datum und Andauer des Anstieges (200 Jahre) stimmen mit den anderen Befunden überein.

Möglicherweise existieren noch weitere Vorgänge dieser Art, von denen einer mit dem heute gesicherten Vordringen polaren

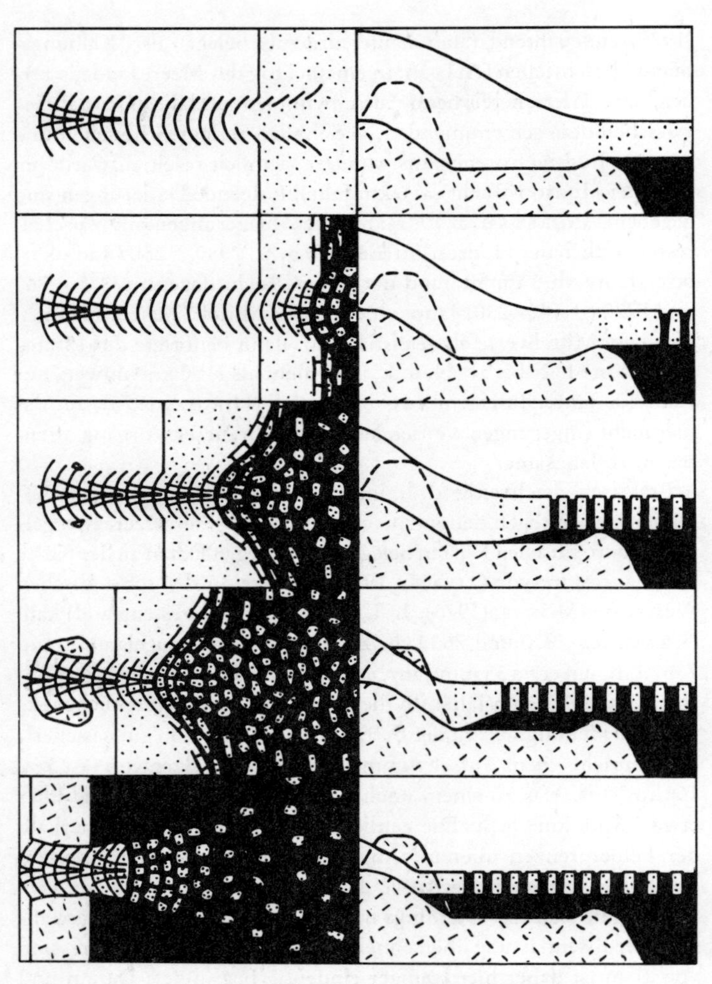

Abb. 9: Kalbungsbuchtmodell. Links in horizontaler, rechts in vertikaler Projektion; initiale Bildung von Spaltensystemen im Gletscher, Auflösung des (schwimmenden) Eises in einzelne mächtige Eisberge im Bereich des erodierten Felssockels, schwarz = Meer.

Quelle: HUGHES 1977.

Oberflächenwassers in der (jüngeren) Dryas-Zeit (um 10500 Jahre vh.) im Nordatlantik (RUDDIMAN u. MCINTYRE 1982) zusammenhängen kann; damals breitete sich das polare Wasser in vielleicht 100 bis 200 Jahren von 70 bis 72° N bis in die Biskaya hinein aus. Die Koinzidenz mit raschen Transgressionen in Lancashire (9200–8500 vh.) und im Kattegat ist nicht überzeugend. Die kritischen Bereiche der Eisausbrüche vermutet GROSSWALD (1980) im Bereich des Barentsmeer-Schelfs und östlich der Halbinsel Kola; seine aufsehenerregende Interpretation einer mächtigen Eisbarriere zwischen Nordural und Nowaja Semlja, zusammen mit riesigen Stauseen in den Mündungsgebieten von Dwina-Petschora, Ob und Jenissei, ist vielleicht noch nicht zweifelsfrei gesichert. Auch im Bereich der Ostsee (Bottenbusen) sind solche Vorgänge denkbar; TOOLEY (1974) parallelisiert sie mit der erwähnten Transgression um 9000 vh.

Das oben beschriebene Hudson-Bucht-Ereignis um 7800 vh. müßte ebenfalls eine Abkühlung des Oberflächenwassers hervorgerufen haben. Einschließlich einer Erwärmung des Eises von − 10° C auf eine Wassertemperatur von + 10° C ergibt sich pro g Eis ein Wärmeentzug von 100 gcal/g oder 418 Joule; das ergibt pro Tag (d) auf einer Fläche (geschätzt) von 10×10^6 km²

$$W = \frac{100 \times 3 \times 10^{21}\ \text{gcal}}{200 \times 365 \times 10^{17}\ \text{cm}^2} = 41\ \text{Ly/d oder}\ 20\ \text{Watt/m}^2$$

wiederum in einer realistischen Größenordnung. FLOHN und NICHOLSON (1980) haben dieses Ereignis wegen seiner zeitlichen Übereinstimmung mit einer markanten ariden Unterbrechung der holozänen Feuchtperioden (ca. 12000–8000 und 7500–5500 vh.) in Nordafrika in Verbindung gebracht. Hier ist ein advektiver Zusammenhang über das Stromsystem Nordatlantischer Strom – Kanarenstrom denkbar, aber auch ein Zusammenhang über eine temporäre Verstärkung der nördlichen Winde an der Küste Nordwestafrikas. Dies ist aber zunächst spekulativ und läßt sich an Ozeanbohrkernen mit genügender zeitlicher Auflösung (Meteor-Expedition 1975) prüfen.

Diese historischen Beispiele und die oben erwähnten Modellrechnungen zeigen, daß die Hinweise auf die Möglichkeit eines künfti-

gen Ereignisses dieser Art in der Westantarktis durchaus ernst genommen werden müssen. Eine Transgression des Meeresspiegels um 5 bis 7 m in einer Zeitskala von 100 bis 300 Jahren könnte in der Westantarktis durchaus stattfinden, wenn die globale Erwärmung zunächst das antarktische Treibeis drastisch reduziert und dann die schmalen Eisschelfe an der kritischen Pazifischen Außenküste von Westantarktika zum Verschwinden bringt (Abb. 7). Zwischen 100° W und 110° W münden zwei große Gletscher, durch die dann ein erheblicher Teil des westantarktischen Eises ausströmen könnte. Dabei spielt die subglaziale Topographie, vor allem die Existenz orographischer Rücken unter dem Eis, eine große Rolle; neuere Arbeiten (JANKOWSKY u. DREWRY 1981) fanden vor einem der beiden Gletscher keine Hindernisse dieser Art. Auch auf der Ostantarktis findet sich bei 70° E (Lambert-Gletscher) ein kleineres Gebiet dieser Art. Auf der anderen Seite sind bisher keine Anzeichen für einen heute ablaufenden Massenverlust des Westantarktis-Eises gegeben. Wohl gaben die Satellitendaten (LEMKE 1980; KUKLA u. GAVIN 1981) einen deutlichen Rückgang der mittleren jährlichen Treibeisdecke im subarktischen Ozean (um etwa 15 % in den Jahren 1973–1980) an. Dieser ist jedoch (nach frdl. mündlichen Mitteilungen: NASA, Greenbelt/Maryland) 1981 wieder durch eine Zunahme abgelöst worden: KUKLA und GAVIN haben schon darauf hingewiesen, daß es sich um witterungsbedingte kurzfristige Fluktuationen handeln kann; hierzu vgl. ZWALLY u. a. (1983).

Inzwischen haben EPSTEIN und ETKIN (1982) sowie GORNITZ u. a. (1982) auf den rezenten Meeresspiegelanstieg von heute 1 bis 1,5 mm/Jahr hingewiesen. Dieser kann nur etwa zur Hälfte durch Erwärmung und Volumenzunahme der ozeanischen Mischungsschicht erklärt werden; da der Massenhaushalt der Eisschilde von Grönland und Antarktika anscheinend eher positiv als negativ ist, bleibt die andere Hälfte des Anstiegs unerklärt. Hier liegt es nahe, an eine Aufwärtsverschiebung der oben erwähnten Grundlinie zu denken, die die Masse des schwimmenden Schelfeises auf Kosten des festsitzenden Landeises vergrößert; ein Beweis dürfte jedoch schwierig sein. Diese Interpretation steht auch nicht mit der inzwischen nachgewiesenen Erwärmung der Südhalbkugel in den letzten

Jahrzehnten (als Beispiel HANSEN u. a. 1981) im Widerspruch. Eine genauere Prüfung und ständige Überwachung von Klima und Eis am Rande der Antarktis ist dringend geboten; an ihr wird sich auch die Bundesrepublik Deutschland als Mitglied des Antarktis-Vertrages beteiligen.

An dieser Stelle kann keine vollständige Diskussion der vorliegenden Befunde und der Möglichkeit eines antarktischen Eisausbruches gegeben werden; auf die (nicht ohne Kritik gebliebene) Darstellung von DENTON und HUGHES (1981) sei hingewiesen. Jedenfalls gewinnt man den Eindruck, daß der Begriff "surge" (Ausbruch), der für Talgletscher vom alpinen Typ berechtigt war, hier mißverständlich wirkt. Bisher ist jedenfalls noch kein Anzeichen einer derartigen Entwicklung vorhanden; schon die Vorbereitungszeit eines solchen Ereignisses muß auf mindestens einige Jahrzehnte geschätzt werden, sein Ablauf selbst benötigt offenbar mehrere Jahrhunderte. So besteht heute noch keine Veranlassung, Alarm zu schlagen. Doch ist das Problem wegen des damit gekoppelten Anstiegs des Meeresspiegels zweifellos ernst zu nehmen; hier brauchen wir eine gründliche Forschung mit hoher Priorität, höher als die mancher anderer Forschungsgebiete, die auch in der Arktis behandelt werden können.

D. ANTHROPOGENE KLIMAEFFEKTE

1. Wandlungen der Oberfläche: Vegetation, Wasserhaushalt

Spätestens seit der neolithischen Revolution, vor rund 8000 Jahren, ändern sich die physikalischen Eigenschaften der Landoberfläche unter dem Einfluß des Menschen: die Einführung von Pflanzenbau und Tierhaltung löste diese Umwandlung auf immer größer werdenden Flächen aus und brachte die entscheidende Wende zu Seßhaftwerden, Kultur und Zivilisation. Schon viel früher setzten die paläolithischen Jäger das Feuer bewußt zu Jagdzwecken ein; das ist z. B. in Australien schon vor über 30000 Jahren belegt.

Tab. 4: Albedowerte verschiedener Oberflächen

	%
frischer Schnee	80–85
alter Schnee	50–60
Sand	20–30
Grasland, Steppe	20–25
trockene Erde	15–25
feuchte Erde	~ 10
Tropischer Regenwald	8–12
Nadelwald	10–15
Laubwald	10–20
Wasser: hoher Sonnenstand	3– 5
Wasser: tiefer Sonnenstand	50–80
dichte Wolken	70–80
dünne Wolken	25–50
Erde + Atmosphäre	~ 30

Quelle: Modifiziert nach HENDERSON und SELLERS 1983.

Heute sind nur noch relativ wenige Landflächen im Urzustand erhalten; trotzdem umfassen die nachhaltig umgewandelten Flächen nur einen relativ kleinen Anteil (ca. 30 %) an der Gesamtfläche der Kontinente (insgesamt also ca. 10 % der Erde).

Vom klimatischen Gesichtspunkt aus ist es in erster Linie die Albedo (a_B), das Rückstrahlungsvermögen der Oberfläche, die sich bei der Landnahme, der Umwandlung natürlicher Vegetationsformen in eine agrarisch genutzte Landschaft, ändert. Dies geschieht nahezu überall im Sinne einer Zunahme der Albedo: die Oberfläche wird heller. Die Umwandlung von Waldland in Ackerland oder Weideland, von Trockenwald in Savanne, die Zerstörung der Steppen- und Halbwüsten-Vegetation durch Desertifikation („Verwüstung" im wörtlichen Sinne): in allen Fällen wächst die mittlere Oberflächenalbedo an (s. Tab. 4). Eine entscheidende Rolle spielt der Wasserhaushalt von Boden und Vegetation, den wir zusammen mit dem Wärmehaushalt eingehend betrachten müssen.

Das Verhältnis der turbulenten Flüsse fühlbarer (sensibler) Wärme (Enthalpie H) und latenter Wärme (Verdunstung, Evapotranspiration von Boden und Vegetation) wird als Bowen-Verhältnis bezeichnet:

$$Bo = \frac{H}{L \times V}$$

mit L = Kondensationswärme in cal/g oder Joule/g, V = Verdunstung in g/cm² = 10 mm Wasserhöhe. Jede Vegetationsumwandlung führt zu einer Änderung dieser Größe; V hängt sehr weitgehend von der Biomasse-Produktion während eines Jahres ab (LIETH 1975), H von der Bodenoberfläche und der Bodenfeuchte, und beide zusammen (H + LV) natürlich nahezu ausschließlich von der Nettostrahlung Q. Der gesamte Wärme- und Strahlungshaushalt an der Erdoberfläche wird durch die beiden Bilanzgleichungen beschrieben:

$$Q = (S + D)(1 - a_B) - (E_B - G) \qquad \text{Strahlungsbilanz}$$
$$Q = H + LV + U_B + U_S + P \qquad \text{Wärmebilanz}$$

Hierbei ist Q die Nettostrahlung, d. h. die Bilanz aller kurz- und langwelligen Strahlungsströme an der Erdoberfläche, S = direkte

Sonnenstrahlung, D = diffuse Himmelsstrahlung, S + D = Globalstrahlung, E_B = langwellige Ausstrahlung der Erdoberfläche, G = (langwellige) Gegenstrahlung der Atmosphäre, U_B = Wärmeumsatz mit dem Boden, U_S = Wärmemenge zur Schmelzung von Schnee und Eis, P = Wärmeumsatz mit der Biosphäre (Photosynthese und Zersetzung). Traditionsgemäß trennt in der Physik der atmosphärischen Strahlung die Wellenlänge $\lambda = 3\ \mu m$ die Bereiche der kurzwelligen (einschließlich sichtbaren) und langwelligen Strahlung: an dieser Grenze überschneiden sich nach dem Planckschen Gesetz die Strahlungskurven für die Strahlung der Sonne ($T \sim 6000°$ K) (berechnet für den Abstand Sonne–Erde) und die der Erdoberfläche ($T \sim 288°$ K).

Eine andere, für den Wasserhaushalt ganzer Abflußgebiete auf dem Festland charakteristische Zahl ist das Abflußverhältnis AV, das die auf die Fläche verteilte Abflußmenge A in Beziehung setzt zum Niederschlag N, beide gemessen in mm Wasserhöhe:

$$AV = \frac{A}{N}$$

Eine dritte dimensionslose Zahl charakterisiert die Aridität einer Landfläche: dieser von BUDYKO angegebene Trockenheitsindex Bu setzt die Energie Q der Strahlungsbilanz (Nettostrahlung) an der Erdoberfläche (in gcal/cm²d = Langley/d oder Watt/m²) in Beziehung zu der Energie, die nötig ist, um den gefallenen Niederschlag N zu verdampfen:

$$Bu = \frac{Q}{L \times N} \quad \text{(Budyko-Verhältnis)}$$

LETTAU (1969) hat in seiner (für viele praktische Fragen gut geeigneten) ›Klimatonomie‹ gezeigt, daß die drei fundamentalen dimensionslosen Zahlen Bo, Bu und AV zueinander in einer einfachen Beziehung stehen:

$$Bu = (Bo + 1)(1 - AV)$$

Sie lassen sich kartenmäßig darstellen (so HENNING u. FLOHN für Bu als eine der Grundlagen der Desertifikations-Konferenz 1974) und relativ leicht interpolieren.

Viele Größen des Wärmehaushalts werden vom Menschen manipuliert, wenn auch meist unbeabsichtigt. Von a_B und V wurde bereits gesprochen; E_B ist nach dem Stefan Boltzmannschen Gesetz eine Funktion der Oberflächentemperatur T_B, die (ebenso wie der Wärmestrom im Boden U_B) durch Bodenbearbeitung oder Bodenbedeckung manipuliert werden kann. G hängt in erster Linie von dem Wasserdampfgehalt der bodennahen Luftschicht ab, also von der lokalen Verdunstung V. U_S spielt in subpolaren, borealen und Hochgebirgsklimaten eine große Rolle; bei der Schneeschmelze wirken Q und a_B, U_B und Advektion wärmerer Luft (über H) zusammen. Die fast immer sehr kleine Größe P (Größenordnung $< 1\,\%$ von Q) erschien bereits als Vergleichswert in Tabelle 2.

Neben dem Strahlungs- und Wärmehaushalt steht gleichberechtigt der Wasserhaushalt, ΔW = Wasserspeicherung im Boden und Grundwasser (Index L = Land):

$$N_L - V_L - A_L = \Delta W \qquad \text{Wasserhaushalt (Land)}$$

Ergänzend gilt für das Meer (Index M):

$$V_M - N_M = A_L \qquad \text{Wasserhaushalt (Meer)}$$

Während das Ziel einer gezielten Niederschlagsvermehrung – in das immer noch unverhältnismäßig große Mittel investiert werden – nur unter sehr speziellen Bedingungen verwirklicht werden kann, kommt es gelegentlich unbeabsichtigt (und meist in vernachlässigbarem Ausmaß) zu einer Manipulation von N über eine Änderung von V oder H, d. h. des Bowen-Verhältnisses. Bei der Verbrennung fossiler Brennstoffe wird stets auch Wasserdampf frei, noch mehr bei den Kühlprozessen in Kraftwerken und anderen Anlagen der Großindustrie. Auf der anderen Seite wird durch die städtische Bebauung, Straßen und Flugplätze der Boden versiegelt, die natürliche Verdunstung verhindert und das Niederschlagswasser sofort dem Abfluß zugeführt.

Einwandfrei beobachtet ist eine Zunahme sommerlicher konvektiver Starkregen im Lee von Großstädten und Großindustrieanlagen; hier scheint die durch konzentrierte Wärme- und Wasserdampfzufuhr gesteigerte Konvektion die Hauptrolle zu spielen, und das Zentrum der auf diese Weise lokal ausgelösten Regenfälle liegt 5 bis 10 km in der Hauptwindrichtung von der Wärmequelle entfernt. Beispiele in der Bundesrepublik liefern Hamburg (REIDAT 1971; s. Abb. 10), wahrscheinlich auch Mannheim-Ludwigshafen, wo sich nach SCHIRMER (1958) mehrere Niederschlagsstraßen kreuzen und die anthropogene Wärmezufuhr mit 23 W/m² (ca. 35% der Strahlungsbilanz) einen Höchstwert erreicht. Eine Zunahme der Gewitterhäufigkeit in der Stadt (im Vergleich zu benachbarten Landstationen) hat HAVLIK (1981) nachgewiesen. Die Zunahme der Menge kann lokal auf 20 bis 25% ansteigen; besonders eindeutige Befunde verdanken wir dem Metromex-Experiment im Raum von St. Louis (USA, Missouri). Eine Auswertung von 160 Starkregentagen für das Ruhrgebiet (SEIBEL 1980) zeigte, daß einzelne Industriezentren mit besonders starker Wärme- und Wasserdampfzufuhr in die Atmosphäre langgestreckte Maxima der Starkregenhäufigkeit erzeugen, während dazwischen entsprechende Minima liegen; die relativen Häufigkeiten verhalten sich wie 2 bis 3 zu 1. Nachweisbar handelt es sich hier nicht so sehr um eine Zunahme des Niederschlags als um eine Umverteilung: Ausbildung von konvektiven Starkregenzellen auf Kosten des Umlandes, in dem konvektive Prozesse durch Absinken unterdrückt werden. Da die mittlere Aufenthaltsdauer eines Wasserdampfmoleküls in der Atmosphäre rund 9 Tage beträgt – der mittlere Wasserdampfgehalt der Atmosphäre (25 mm Flüssigwasser) wird bei einer globalen Niederschlagsmenge von rund 1000 mm/Jahr 40mal im Jahr umgesetzt –, verteilt sich die zusätzliche Menge an Wasserdampf über ein sehr großes Gebiet, bevor sie ausregnet.

In regionalem Maßstab können großräumige Eingriffe in den Wasserhaushalt – z. B. die Reduktion der Wälder der gemäßigten und subtropischen Zone auf einen Bruchteil ihrer ursprünglichen Fläche, gekoppelt mit einer Reduktion von V (und einer Zunahme von a_B sowie von H) – auch zu einer Abnahme des Niederschlags geführt haben; ein Nachweis ist bei der hohen zeitlichen und räumlichen Variation von N nicht zu führen. Für die Plan-Annahme einer 50%igen Reduktion des Amazonas-Urwaldes haben LETTAU und MOLINA (1975) mit dem oben erwähnten Rechenverfahren der Kli-

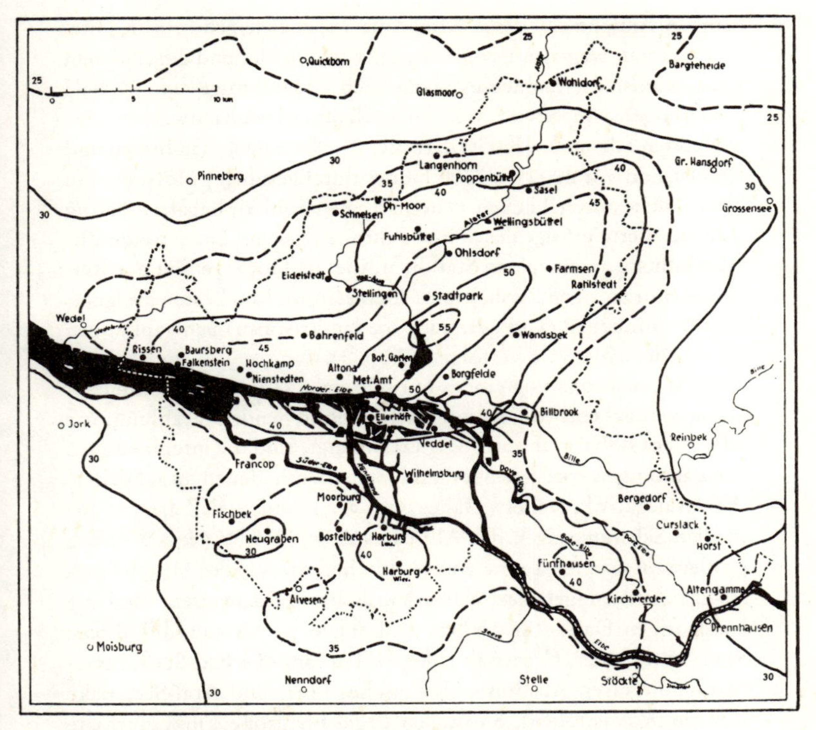

Abb. 10: Relative Häufigkeit der Tage mit Starkregen (Angaben in %) im Raum Hamburg (1952–1968).

Quelle: Reidat 1971.

matonomie eine Abnahme von V um bis 41 %, von N um bis 19 %, einen Rückgang des Abflusses um 6 % und eine Erwärmung um bis 6° C ermittelt.

In globalem Maß ist die entscheidende Quelle des Wasserhaushalts der Ozean (mit 71 % der Erdoberfläche); seine Verdunstung liefert nach den wohlabgewogenen Rechnungen von Baumgartner und Reichel (1975) 88 % des Wasserdampfes für den globalen Haushalt. Daß die Meeresverdunstung – im Gegensatz zu der landläufigen Annahme – keine Konstante ist, wurde schon in Kapitel B. 3. gezeigt; wegen der systematischen Meßfehler und der enormen Lücken unseres Meßnetzes lassen sich großräumige und globale Änderungen von N und V leider vorläufig nicht nachweisen.

Selbst auf dem Festland ist die scheinbar so einfache (in Indien und Israel schon vor 2000 bis 2500 Jahren durchgeführte) Messung von N mit nicht unerheblichen systematischen Fehlern behaftet; häufig sind die Werte infolge des Windeffektes zu gering. Dazu treten Zufallseinflüsse an einzelnen Stationen, die die Homogenität der Reihen beeinträchtigen; deshalb sind Gebietsmittel am besten geeignet, die interannuellen (und ggf. auch die langfristigen) Schwankungen des Niederschlags zu verfolgen (Abb. 3).

Für die Verdunstung gibt es nur sehr wenige ähnliche Zeitreihen. Da sie weitgehend von der zur Verfügung stehenden Strahlung, vor allem der Globalstrahlung (S + D) abhängt, sind die interannuellen Schwankungen viel geringer und zudem mit denen des Niederschlags negativ korreliert. Daher ist es verständlich, daß die interannuellen Schwankungen des Abflusses $A = N - V (\pm \Delta W)$ noch größer sein können als die von N. Ein hervorragendes Mittel, langfristige Änderungen des Wasserhaushalts nachzuweisen, sind die langjährigen Daten für die Schwankungen im Niveau abflußloser Seen (Totes Meer, Great Salt Lake, L. Turkana, Tschad-See – mit einem temporären Ausfluß –, Kaspisches Meer und Aral-See, Lake George in Australien). Sie stellen Pegel für große Einzugsgebiete dar, sind aber neuerdings oft durch Bewässerungsanlagen, die von den einmündenden Flüssen gespeist werden, manipuliert, meist im Sinne einer Vergrößerung von V_L (Gerassimow 1978) und Verminderung von A. Es ist viel zu wenig bekannt, daß (nach FAO-Statistiken) heute über 2 Mill. km² künstlich bewässert werden. Hinzu kommen noch rund 400000 km² an Stauseen, wobei hier nur die größeren in der Statistik erscheinen, nicht z. B. die unzähligen Tanks, mit denen die indische Halbinsel bei einem Überflug wie punktiert erscheint.

Die wichtigsten, langfristig klimatisch wirksamen Eingriffe des Menschen in die klimatisch wirksamen Prozesse sind zur Zeit die Vernichtung der tropischen Wälder, die offiziell auf jährlich

110000 km², inoffiziell aber auf 160000 bis 180000 km² geschätzt wird, und die Desertifikation, die längst auf semiaride und semihumide Gebiete übergegriffen hat und jährlich rund 60000 km² (allein in den Randgebieten der Sahara mindestens 20000 km²) erfaßt. Die klimatische Bedeutung der Desertifikation ist nicht leicht abzuschätzen; zu ihr gehören Vegetationszerstörung, Bodenerosion, Auswehung, Erschöpfung fossiler Grundwässer, Versalzung u. a. m. Die Rolle der Albedozunahme stand bei mehreren Modellrechnungen (u. a. CHARNEY 1975; BERKOFSKY 1976, 1977; ELSAESSER u. a. 1976) im Mittelpunkt. Der Ausgangspunkt war der überraschende Satellitenbefund, daß über den sommerlichen Kontinentalwüsten die Ausstrahlung in den Weltraum überwog, daß diese also im Klimasystem Kältequellen darstellen (RASCHKE 1973). Dieser Befund ließ sich durch Modellrechnung (CHARNEY 1975) interpretieren: infolge der hohen Albedo (Sanddünen 0.35–0.4) und des geringeren H_2O-Gehalts der Atmosphäre ist die extraterrestrische Ausstrahlung größer als in den Nachbargebieten gleicher Breite. Diese Energie muß ersetzt werden: dies geschieht durch die Wärmezufuhr horizontaler Luftströmungen in der oberen Troposphäre, die über der Wüste konvergieren und absinken. Nimmt also die Albedo durch Desertifikation zu, so wächst auch das Absinken an, die seltenen Niederschläge werden weiter abnehmen: im ganzen also ein langsamer und schwacher, aber im Endeffekt positiver Effekt der Rückkopplung, der Selbstverstärkung.

Man hat hiergegen eingewandt, daß bei Vegetationszerstörung zugleich V abnimmt und H (und die Bowen-Ratio) zunimmt, daß es also in Bodennähe zu einer Erwärmung kommt, anstatt zu einer Abkühlung mit zunehmender Bodenalbedo. Aber das gilt nur für Gebiete mit ausreichender Wasserzufuhr; die typischen Wüstenpflanzen schützen sich schon selbst gegen allzu starke Verdunstung und benötigen nur eine minimale Wassermenge. Jedenfalls konnte ein Nachweis einer abnehmenden Niederschlagsmenge bisher nirgends geführt werden; wahrscheinlich vollzieht sich der Prozeß sehr langsam. Da die Sahara – unter Berücksichtigung der vielen inzwischen abgelaufenen Klimaschwankungen der Zeitskala 100 bis 1000 Jahre – seit dem Ende der neolithischen Feuchtperiode vor rund 5000

Tab. 5: Änderungen des Wasserhaushalts der Kontinente durch Eingriffe des Menschen

		km³/Jahr	
Land	Niederschlag	110 300	
(heute, ohne kontinentales Eis)	Abfluß (A)	38 800	
	Verdunstung	71 500	
Anthropogen (heute)	Haushalt, Industrie	770	
	Bewässerung	2 800	
	Summe*	3 625 =	9.3 % A
Anthropogen (Projektion)	Haushalt, Industrie	2 000	
	Landwirtschaft	4 650	
	Summe*	6 825 =	17.6 % A

* einschließlich Fischerei

Quelle: LVOVICH 1974/79, Tab. 32, 35.

Jahren (Kap. G. 3.) einer überlagerten, langsamen Austrocknung unterliegt, ist es denkbar, wenn auch (in Zeiträumen von unterhalb 100 Jahren) nicht nachweisbar, daß diese Prozesse der Austrocknung hier wenigstens teilweise anthropogen mitbedingt sind.

In absoluten Zahlen kann die derzeitige anthropogene Erhöhung der Landverdunstung (s. Tab. 5) auf rund 3600 km³ oder mehr als 9 % des Abflusses aller Flüsse der Erde geschätzt werden. Dem steht allerdings eine nicht berücksichtigte Abnahme durch die Vernichtung der tropischen Wälder gegenüber (Kap. D. 1.); diese kann bei einer Umwandlung von 160 000 km² Wald pro Jahr in Acker- bzw. Weideland (Verdunstungsabnahme geschätzt 50 cm/a) auf rund 80 km³/a geschätzt werden, d. h. in 25 Jahren mehr als die Hälfte der oben angeführten Zahl. Leider ist unsere Kenntnis des globalen Wasserhaushalts so unzureichend (BAUMGARTNER u. REICHEL 1975; LVOVICH 1979), daß auch ein Betrag von 10^4 km³ oder rund 2 % der globalen Verdunstung noch völlig im Bereich der Genauigkeitsgrenze liegt. Anthropogene und natürliche Schwankungen des Wasserhaushalts der Erde entziehen sich daher leider zur Zeit noch einer zuverlässigen Bestimmung.

2. *Atmosphärische Partikel (Aerosol)*

Die Rolle der Partikeltrübung der Atmosphäre hat Anfang der 70er Jahre einige Verwirrung hervorgerufen. Diese Verwirrung ergab sich z. T. daraus, daß der anthropogene Anteil an der Masse der Partikel teils über-, teils unterschätzt wurde, in erster Linie aber daraus, daß die Ergebnisse unvollständiger Modelle zu früh generalisiert wurden. Tatsächlich fallen gröbere Partikel (Radius $> 10\ \mu m$) relativ rasch aus bzw. werden durch Regen und Schnee ausgewaschen. Ihre Verweilzeit in der Atmosphäre beträgt selten mehr als einige Tage, und ihre Ausbreitung geht daher auch nur ausnahmsweise über einige 100 km hinaus. Ihre klimatische Rolle bezieht sich in erster Linie auf die Quellgebiete: Rauch- und Rußpartikel aus Verbrennungsvorgängen, wozu auch die verbreiteten Buschfeuer in den semiariden und semihumiden Tropengebieten zählen, die dort während der Trockenzeit trotz offizieller Verbote immer wieder angezündet werden. Dazu gehören aber auch mineralische Partikel, die auf vegetationsfreien Böden durch die Turbulenz des Windes aufgewirbelt werden; ihr Chemismus, ihre Absorptionsfähigkeit für Sonnenstrahlung und langwellige Ausstrahlung kann erheblich von dem der Verbrennungspartikel organischer Herkunft abweichen. Das ist oft schon an der Farbe des Dunstes – in der von der Sonne abgewandten Richtung – zu erkennen: der blaugraue Dunst organischer Partikel unterscheidet sich deutlich von dem eher bräunlichen Dunst mineralischer Partikel. Eine scharfe zahlenmäßige Trennung zwischen anthropogenem und „natürlichem" Anteil erscheint kaum möglich. Vegetationsbrände können (z. B. in den weiten borealen Nadelwäldern) auch durch Blitzschlag ausgelöst werden, und die photochemische Umwandlung exhalierter organischer Gase liefert eine charakteristische Komponente des bläulichen Dunstes tropischer Wälder. Andererseits setzt die Aufwirbelung von Mineralpartikeln des Bodens die Zerstörung der Vegetation durch den Men-

Tab. 6: Anteil verschiedener Partikelarten (> 5 μm)

Quelle	Erzeugung
anthropogen:	Mt*/Jahr
direkte Partikelproduktion	30–130
indirekt durch Gase	175–320
insgesamt	205–450
natürlich:	
direkte Partikelproduktion	
Meersalz	~ 300
Vulkanausstoß	4–150
durch aufgewirbelten Staub	100–500
insgesamt	404–950
Summe:	610–1400

* 1 Mt = 10^{12} g

Quelle: Nach KELLOGG 1977.

schen bzw. seine Viehherden voraus. Tabelle 6 gibt eine quantitative Abschätzung der verschiedenen Partikelarten, die sich allerdings auf bestimmte Größenklassen beschränkt. Der Anteil anthropogener Partikel wird von verschiedenen Autoren auf 20 bis maximal 40 % geschätzt.

Die größeren Partikel (> 5 μm) spielen lokal eine nicht unerhebliche Rolle im Wärmehaushalt der unteren Luftschichten: sie absorbieren kurz- und langwellige Strahlung und sind daher mitverantwortlich für die nächtliche Überwärmung der Großstädte sowie der staubreichen ariden Gebiete (z. B. Vorderasien, Zentralasien, Pakistan und Nordwestindien, Teile der Sahara und der Kalahari). Feinere Partikel im Größenbereich 0.1 bis 1 μm – die in erheblicher Zahl auch durch photochemische Umsetzungen aus verschiedenen Gasen (natürlicher und anthropogener Herkunft) entstehen – stehen in Strahlungs-Wechselwirkung mit der Sonnenstrahlung, deren höchste Intensität bei der Wellenlänge 0.5 μm (grün) liegt. Hier spielen Streuung und Absorption eine Rolle; Modelle, die die – von der physikalischen und chemischen Struktur der Partikel abhängige –

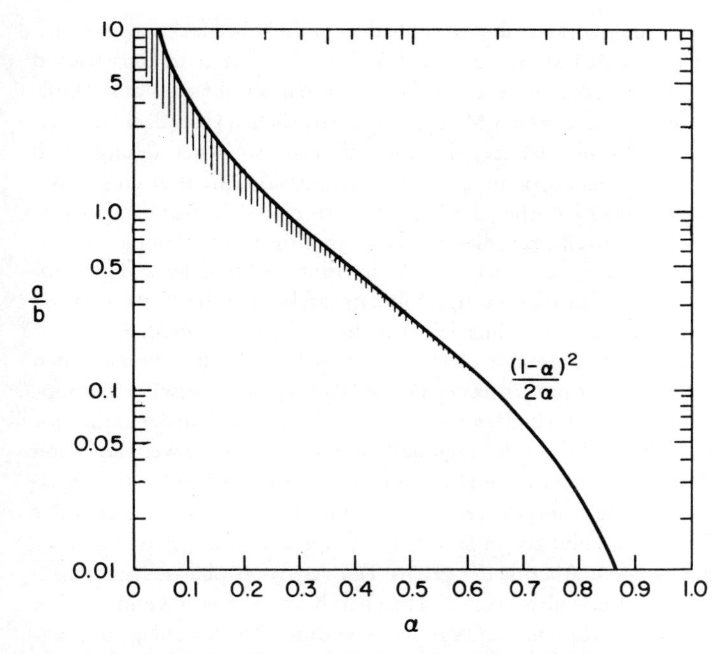

Abb. 11: Kritisches Verhältnis zwischen der Absorption der direkten Sonnenstrahlung durch atmosphärisches Aerosol und der Rückstreuung in den Weltraum, als Funktion der Oberflächenalbedo (α). Oberhalb der Kurve überwiegt der Erwärmungseffekt durch Absorption, darunter die Abkühlung durch Rückstrahlung.

Die Kurve folgt dem solaren Strahlungsmodell von CHÝLEK u. COAKLEY (1974). Die Abweichungen unterhalb der Kurve berücksichtigen die infrarote Strahlung.

Quelle: KELLOGG 1980a, S. 288.

Absorption vernachlässigen, liefern unvollständige und irreführende Resultate.

Nachdem Absorptionskoeffizienten verschiedener Staubarten inzwischen verschiedentlich gemessen worden sind, erscheint das Verhältnis zwischen Streuparameter und Absorption (Abb. 11) im

Zusammenwirken mit der Albedo der Erdoberfläche als bestimmend für den klimatischen Effekt. Da viele der charakteristischen Absorptionskoeffizienten nahe 0.5 liegen, ergibt sich aus Abbildung 11, daß über der Mehrzahl der natürlichen Oberflächen (Ausnahme: Eis und Schnee) die Absorption von Sonnenstrahlung durch Partikel überwiegt, und damit also Emission im langwelligen Bereich und Erwärmung der Luft (KELLOGG 1980a). Auf die physikalischen Einzelheiten dieser ebenso wichtigen wie komplexen Zusammenhänge, die auch (wegen der Einbeziehung der z. T. hygroskopischen Partikel in die Wolkentröpfchen) in die Wolkenphysik hineinspielen, kann hier leider nicht eingegangen werden.

In diesem Zusammenhang müssen wir auch klar unterscheiden zwischen *stratosphärischem* Dunst (als Folge vulkanischer Eruptionen, Kap. C. 1.) und *troposphärischem* Dunst, in dem der anthropogene Anteil lokal oder regional überwiegen kann. Zweifellos kann dieser troposphärische Dunst auf isentropen Flächen bis in Tropopausennähe transportiert werden und dort sogar (im Bereich der Tropopausenlücken in Strahlströmen) in die Stratosphäre einbezogen werden. Aber da der größte Teil der troposphärischen Partikel nur eine Verweilzeit von Wochen hat, bevor er durch Kondensation in Wolkentröpfchen einbezogen oder durch Niederschlag ausgewaschen wird, dürfte dieser Anteil nur von geringer Bedeutung sein. Fast immer wird die Tropopause, einfach oder mehrfach, optisch (auch vom Flugzeug aus sichtbar) durch eine Dunstschicht an ihrer Unterseite charakterisiert, während die stratosphärische Luft sehr rein, d. h. arm an Partikeln und zugleich an Wasserdampf (relative Feuchte nur wenige Prozent) ist. Im Bereich der Partikelgrößen unter 3 μm beherrscht die Mie-Streuung die Auswirkung auf die Sonnenstrahlung: nur ein geringer Anteil wird in den Weltraum zurückgestreut, der größte Anteil dagegen (in komplizierten Mehrfachstreuprozessen) seitwärts und vorwärts gestreut und erreicht die Erdoberfläche als diffuse Himmelsstrahlung. Das gilt im gleichen Spektral- und Größenbereich für troposphärische wie stratosphärische Partikel. Die absorbierte Sonnenstrahlung erwärmt aber die Partikel und wird als langwellige Strahlung wieder ausgestrahlt: in den bodennahen, stark getrübten Schichten der Troposphäre bei

Temperaturen, die in Nähe der Temperaturen am Erdboden liegen, in der Stratosphäre dagegen bei Temperaturen in Nähe der Stratosphärenluft, also etwa – 40° C bis – 60° C. Das ist der Grund, weshalb die gleichen Partikelarten (z. B. Sulfate) in der unteren Troposphäre überwiegend zu einer Erwärmung führen, während in der Stratosphäre zwar auch eine Erwärmung der Luft eintritt, die aber am Boden nicht wirksam wird. In beiden Fällen ergibt sich infolge der Rückstreuung eine Zunahme der planetarischen Albedo, wie sie vom Satelliten aus als „Minimum-Albedo" (RASCHKE 1973) in wolkenfreien Gebieten gemessen wird. Die lokale Erwärmung der Stratosphäre selbst (Kap. C. 1.) kann sich am Erdboden nicht auswirken.

3. Kohlendioxyd (CO_2): Kohlenstoffbilanz und Glashauseffekt

Das Plancksche Strahlungsgesetz – das den Zusammenhang zwischen Strahlungs-Intensität, Wellenlänge (bzw. Frequenz) und Temperatur der strahlenden Oberfläche angibt – liefert eine maximale Intensität für strahlende Körper von der Temperatur der Erdoberfläche (250–300° K) bei Wellenlängen um 10 μm, also im Bereich des Infrarot (terrestrische Wärmestrahlung). In der Atmosphäre werden große Teile dieses Bereichs von Absorptionsbanden des Wasserdampfes und des Kohlendioxyds (CO_2) eingenommen: diese Banden absorbieren große Anteile der terrestrischen Ausstrahlung (E_B in Kap. C. 2.) und strahlen sie als atmosphärische Gegenstrahlung (G) wieder nach allen Seiten ab. Während die Wasserdampfbanden hauptsächlich im nahen Infrarot liegen (zwischen 0.8 und 7 μm), dann wieder oberhalb 15 μm, liegt die wichtigste Absorptionsbande des CO_2 zwischen 12 und 18 μm (Abb. 12). Zusammen mit der schmalen Absorptionsbande des Ozons absorbieren CO_2 (12 %) und Wasserdampf (35 %) rund 50 % der infraroten Wärmestrahlung der Erdoberfläche. In diesem Zusammenhang sei erwähnt, daß genaue Messungen in sieben Spektralbereichen nahe dem unteren Rande der CO_2-Bande vom Satelliten aus eine zwar grobe, aber für die Praxis des Wetterdienstes ausreichende Bestimmung der

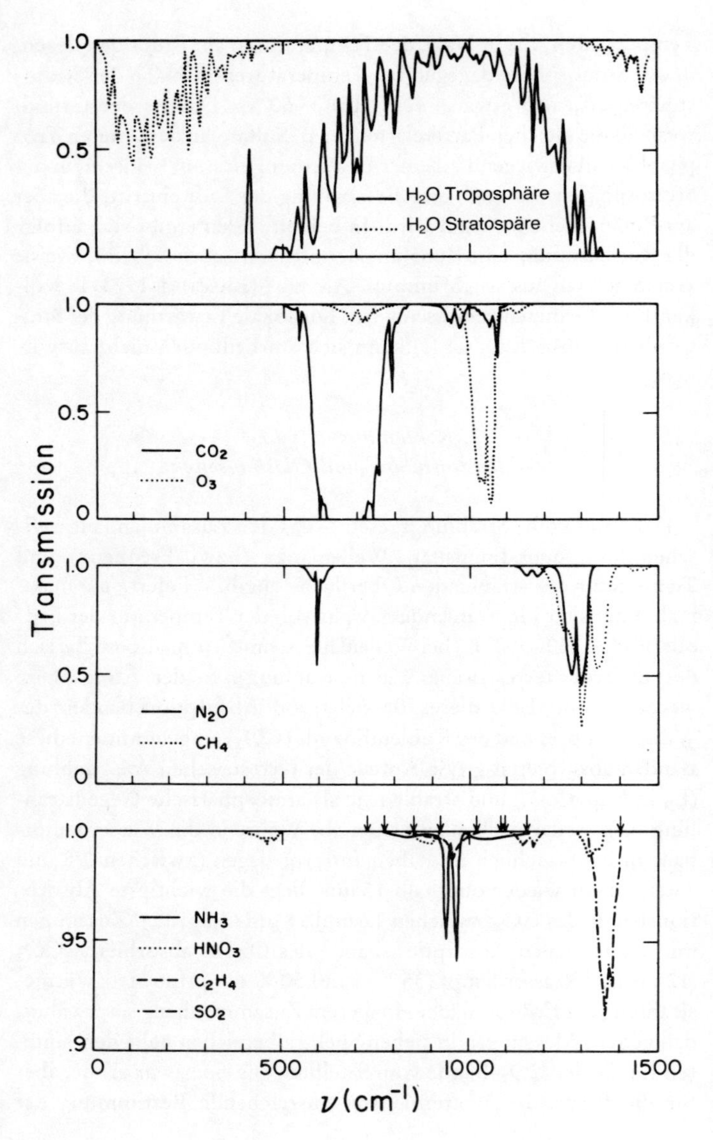

1.0
0.5
0
H2O Troposphäre
H2O Stratospäre
CO2
O3
Transmission
N2O
CH4
NH3
HNO3
C2H4
SO2
.95
.9
500
1000
1500
ν (cm⁻¹)

vertikalen Temperaturverteilung in der wolkenfreien Atmosphäre gestatten: das ist eine der wichtigsten Anwendungen der „Fernmessung“ (remote sensing) in der praktischen Meteorologie von heute.

Da auf der Erdoberfläche die Gegenstrahlung G – die auch noch durch Wolken und Partikel verstärkt wird – nur wenig kleiner ist als E_B, wird der größte Teil der terrestrischen Ausstrahlung durch diesen Effekt in der Atmosphäre zurückgehalten: wir sprechen von einem „Glashauseffekt“ in Analogie zu einem Treibhaus, dessen Glasfenster für den sichtbaren Anteil der Sonnenstrahlung durchlässig, aber für die langwellige Ausstrahlung undurchlässig ist. Dieses Wort trifft die physikalischen Prozesse in der Natur nur hinsichtlich der Strahlung: in Wirklichkeit bleibt die Wärme im Innern eines Treibhauses nur deshalb in ihm eingeschlossen, weil der turbulente Wärmeaustausch mit der Freiluft durch das Glas verhindert wird. Aber da der Begriff wegen seiner Anschaulichkeit auch von Nichtfachleuten oft gebraucht wird, mag er hier stehenbleiben. Eine zahlenmäßige Abschätzung dieses Glashauseffektes der Atmosphäre ergibt sich in einfacher Weise aus der Gleichung für den Strahlungshaushalt an der Obergrenze der Atmosphäre

$$S_o \pi R^2 (1 - a_p) = 4\varepsilon \pi R^2 \sigma T_r^4$$

mit S_O = extraterrestrische Sonnenstrahlung (auf eine zu ihr waagerechte Ebene), R = Erdradius, a_p = Albedo des Systems Erde + Atmosphäre, T_r = Strahlungstemperatur dieses Systems, σ = Stefan-Boltzmann-Konstante, ε = Emissionskonstante im Infrarot. Setzt man hierfür zusammengehörige Werte ein (S_o = 1368 Watt/m², a_p = 0.30), dann erhält man für die Strahlungstemperatur T ~ 255° K, was den Meßwerten von Satelliten aus entspricht. Die wahre Mitteltemperatur der Erdoberfläche T_E ist aber rund 15° C = 288° K; die Differenz $T_E - T_r$ von 33° C ist der integrierte Glas-

Abb. 12: Transmission langwelliger Strahlung durch atmosphärische Gase (heutige Konzentration). Pfeile = Absorptionsbanden von $C\,Cl_2\,F_2$, $C\,Cl_3\,F$, $C\,Cl_4$ und $CH_3\,Cl$ (vgl. Tab. 7). Sie sind bei dieser Auflösung nicht mehr sichtbar.

Quelle: Wang u. a. 1976, S. 688.

hauseffekt der Atmosphäre (einschließlich der Wolken). Diese Differenz beträgt (nach den Ergebnissen der Planeten-Missionen) beim Mars nur 3° C, dagegen bei der Venus etwa 700° C, wesentlich als Folge der verschiedenen Dichte der Atmosphären.

Zwischen den großen Absorptionsbanden von Wasserdampf und CO_2 existiert eine breite Lücke bei einer Wellenlänge von 7.5 bis 12 µm, in der die Atmosphäre großenteils durchlässig ist. Wir sprechen hier von einem *Fenster der Atmosphäre*: gemeint ist ein offenes Fenster. Auch dieses Fenster ist für die Meßtechnik meteorologischer Satelliten sehr wichtig: in diesem Bereich kann die Strahlungstemperatur der Erdoberfläche und der Wolken – und damit auch ihre Höhe – direkt gemessen werden. In ihm existieren nur einige schmale Absorptionsbanden von Spurengasen, die wie Stäbe einer Jalousie Teile der Fensteröffnung verdecken. Zu ihnen gehört die Infrarotbande des Ozons (O_3) bei 9.6 µm, aber auch von weiteren teilweise oder ausschließlich industriell produzierten Gasen, auf die wir noch eingehen müssen (Kap. D. 4., Tab. 7, Abb. 12).

Der Wasserdampfgehalt der Atmosphäre ist in absolutem Maß primär abhängig von der Temperatur; in Volumenanteilen schwankt er zwischen 3 und 4% in den feuchten Tropen und wenigen ppm (parts pro million: 10^{-6} Volumenanteil) in der Stratosphäre. Beim Strahlungsumsatz ist stets der absolute Wert maßgebend, nicht (wie bei der Wolkenphysik) die „relative" Feuchte oder das Sättigungsdefizit. Räumlich kann dieser H_2O-Gehalt also über 3 bis 4 Zehnerpotenzen variieren; sein (optisch wirksames) Integral über die Höhe wird (unter der Annahme vollständiger Kondensation) in cm Wasserhöhe angegeben (globales Mittel 2.5 cm, in den Tropen um 5 cm Niederschlagswasser). Im Gegensatz hierzu ist der CO_2-Gehalt räumlich und jahreszeitlich recht konstant; er betrug in den Jahren um 1850 etwa 270 ppm, heute (1982) etwa 340 ppm (Abb. 13), mit einer jahreszeitlichen Schwankung von maximal 20 ppm. In Industriegebieten liegt er um 10 bis 30 ppm höher, und Flugzeugmessungen über den Schloten von Mannheim-Ludwigshafen ergaben Lokalwerte bis 600 ppm. Im Mittel liegt der Wasserdampfgehalt also um 1 bis 2 Zehnerpotenzen über dem CO_2-Anteil; wo sich die Absorptionsbereiche von Wasserdampfbanden und CO_2-Banden über-

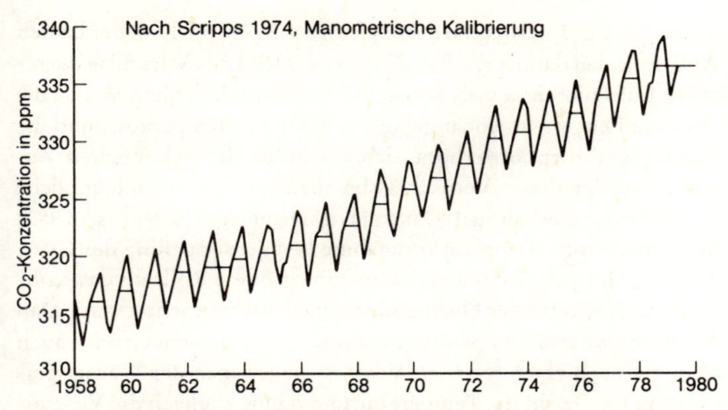

Abb. 13: Monatsmittel der CO_2-Konzentration am Mauna-Loa-Observatorium auf Hawaii (ca. 3400 m). Jahresgang als Folge des Vegetationszyklus der Nordkontinente. Die waagerechten Striche entsprechen dem jeweiligen Jahresmittel.

Quelle: C. D. KEELING u. a. in W. C. CLARK 1982, S. 377ff.

lappen (wie an der oberen Grenze der CO_2-Bande bei 18 µm), überwiegt der Wasserdampf durchaus.

Obwohl also der Wasserdampf bei weitem der stärkste Absorber langwelliger Strahlung ist, mit einer hohen zeitlich-räumlichen Variabilität (deren Effekt noch durch den mehr oder minder parallelen Gang der tiefen Wolken verstärkt wird), steht heute die allmähliche Zunahme des CO_2-Gehalts in ihrer Glashauswirkung – das Wort wird hier nur in dem oben erläuterten Sinne verwendet – im Mittelpunkt des Interesses. Das hängt nur zum Teil damit zusammen, daß der globale Wasserdampfgehalt wegen der weitaus überwiegenden Ozeanverdunstung als konstant angesehen wird; daß dies in Wirklichkeit nicht der Fall ist, wurde in Kapitel B. 3. erörtert. Auch verursacht die Zunahme der künstlichen Bewässerung und der Stauseen eine Erhöhung der globalen Verdunstung (in der Größenordnung von 0.5%, vgl. Kap. D. 1.). Die Überlappung der Absorptionsbanden von H_2O und CO_2 ist für alle Rechnungen mit Strahlungsmodellen ein Problem, auf das schon MÖLLER (1963) hingewiesen hat.

Manabe und Wetherald (1967) haben eine Koppelung der beiden Absorptionen damit erzielt, daß sie nach Möllers Vorschlag die relative Luftfeuchtigkeit als konstant ansetzten; damit ändert sich die absolute Feuchte in Abhängigkeit von der Lufttemperatur, und die Strahlungsabsorption erhöht sich als Folge der gekoppelten Zunahme beider Gase. Vernachlässigt man diese oder eine ähnliche Koppelung, so erhält man (Newell u. Dopplick 1979; Idso 1982) nur eine geringe Temperaturzunahme bei Verdoppelung des CO_2. Tatsächlich spielt der Wasserdampf eine größere Rolle als das Kohlendioxyd, was bei der Diskussion vielfach nicht beachtet wird. Daß bei einer globalen Temperaturzunahme – aus welchem Grunde auch immer – nach einer gewissen Verzögerung wegen der Wärmespeicherung im Ozean die Temperatur und damit zugleich die Verdunstung des Ozeans zunehmen muß, ist leicht einzusehen. Daß die Änderungen von H_2O und CO_2 miteinander gekoppelt auftreten, d. h. mit gleichem Vorzeichen, steht außer Frage – siehe auch die Rolle des "equatorial upwelling" (Kap. B. 3.) –; nur der Grad dieser Koppelung erscheint unsicher. Aus dem Modell von Manabe und Wetherald (1975) ergibt sich übrigens, daß die Sensitivität eines großen Zirkulationsmodells gegenüber Änderungen der Solarkonstanten sehr ähnliche Resultate liefert wie bei einer Verdoppelung des CO_2-Gehalts (Manabe u. Wetherald 1975).

Eine systematische Untersuchung der Wechselwirkung von CO_2 und H_2O hat inzwischen Ramanathan (1981) gegeben. Tatsächlich wirken sich drei miteinander gekoppelte Prozesse aus: die Heizung der Oberfläche durch die CO_2-Zunahme, die auch die Ozeantemperatur und damit die Verdunstung erhöht, die Heizung der Troposphäre durch CO_2 und H_2O (beide Prozesse liefern in den Tropen $8 + 15 = 23\,\%$ der gesamten Erwärmung) und als wichtigster die Zunahme der absoluten Feuchte in der Atmosphäre und damit die Freisetzung latenter Wärme bei den Niederschlagsprozessen (77%). Damit ist also bestätigt (Möller 1963), daß die Erwärmung tatsächlich nur zum kleineren Teil auf das CO_2 zurückzuführen ist, während die Koppelung mit der Ozeanverdunstung den größeren Anteil stellt. Hier wirkt sich nun noch eine Zeitverschiebung als Folge der thermischen Trägheit des Ozeans aus (die von der turbulenten

Durchmischung bis in 60 bis 100 m Tiefe herrührt). Für diese Verzögerung liegen verschiedene Schätzungen (so SCHNEIDER u. THOMSON 1978; HOFFERT u. a. 1980; HANSEN u. a. 1981) in der Größenordnung von 10 bis 20 Jahren vor; ein vorläufiger Vergleich zwischen Luft- und Wassertemperatur (PALTRIDGE u. WOODRUFF 1981) bestätigt eine Verzögerung von etwas über 20 Jahren. Damit sind die Diskrepanzen zwischen verschiedenen Modellannahmen großenteils aufgeklärt: die CO_2-Zunahme löst (MANABE u. WETHERALD 1975, 1980) eine Intensivierung des hydrologischen Zyklus (Niederschlag–Verdunstung) aus, die sich im Wärmehaushalt der Atmosphäre stärker auswirkt als CO_2 allein. Wegen dieser engen Trendkoppelung kann man – da für langfristige Änderungen des H_2O-Gehalts der Atmosphäre heute keine Daten vorliegen – die Änderungen des Glashauseffektes in erster Näherung als Folge des CO_2-Gehalts ansehen; von weiteren Spurengasen mit zusätzlicher Wirkung wird noch zu sprechen sein (Kap. D. 4.).

Diese Untersuchungen sind aber auch für eine weitere Diskrepanz wichtig: das Absinken der Temperaturen in der Arktis, besonders in den Jahren nach 1961, steht scheinbar in Widerspruch zu der geforderten Erwärmung, zumindest in subarktischen Breiten. MADDEN und RAMANATHAN (1980) haben anhand der Temperaturänderungen in 60° N festgestellt, daß diese den erwarteten CO_2-Effekt nicht zeigen und führen dies auf entgegengesetzte Effekte anderer Art zurück. Hierzu gehört die Zunahme vulkanischer Tätigkeit in den letzten Jahren, aber auch die thermische Trägheit der Ozeane.

Die erwähnte Diskrepanz zwischen der beobachteten Abkühlung – die hierzu verwendeten Daten beziehen sich bei fast allen Autoren auf die Nordhalbkugel, nördlich 30° oder 20° Breite – und der erwarteten Erwärmung ist in Wirklichkeit vorgetäuscht. Eine Neubearbeitung der Temperatur der ganzen Erde (HANSEN u. a. 1981), nun mit einer möglichst gleichmäßigen Verteilung der Daten in Form von 40 Flächeneinheiten gleicher Größe auf jeder Halbkugel, ergab (Abb. 14) für die drei Bereiche zwischen den Polen und den Wendekreisen sowie der Tropen zwischen den Wendekreisen, daß die Abkühlung zwischen etwa 1938 und 1972 sich auf die Nordkalotte beschränkt, während in den Tropen die Temperatur etwa konstant

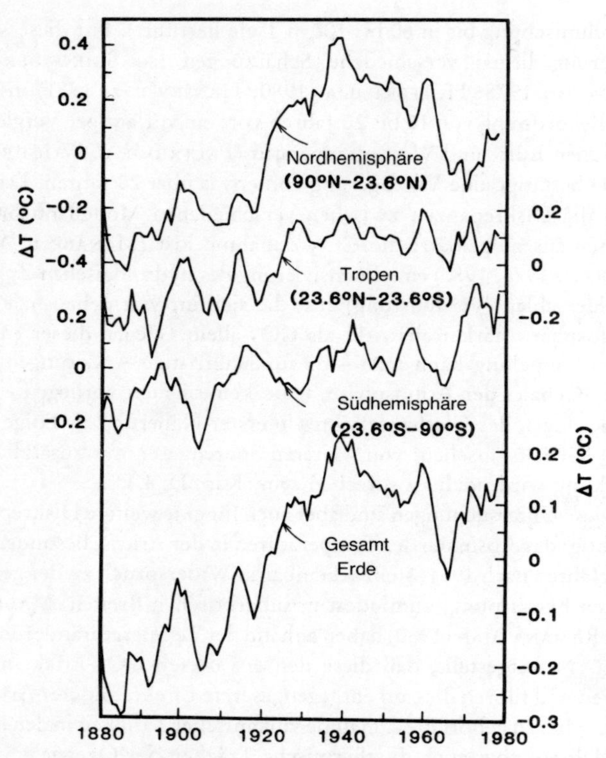

Abb. 14: Beobachteter Trend der Temperatur in Bodennähe (5jährige gleitende Mittel) in drei Zonen und für die gesamte Erde. Rechte Temperaturskala für die Tropen und das globale Mittel.

Quelle: Hansen u. a. 1981, Fig. 3, S. 961.

geblieben, in der Südkalotte aber leicht angestiegen ist. Eine Erwärmung der hohen Südbreiten wurde schon öfters anhand der Daten aus Australien, Neuseeland und der Antarktisküste vermutet; über die analogen Änderungen des Treibeises siehe Kapitel B. 1. Eine geophysikalische Interpretation dieses Temperaturverlaufs wird in Kapitel E. 4. erörtert. In diesem Zusammenhang erscheint eine kriti-

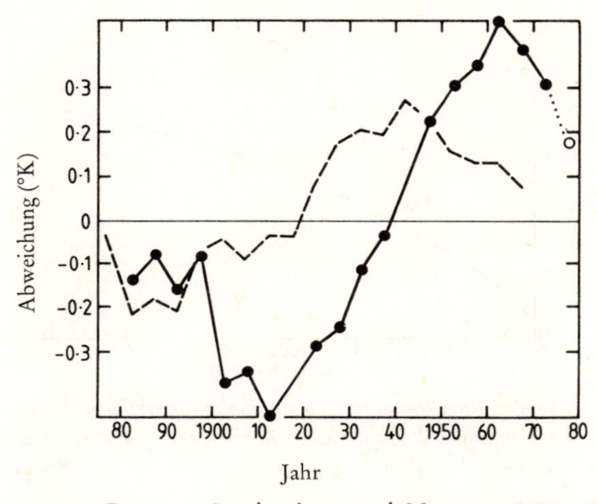

– – – – – Daten von Landstationen nach MITCHELL (1961, 1963)
———— Ganze Erde (PALTRIDGE, WOODRUFF)

Abb. 15: 5jährige Mittel der mittleren jährlichen Abweichung der globalen Temperatur vom langjährigen Mittel. Jahresmittel berechnet aus den Jahreszeiten Dezember–Februar und Juni–August für die gesamte Erde (Wassertemperaturen vorläufige Werte).

Quelle: PALTRIDGE u. WOODRUFF 1981.

sche und vollständige Neubearbeitung des Problems der Wassertemperatur der Ozeane (71 % der Erdoberfläche!) vordringlich; eine vorläufige Bearbeitung haben inzwischen PALTRIDGE und WOODRUFF (1981) vorgelegt (Abb. 15). Sie zeigt die erwartete Verzögerung im Ozean (rund 20 Jahre) sehr deutlich. Das riesige Material hierzu ist inzwischen in einem internationalen Arbeitsprogramm ›Historische Wassertemperaturen‹ aufgearbeitet worden, in dem das Seewetteramt in Hamburg den Atlantik übernommen hatte.

Viele Modelle, die die Rolle des CO_2-Gehalts für die Temperatur simulieren sollen, sind eindimensional (nur von der Höhe bzw. dem Druck abhängig) und radiativ-konvektiv, d. h. sie stellen neben den vertikalen Strahlungsströmen noch die Rolle des turbulenten Ver-

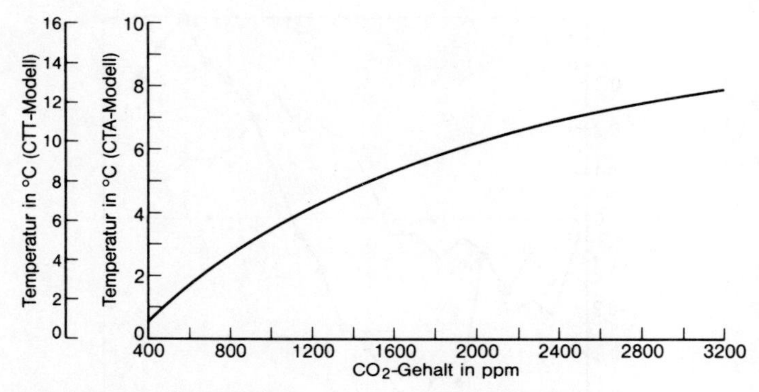

Abb. 16: Temperaturveränderungen an der Erdoberfläche mittlerer und niedriger Breiten als Funktion der CO_2-Konzentration der Atmosphäre. Ergebnisse aus den Modellversionen von AUGUSTSSON und RAMANATHAN (1977).
CTA (cloud top altitude) Modellrechnung bei vorgegebener Höhe der Wolkenobergrenze, CTT (cloud top temperature) Modellrechnung bei vorgegebener Temperatur an der Wolkenobergrenze als konstant angenommene Parameter.

Quelle: AUGUSTSSON u. RAMANATHAN 1977.

tikalaustauschs in Rechnung, um unrealistische überadiabatische Gradienten zu vermeiden. Zu dieser inzwischen recht zahlreichen Familie zählen die Modelle von MANABE und WETHERALD (1967), WANG u. a. (1976), AUGUSTSSON und RAMANATHAN (1977) (Abb. 16) und von NEWELL und DOPPLICK (1979), mit jeweils etwas verschiedenen Modellannahmen; über andere Modellfamilien siehe Kap. E. 1. Einen Überblick liefert BACH (1982). Beschränkt man sich auf ausreichend realistische Modelle, dann ergibt sich bei Verdoppelung des CO_2-Gehalts eine Temperaturzunahme am Boden von 1.5 bis 3° C. Eine von dem wissenschaftlichen Ratgeber des Präsidenten der USA angeregte, unabhängige Arbeitsgruppe unter dem Vorsitz von J. CHARNEY kam in einer sorgfältig abgewogenen Übersicht zu dem Ergebnis, daß eine Erwärmung von 3° C dem wahren Wert am nächsten käme. Eine ebenfalls sorgfältig abgewogene Arbeit

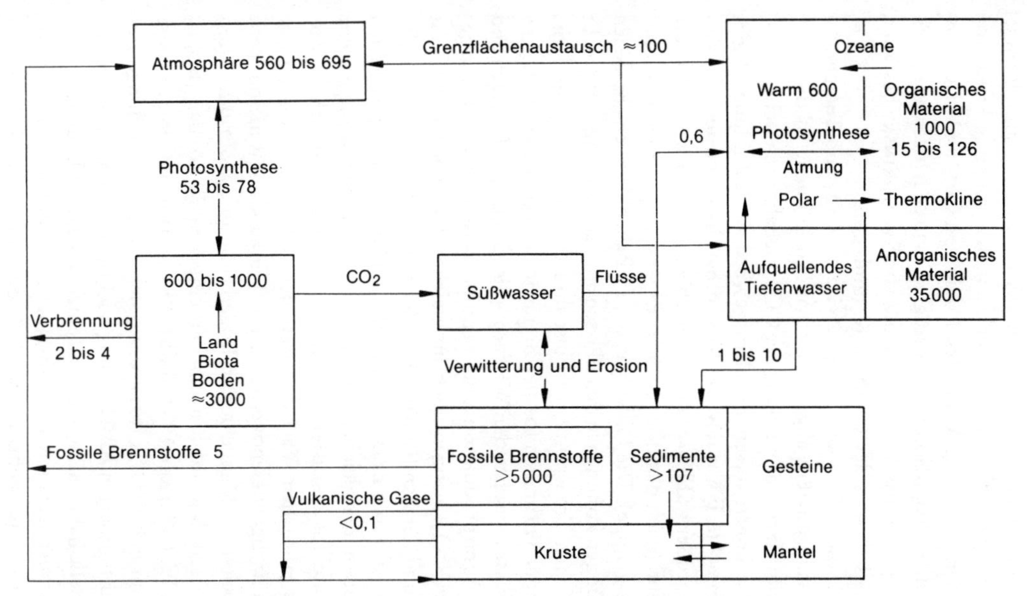

Abb. 17: Zyklus des Kohlenstoffes in Atmosphäre, Biosphäre, Land und Ozean. Speichermengen in Gigatonnen (10^9 t) Kohlenstoff und Austauschmengen (Pfeile) in Gigatonnen Kohlenstoff pro Jahr.

Quelle: Vereinfacht nach Bolin u. a. (Hrsg.) 1979.

von HANSEN (NASA und Mitarbeiter, 1981) hält 2.5° C für den wahrscheinlichen Wert. Zur Vermeidung von Mißverständnissen sei nochmals betont, daß es sich hier nicht um den isolierten Effekt von CO_2, sondern um den gekoppelten Effekt von CO_2 und H_2O handelt. Daß diese Koppelung notwendig ist, wurde neuestens von einer zweiten Kommission unter Vorsitz von SMAGORINSKY bestätigt, ebenso das Ergebnis der Charney-Kommission.

Während diese Zusammenhänge zwischen CO_2 und Temperatur recht gut zahlenmäßig abgeschätzt werden können, ist die Frage nach der künftigen Entwicklung des CO_2-Gehalts inzwischen zu einem höchst kontroversen Problem geworden. Abbildung 17 gibt eine vereinfachte Form des Kohlenstoffhaushalts wieder, mit den Transportgrößen („Flüsse") und Speichergrößen, soweit sie heute bekannt sind (nach BOLIN u. a. 1979: Ergebnisse einer internationalen Arbeitsgruppe). Die Diskrepanzen zwischen den verschiedenen Abschätzungen kommen in den Flüssen am klarsten zum Ausdruck: die natürlichen Transporte, ja selbst ihre Unsicherheiten sind viel größer als der Verbrauch fossiler Brennstoffe. Vor allem umstritten sind die Flüsse zwischen den Wäldern – die einjährigen Pflanzen und damit die Agrarproduktion kann man hier ausschließen, da die gespeicherten CO_2-Mengen noch im gleichen Jahr wieder abgebaut werden – und der Atmosphäre. Die Zerstörung der tropischen Urwälder (meist durch Brandrodung) als Quelle des atmosphärischen CO_2 könnte in der gleichen Größenordnung liegen wie die Zufuhr von CO_2 aus fossilen Brennstoffen, während die vermutliche Zunahme der jährlichen Wachstumsrate der bestehenden Wälder zur Zeit kaum nachgewiesen werden kann. Hinzu kommt die nur sehr unsicher bekannte Menge des im Boden (Humus, Moore) fixierten Kohlenstoffs. Ohne auf Einzelheiten eingehen zu können (BOLIN u. a. 1979; W. C. CLARK 1982; BACH 1982), sei nur auf einige neuere Modellrechnungen (OESCHGER u. a.; siehe BOLIN 1981) hingewiesen, die zur fundierten Abschätzung wichtiger Parameter beitragen. Diese Modelle haben inzwischen zu einer gewissen Klärung geführt: der Nettotransport von Kohlenstoff zwischen Biosphäre und Atmosphäre dürfte kaum mehr als etwa 20 % der Zufuhr fossilen Kohlenstoffs ausmachen.

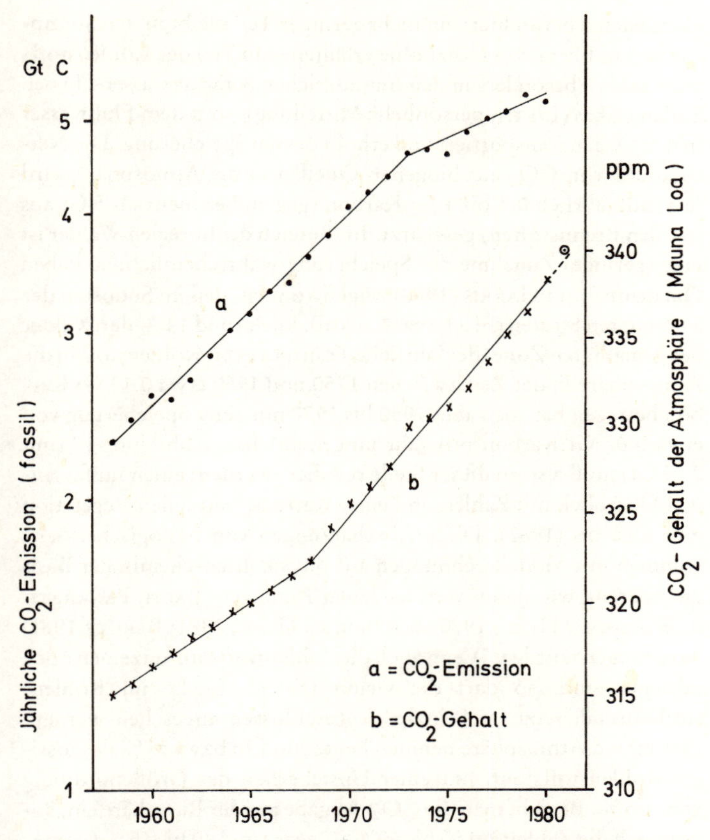

Abb. 18: Jährliche Zufuhr von fossilem CO_2 in die Atmosphäre (linke Skala) und CO_2-Gehalt der Atmosphäre 1958 bis 1980. Daten nach CLARK (Hrsg.) 1982: ›Carbon Dioxide Review‹, logarithmische Skalen.

Die Überprüfung des globalen CO_2-Haushalts (BOLIN 1981; W. C. CLARK) hat gezeigt, daß die eindrucksvolle Zerstörung der tropischen Wälder durch Brandrodungsfeldbau (shifting cultivation) nicht ganz so große Mengen Kohlenstoff in die Atmosphäre bringt als zunächst befürchtet: ein nicht geringer Teil bleibt in den Stümpfen und in Form von Holzkohle erhalten. Ein Teil des Kohlenstoffs wird auch – besonders in den humusreichen Schwarzwasser-Flüssen Südamerikas (LIETH, persönliche Mitteilung) – mit dem Flußwasser in den Ozean transportiert und erhöht dessen Speicherung. Die Nettozufuhr von CO_2 aus biogenen Quellen in die Atmosphäre wird jetzt auf jährlich 0.5 bis 1 Gt Karbon (gegenüber mehr als 5 Gt aus fossilen Brennstoffen) geschätzt. Im Bereich der borealen Wälder ist eine (geringe) Zunahme der Speicherung wahrscheinlich: so haben DELCOURT und HARRIS (1980) zeigen können, daß im Südosten der Vereinigten Staaten (Fläche ca. 1.4 Mill. km^2, rund 14 % der Wälder der gemäßigten Zone) der jährliche Transport von Kohlenstoff in die Atmosphäre in der Zeit zwischen 1750 und 1950 etwa 0.13 Gt Karbon betragen hat, sich aber 1950 bis 1977 mit einer Speicherung von etwa 0.07 Gt Karbon pro Jahr umgekehrt hat. Abbildung 17 (mit 2–4 Gt) muß also an dieser Stelle revidiert werden; einen umfassenden Überblick mit Zahlen und einer Karte der aktuellen Vegetation gibt OLSSON (1982). Diese Abschätzungen von biologischer Seite stimmen mit Modellrechnungen auf physikalisch-chemischer Basis gut überein, wie sie auf verschiedenen Tagungen (BACH, PANKRATH u. WILLIAMS, Hrsg., 1980; BOLIN u. a., Hrsg., 1981; BERGER 1981) vorgetragen wurden. Wenn auch die Zahlenwerte im einzelnen noch unsicher sind, so darf die vielumstrittene Lücke im Kohlenstoffhaushalt jetzt im Prinzip als geschlossen angesehen werden: Ozean und Atmosphäre nehmen heute rund 45 bzw. 55 % des fossilen Kohlenstoffs auf, mit einer Unsicherheit der Größenordnung von ± 5 %. Bezieht man die CO_2-Abgabe aus der Biosphäre ein, ändern sich die Zahlen auf 55 bis 60 % (Ozean) und 40 bis 45 % (Atmosphäre); hierzu siehe BACH (1983) und MCDONALD (Hrsg., 1982).

Daß die Biosphäre, insbesondere Waldvegetation und Humus, zur Zeit eine nicht vernachlässigbare Quelle für das atmosphärische CO_2 darstellt, ergibt sich auch bei einer Analyse der neuesten bis einschließlich 1980 fortgeführten Zahlen. Während sich die jährliche Zuwachsrate der Produktion von CO_2 durch Verbrauch fossiler Stoffe im Mittel für 1958 bis 1965 (ebenso 1950–1973: ROTTY 1981) auf 4.58 % belief, sank sie im Gefolge des Ölpreisschocks von 1973 bis 1980 auf die Hälfte (2.25%) ab (Abb. 18). Auf der anderen Seite nahm die mittlere jährliche (lineare) Zuwachsrate des atmosphärischen CO_2 in den gleichen jeweils 7jährigen Vergleichsperioden von 0.71 ppm (= 0.22%) auf 1.22 ppm (= 0.37%) pro Jahr zu. Ohne eine genauere Analyse sind die Ursachen dieser Diskrepanz kaum zu fixieren; sie spricht jedenfalls für eine verstärkte Zufuhr von nichtfossilem CO_2 aus der Biosphäre und liefert ein nicht überhörbares Warnsignal gegen jede Verharmlosung des CO_2-Problems.

Der eben erwähnte Anteil des Ozeans kann aber – mit wachsender Aufnahme von CO_2 und durch die Wirkung der sauren SO_2-haltigen Niederschläge (Abnahme des pH-Wertes) – durch Pufferung nur abnehmen: der atmosphärische Anteil muß also in absehbarer Zukunft wachsen. Zwar ist die Aufnahmefähigkeit der tiefen Ozeanschichten für CO_2 nahezu unbegrenzt; aber der Austausch der nur 60 bis 100 m mächtigen oberen Mischungsschicht mit dem tiefen Ozean ist durch die Sperrschichten der Thermokline hindurch sehr gering und konzentriert sich auf kleine Gebiete am Rande der Antarktis und im Raume Grönland. Die charakteristische Zeitskala des tiefen Ozeans liegt daher bei 500 Jahren (STUIVER 1983), im Gegensatz zur oben erwähnten Mischungsschicht mit etwa 6 Monaten (Abb. 1). Die mittlere Verweilzeit eines CO_2-Moleküls in der Atmosphäre hängt von der Nettozufuhr ab; sie dürfte bei etwa 6 Jahren liegen. Die Empfindlichkeit des Kohlenstoff-Haushalts gegenüber anthropogenen Eingriffen wird noch deutlicher, wenn man die vorliegenden, inzwischen gut gesicherten CO_2-Daten aus geologischer Vorzeit heranzieht. Die Arbeitsgruppen von LORIUS (Grenoble; DELMAS u. a. 1980) und OESCHGER (Bern; NEFTEL u. a. 1982) haben mit allen Vorsichtsmaßnahmen aus Eisbohrkernen in der Antarktis und in Grönland den CO_2-Gehalt der im Eis eingeschlossenen Luftblasen analysiert. Ihre Resultate stimmen innerhalb der Genauigkeitsgrenzen überein: während der letzten Eiszeit (vor 20000–15000 Jahren) zeigen sie ein Absinken des CO_2-Gehalts der Atmosphäre auf Werte von 180 bis 200 ppm; für das holozäne Optimum (siehe Kap. G. 3.) dagegen einen Anstieg auf über 300, vielleicht (?) sogar 350 ppm, d. h. höher als heute. Hier handelt es sich um natürliche Schwankungen innerhalb des Klimasystems, d. h.

einschließlich der Austauschvorgänge zwischen Atmosphäre, Biosphäre, Ozean und Eis. Diese Resultate zwingen uns, das ganze Problem des Paläoklimas neu zu durchdenken. Mit großer Wahrscheinlichkeit stehen die CO_2-Fluktuationen primär im Zusammenhang mit den klimabedingten Schwankungen der Biosphäre. Aber sie haben eine Rückwirkung auf das Klima, anscheinend im Sinne einer positiven Rückkoppelung, d. h. sich selbst steigernden Wechselwirkung zwischen Biomasse und CO_2-Gehalt der Luft. In diesen Zusammenhang gehören vor allem die Änderung im ^{13}C-Gehalt in den Mikro-Fossilien des Ozeans, die die Geschichte des tropischen Regenwaldes widerspiegeln (SHACKLETON 1977).

Wie wird sich die Zufuhr an CO_2 aus fossilen Brennstoffen in Zukunft entwickeln? Das ist (nicht nur für den Klimatologen) die schwierigste Frage, da sie von der künftigen Entwicklung der Energiepolitik, der Weltwirtschaft, der Weltbevölkerung abhängt. (Hier mag ein in Kap. E. 1. zitierter Ausspruch von J. VON NEUMANN erwähnt werden.) Der Gang der Energieumwandlung aus fossilen Brennstoffen mit einer logarithmischen Skala (Abb. 18) zeigt in ungestörten Zeitabschnitten ein exponentielles Wachstum mit einer Jahreszuwachsrate von 4 bis 4.5 % im globalen Mittel. Die beiden Weltkriege, die Weltwirtschaftskrise von 1929 bis 1932 und der Ölpreisschock ab 1973 verursachten Einbrüche. Der Optimismus der Zeit zwischen 1960 und 1973 ist längst verflogen; in der Periode von 1973 bis 1980 hat sich die globale Wachstumsrate halbiert, in den Industrieländern noch stärker (durch Sparmaßnahmen) reduziert. Jede nüchterne Bestandsaufnahme der Vorräte (vor allem an Erdöl und Erdgas) zeigt, daß eine Wiederkehr dieser hohen Wachstumsraten kaum zu erwarten ist, auch wenn die Kohlenvorräte noch relativ hoch sind und bei künftig wieder steigenden Ölpreisen weitere Reserven gewinnbar werden. Das vielschichtige Problem der alternativen Energien muß hier ausgeklammert bleiben; Tabelle 3 zeigt, daß die Sonnenenergie – sofern das Problem großtechnischer Verwendung und der damit zusammenhängenden Transport- und Speicherprobleme gelöst werden kann – im Prinzip in der Lage wäre, z. B. den Energiebedarf einer Weltbevölkerung von 12×10^9 mit einem mittleren Energiebedarf pro Kopf von 3 KW (etwa halb so hoch wie

Westeuropa heute, insgesamt also 36 TW) zu decken. Aber der ungeheuere Materialbedarf für entsprechende Kollektoren macht dies (wegen der geringen Flächendichte der Sonnenenergie) doch reichlich utopisch.

Auf die eindrucksvolle Erörterung dieser fundamentalen Energieprobleme der Zukunft durch W. HÄFELE u. a. (1981) sei ausdrücklich hingewiesen. Werden alle unter wirtschaftlichen und technischen Bedingungen des 21. Jahrhunderts gewinnbaren Reserven fossiler Brennstoffe ohne Rücksicht auf die Folgen ausgebeutet, dann wäre (nach OLSSON u. a. 1978) eine Zunahme des atmosphärischen CO_2-Gehalts um einen Faktor 5 bis 8 unvermeidlich. Die künftige Wachstumsrate darf nicht allein vom Standpunkt der Industrieländer, sondern muß auch vom Standpunkt der Entwicklungsländer, ihrem weiterhin starken Bevölkerungswachstum und ihrem Nachholbedarf beurteilt werden. Der sehr sorgfältig recherchierte und diskutierte IIASA-Bericht (HÄFELE u. a. 1981) gibt als Summe der bei einem bestimmten (1982 bereits erreichten) Preisniveau gewinnbaren Reserven an Erdöl, Erdgas und Kohle rund 2450 bzw. 3000 Gt Steinkohleeinheiten an. Auch wenn nur 50 % davon in die Atmosphäre gelangt (wahrscheinlich sind es dann über 60 %), reicht das für eine Zunahme des CO_2-Gehalts um einen Faktor 3 aus.

Heute mag eine kurzsichtige Interessenpolitik darauf hinweisen, daß bei der Welt-Energie-Konferenz 1978, unter den damals gegebenen technologischen Bedingungen und Preisen, die *erschließbaren Reserven* fossiler Brennstoffe einen CO_2-Anstieg auf höchstens 550 bis 600 ppm zulassen würden. Aber schon heute sind die Bedingungen anders, die Preise um einen Faktor 3 höher, und sie werden in 50 Jahren ganz anders sein: niemand hätte vor 50 Jahren den heutigen Entwicklungsstand vorherzusagen gewagt.

4. Weitere im Infrarot absorbierende Spurengase

Die oben erwähnten, im Fensterbereich des Infrarot (7.5–12 μm) absorbierenden Spurengase sind zuerst von WANG u. a. (1976) im Detail behandelt worden (Tab. 7; siehe auch MUNN u. MACHTA

1979). Sie haben schmale, aber intensive Absorptionsbanden; nach WANG können sie additiv, d. h. ohne Berücksichtigung von Überlappungen behandelt werden. (Ob dies auch im Falle von N_2O gilt, das am Rande einer großen Wasserdampfbande liegt, verdient wohl noch eine Nachprüfung.) Da die Annahme von WANG (1976) über die erwarteten Änderungen der Konzentration z. T. erheblich zu hoch sind und revidiert werden müssen, setzen wir in Tabelle 7 etwas mehr konservative Schätzungen ein; für CO_2 wird das Modell von AUGUSTSSON und RAMANATHAN verwendet. Immerhin ergibt sich auch hier bei der Summe aller Spurengase, daß ihr additiver Effekt auf die Temperatur annähernd in derselben Größenordnung liegt wie der des CO_2 allein. Während die Arbeitsgruppe von CHARNEY – ebenso wie viele andere Autoren – diesen Effekt unberücksichtigt gelassen hat, haben sich KONDRATIEV, MUNN und MACHTA, RAMANATHAN, KELLOGG und andere Spezialisten für seine Berücksichtigung in Form einer additiven Korrektur ausge-

Tab. 7: Glashauseffekt von Spurengasen

Gas	Anteil heute ppm	Zunahme bis 2020	ΔT_m	
CO_2	330	+ 25 %	+ 0.66° C	
O_3[1]	0.4	− 20 %	− 0.34	Überschall-Verkehr
O_3[2]		+ 10 %	+ 0.17	Überschall-Verkehr
H_2O[1]	~ 3	+ 50 %	+ 0.42	Überschall-Verkehr
N_2O	0.28	+ 100 %	+ 0.56	
$C\,Cl_2F_2$, $C\,Cl_3F$ (Freon)	0.2×10^{-3}	× 10	+ 0.23	
CH_4	1.6	+ 50 %	+ 0.12	
$C\,Cl_4 + CH_3Cl$, $NH_3 + SO_2$	$\sim 10^{-3}$	+ 100 %	+ 0.14	

1 Stratosphäre

2 Troposphäre: ppm = 10^{-6} Volumanteil

Quelle: Überarbeitet nach WANG u. a. 1976.

sprochen. Eine solche Korrektur ist insofern möglich, als es sich um den gleichen physikalischen Prozeß handelt; mit Berücksichtigung der Spurengase erhält man einen *kombinierten Glashauseffekt*, den man auch (zwecks einfacher Berechnung) in Form eines Zuschlags zu dem realen CO_2-Gehalt als „virtuellen CO_2-Gehalt" ausdrücken kann (FLOHN 1978). Während die Daten von WANG u. a. (1976) einen Zuschlag von 200 bis 250 % ergeben, hielt FLOHN einen Zuschlag von 50 % für realistischer; neuere Diskussionen halten einen aktuellen Zuschlag von 70 % oder 100 % für richtiger, der (wegen der höheren Lebensdauer vieler dieser Gase) nur anwachsen kann.

Aus dem Vergleich verschiedener anthropogener Störungen des Strahlungshaushalts schließt HANSEN (1981, Fig. 2) auf eine summierte Erwärmung durch die wichtigsten Spurengase (Freon, N_2O, CH_4) im letzten Jahrzehnt um 0.1° C. Diese Zahl muß verglichen werden mit einer durch CO_2 (gekoppelt mit H_2O) bedingten Erwärmung von 0.14°C; hiernach beträgt der Glashauseffekt der Spurengase bereits heute 70 % des Glashauseffektes des CO_2.

Von den Spurengasen seien nur zwei etwas eingehender behandelt: die Chlorofluoromethane $C\,Cl_2F_2$ und $C\,Cl_3F$ (in Deutschland: Frigene) und das Lachgas N_2O. Die Frigene (USA: Freon oder CFM) treten in der Natur nicht auf, sind also reine Kunstprodukte, die wegen ihres niedrigen Siedepunktes und ihrer chemischen Trägheit in Kühlschränken oder als Treibgas für Aerosol-Sprühdosen viel verwendet werden (Jahresproduktion ca. 7×10^5 t). Ihre Zerstörung geschieht ausschließlich durch photochemische Prozesse in der Stratosphäre; die Zersetzungsprodukte bauen das atmosphärische Ozon ab, was vom biologisch-medizinischen Gesichtspunkt aus als ernsthafte Gefahr angesehen wird. Aus diesem Grunde wurde die Produktion dieser Gase zunächst eingeschränkt; wegen ihrer langen Verweilzeit (über 50 Jahre) wird aber ihre klimatische Rolle noch lange anwachsen, selbst wenn die Produktion ganz eingestellt werden sollte.

Verschiedene kürzere Meßreihen liegen inzwischen vor; erwähnt sei hier nur die Meßreihe in der Antarktis (RASMUSSEN u. a. 1981), die an diesem repräsentativen Punkt – weit entfernt von allen Quellen – eine jährliche Zunahme von 9 bis 12 % ergibt. Die erforderliche

Genauigkeit dieser Analyse liegt im ppt-Bereich (parts per trillion, in amerikanischer Bezeichnung 10^{-12} Volumeneinheiten!). FABIAN und Mitarbeiter (1981) haben anhand mehrerer Ballonaufstiege gezeigt, daß ihre Konzentration in der mittleren Stratosphäre (26–32 km) in 2½ Jahren um einen Faktor von 5 bis 10 angewachsen ist. Modellrechnungen über den Klimaeffekt dieser Gase haben WANG und Mitarbeiter (1980) vorgelegt. Chemisch verwandt hiermit ist ein weiteres Spurengas ($C\ F_4$, ein Nebenprodukt bei der Aluminiumschmelze, Produktion in der Größenordnung 50 t/Jahr), das ebenfalls im Fensterbereich absorbiert und offenbar eine extrem lange Verweilzeit in der Atmosphäre (über 1000 Jahre) hat.

Wichtiger ist das Lachgas N_2O, das als eines der Endprodukte bei dem Abbau von Stickstoffdünger im Boden entsteht (HAHN u. JUNGE 1977; HAHN 1980 a), aber auch sonst in der Natur vorkommt. Leider ist der komplizierte Stickstoffzyklus in der Natur bisher quantitativ erst teilweise bekannt (BOLIN 1983); hier handelt es sich ja nur um eines der vielen Stickstoffoxyde. Die Messungen von R. A. RASMUSSEN u. a. (1981) erfassen auch dieses Gas, dessen Konzentration zur Zeit bei etwa 335 ppb (parts pro billion, hier 10^{-9} Volumeneinheiten) liegt und jährlich um 2 bis 5 Promille wächst. Sein Effekt auf das Klima, zusammen mit dem des Methan (CH_4), ist von DONNER und RAMANATHAN (1980) mit Modellrechnungen näher untersucht worden: bei einer Zunahme um einen Faktor 2 (N_2O) bzw. 2 bis 4 (CH_4) ergibt sich zusammen eine mittlere Erwärmung von 0.7 bis 1.2° K, also schon durchaus vergleichbar mit der Erwärmung, die bei einer Zunahme des CO_2 um 50 % eintreten würde. Eines scheint jedenfalls bereits jetzt gesichert: wegen der entscheidenden Rolle der Stickstoffdünger für die Ernährung einer noch jahrzehntelang anwachsenden Weltbevölkerung wird man auf diese nicht verzichten können, ja, ihr Verbrauch wird eher noch zunehmen (bisher 6–10 % pro Jahr!) als abnehmen.

Abschließend sollen noch Anmerkungen zu den beiden Spurengasen Ozon (O_3) und stratosphärischer Wasserdampf gemacht werden: Der Beitrag des stratosphärischen Flugverkehrs zum Ozonhaushalt ist offensichtlich weit überschätzt worden, so daß die Abgabe von H_2O durch die Motorabgase und die Zerstörung von O_3

durch eine große Zahl (ca. 160) photochemischer Vorgänge (FABIAN 1980) wohl eher geringer sein wird als früher angenommen. Die Annahme, daß sich die beiden in ihrem Glashauseffekt gegeneinander wirkenden Vorgänge gegenseitig annähernd aufheben, kommt vermutlich der künftigen Wirklichkeit einigermaßen nahe. Nach den neuesten Ergebnissen (CRUTZEN u. BOLIN 1983) nimmt in der Troposphäre O_3 durch photochemische Prozesse an industriellen Gasen (Kohlenmonoxyd CO, Methan CH_4) zu; es sind die gleichen Prozesse, die den Smog von Los Angeles, aber auch in der Kölner Bucht erzeugen.

Nur kurz sei auf das wichtige Methan (CH_4), den Hauptbestandteil des Erdgases, eingegangen, in dessen Haushalt der Mensch ebenfalls eingreift. BELL (1982) weist darauf hin, daß große Mengen im Permafrost der subarktischen Kontinente gespeichert sind und dort bei Erwärmung frei werden können; das müßte zu einem langsamen, aber wirksamen (positiven) Rückkoppelungseffekt führen.

Die atmosphärische Chemie ist eine noch recht junge Wissenschaft, an der sich – nach der Initiative von JUNGE – verschiedene Arbeitsgruppen aus der Bundesrepublik intensiv beteiligen. Die meisten der hier ausgewählten Fragestellungen werden wohl noch revidiert werden müssen, und eine Synthese steht noch aus. Eine neueste Zusammenfassung ist in dem amerikanischen ›Carbon Dioxide Review‹ von W. C. CLARK (Hrsg., 1982) sowie bei MCDONALD (Hrsg., 1982) enthalten, ebenso bei BOLIN u. a. (Hrsg., 1983).

E. ZUR FRAGE DER KLIMAVORHERSAGE: MODELLE UND ANALOGFÄLLE

1. Modelltypen

Heinrich Hertz, Entdecker der elektromagnetischen Wellen, als Ordinarius für Physik in Bonn mit nur 37 Jahren 1894 einer Infektion erlegen, formulierte in seinem Lehrbuch ›Prinzipien der Mechanik‹ das Modellprinzip:

Wir machen uns immer Scheinbilder . . . der äußeren Gegenstände . . . von solcher Art, daß die denknotwendigen Folgen der Bilder stets wieder die Bilder seien von den naturnotwendigen Folgen der abgebildeten Gegenstände . . . An ihnen können wir wie an Modellen in kurzer Zeit die Folgen entwickeln, welche in der äußeren Welt erst in längerer Zeit auftreten . . .

Sein Bonner Assistent Vilhelm Bjerknes legte 1897 mit seinem Zirkulationstheorem auf der rotierenden Erde einen der Grundsteine für die Entwicklung der Physik der Atmosphäre und zugleich der Ozeane. Heute, im Computer-Zeitalter, sind physikalisch-mathematische Modelle – die obige Definition schließt solche auf empirischer Grundlage ein – unentbehrlich. Die für unser Gebiet wichtigsten Modelle bauen auf den Fundamentalsätzen der klassischen Physik auf, den sogenannten „primitiven“ Gleichungen, oder auf den von ihnen abgeleiteten Erhaltungssätzen. Seit den ersten, von C. G. Rossby (Stockholm) inspirierten Versuchen von Charney und Eliassen (1949) an der von J. von Neumann gebauten Rechenanlage in Princeton hat die Entwicklung einer numerischen Wettervorhersage gute Fortschritte gemacht. Die heutige Entwicklung einer mittelfristigen Vorhersage (bis zu etwa 10 Tagen) baut weitere physikalische Prozesse ein; Vorhersagen für 2 bis 5 Tage im voraus sind inzwischen deutlich besser geworden, wenn auch die Interpretation der vorliegenden Karten der Parameter Wind, Druck und Temperatur im Hinblick auf das Wetter, vor allem für Wolken und

Niederschlag, schon wegen der verschiedenen Größenskalen der Prozesse keinesfalls einfach und eindeutig ist.

Seit Anfang der 50er Jahre diskutierten wir über die Möglichkeit, mit solchen Modellen das Klima zu erfassen: wie würde das Klima aussehen, wenn die Lage der Kontinente und Gebirge, die Zusammensetzung der Atmosphäre (einschließlich der Partikel der Luftverschmutzung), die Intensität der Sonnenstrahlung oder die Albedo der Erdoberfläche, die Rotationsgeschwindigkeit der Erde oder die Schiefe der Erdachse sich ändern? Eine faszinierende Problemstellung: denn sie umfaßt sowohl alle möglichen Ursachen für die Klimaänderungen der Vergangenheit, ja der ganzen Erdgeschichte, wie alle denkbaren Modifikationen der Zukunft. Vor allem eines zeichnet sich ab: diese Entwicklung macht aus der deskriptiven Klimatographie der klassischen Lehrbücher („Klimageographie"), deren Entwicklung prinzipiell abgeschlossen schien, eine physikalische, richtiger: geophysikalische Wissenschaft, die sich auf die Naturgesetze stützt und damit nun quantitative Aussagen für ganz verschiedene Randbedingungen, d. h. eine Vorhersage zuläßt. Diese Auffassung kann sich übrigens auf den weitblickenden Geist eines A. von Humboldt berufen, der in seinem ›Central-Asien‹-Werk (deutsch 1844, Band II, S. 72) bereits ein Modell-Klima auf einer idealen Erdkugel vorschlägt: „Mit dieser allgemeinen Betrachtung, die minder unfruchtbar ist, als man vielleicht glauben möchte, muß die theoretische Klimatologie (!) beginnen." Und im ›Kosmos‹ (Band II, 1850, S. 10) sagt er: „Die befriedigendste Deutlichkeit und Evidenz herrschen da, wo es möglich wird, das Gesetzliche auf mathematisch bestimmbare Erklärungsgründe zurückzuführen."

Der große Mathematiker J. von Neumann – er veröffentlichte (mit C. G. Rossby und J. Charney) 1949 den bahnbrechenden Versuch einer mathematischen Vorhersage atmosphärischer Zustände – sah dieses Problem im Rahmen des großen Planes einer Langfristvorhersage; diese sei die „zweitschwierigste Aufgabe, die von einem Computer gelöst werden kann". Auf die damit provozierte Frage nach dem schwierigsten Problem kam dann, mit einem vielsagenden Blick, die Antwort: "Human behaviour . . ." Er hatte recht: vergleicht man die Ergebnisse ökonomischer und politischer Langfristprognosen mit denen der Wettervorhersage, so wird dieser Hinweis durchaus verständlich. Kein Computermodell kann mehr liefern als Konsequenzen aus den Voraussetzungen und Annahmen, die in das Modell explizit (und implizit) eingebaut worden sind.

Während nun die Modelle der Wettervorhersage reine Atmosphärenmodelle sind, bei denen z. B. die Meerestemperatur fest vorgegeben wird, ist diese Struktur für Klimamodelle viel zu eng. Ein wirkliches Klimamodell muß das ganze komplexe Klimasystem (Abb. 1) mit seinen (meist nichtlinearen) Wechselwirkungen erfassen – einige dieser Wechselwirkungen wurden schon in Kapitel B behandelt. Aber diese Aufgabe ist zur Zeit noch nicht lösbar, da wir viele physikalische Prozesse im Ozean, an der Dreiphasengrenze Meer–Treibeis–Luft oder im Bereich der Wolken nur ungenau kennen und daher höchstens in vergröberter Form in ein Modell einbauen können.

Viele dieser Prozesse lassen sich aber isoliert und dann mit einfacheren Modellen mit allen wünschenswerten Einzelheiten behandeln: dieses Verfahren hat unsere Kenntnisse und Einsichten schon sehr wesentlich bereichert. Hierbei sind schon ganz einfache, noch fast triviale Zusammenhänge nützlich, z. B. die oben (Kap. D. 3.) erwähnte, hier verkürzte Gleichung des Strahlungshaushaltes des Systems Erde + Atmosphäre an der Obergrenze der Atmosphäre:

$$S_o (1 - a_p) = 4\varepsilon\sigma\, T_r^4 = E_o$$

Gibt man nun die Größe S_o und a_p als variabel vor, um T_r daraus zu berechnen, so ergibt sich ein einfaches Diagramm (Abb. 19) aus einem Strahlenbündel für verschiedene Werte von S_o sowie mit a_p und T_r^4 auf den Achsen eines kartesischen Koordinatensystems (Flohn 1969).

Gibt man nun die Voraussetzungen eines Gleichgewichts auf und baut in diese einfache Bilanzgleichung Rückkoppelungen wegen der verschiedenen Zeitskalen in den Subsystemen des Klimasystems ein, z. B. die bekannte Rückkoppelung Schnee–Albedo–Temperatur, dann ergibt sich hieraus ein nicht mehr triviales Modell (Fraedrich 1978, 1980) für T_r mit der Dimension Null.

Hierbei können nun, mit Attraktoren und Repelloren, stabile und

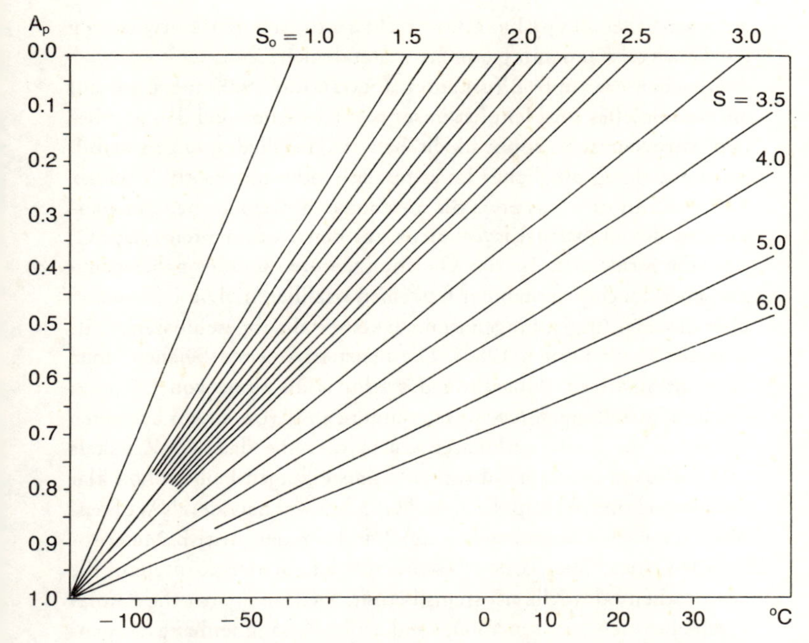

Abb. 19: Strahlungstemperatur des Systems Erde + Atmosphäre als Funktion der Solarkonstante (S_o) und der planetarischen Albedo (A_p). Die Skala der Temperaturachse ist proportional T_r^{-4} (T_r *in* °K).

Quelle: Flohn 1969.

instabile Gleichgewichtslösungen auftreten, auch Bifurkationen, „Katastrophen“, oder Oszillationen: diese Thermodynamik von Nicht-Gleichgewicht-Systemen (Prigogine 1968) ergibt neuartige Einblicke. Die charakteristischen Energiebilanzmodelle, bei denen die Dynamik von Atmosphäre und Ozean nur in Form von zeitlichen oder räumlichen Mittelwerten (M. Hantel 1980) oder von einfachen linearen Zusammenhängen („parametrisiert“) behandelt wird (Grassl 1980), sind meist ein- oder zweidimensional, untersuchen also die Änderungen längs eines Meridians oder in einer Meridian-Vertikalebene. Zu ihnen gehören die Wärmehaushalt-Modelle vom

Budyko-Sellers-Typ (FRAEDRICH 1980), die aus der Entwicklung der heutigen Klimatologie nicht wegzudenken sind.

Die eben erwähnte Bifurkation (FRAEDRICH 1978) führt uns auf ein prinzipielles Problem: ist unser heutiges Klima bei den gegebenen astronomisch-geophysikalischen Anfangsbedingungen stabil, ist es das einzig mögliche? Ist es transitiv oder intransitiv (LORENZ 1970)? Kann es – was etwa die anscheinend periodischen Schwankungen des globalen Eisvolumens auf den Kontinenten (Kap. G) oder die Struktur z. B. von Gleichungen 4ten Grades nahelegen – zwischen zwei quasistabilen Extremen oszillieren? Die Diskussion über diese wichtigen Fragen ist noch keinesfalls abgeschlossen (z. B. LORENZ 1979; FLOHN 1980). Die meisten Autoren bejahen einen „fast-intransitiven" Charakter des Klimas im Sinne von LORENZ: rasche Umstellungen („Kippschwingungen") von einem auf einen anderen, nur quasi-stationären Zustand, ohne daß wir Zeitskala und Auflösung solcher „abrupten" Umstellungen heute schon klar definieren können (Kap. F. 3. und G. 5.). Zwar hat der (als Wolkenphysiker hervorragend bekannte) Direktor des British Meteorological Office, SIR JOHN MASON, auf der Genfer Konferenz die „Robustheit" des Klimasystems betont. Sieht man aber die Klimageschichte nicht erst seit 1660, sondern im Zusammenhang der ganzen Erdgeschichte (ca. 4.5 Milliarden Jahre), einschließlich der abrupten Klimaänderungen (Kap. G. 5. und F. 2.), dann wird rasch klar, daß diese Robustheit tatsächlich in 99 % der gesamten Zeit gelten mag, aber in dem entscheidenden Rest eben nicht. Aus diesem Grunde müssen wir LORENZ recht geben; eine ahistorische, auf viel zu kurzen Erfahrungen beruhende Auffassung ist heute nicht mehr haltbar.

Für die Klimatologie besonders wichtig sind die prinzipiell einfachen, eindimensionalen Strahlungsmodelle (mit Höhe oder Luftdruck als Dimension), unter Kombination von Strahlungsgleichgewicht mit konvektivem Gleichgewicht (z. B. MANABE u. WETHERALD 1967). Hier können alle fundamentalen, strahlungswirksamen Parameter (Solarkonstante, Oberflächenalbedo, Zusammensetzung der Atmosphäre, Partikelgehalt, Wasserdampf und Bewölkung) vorgegeben werden. Als Beispiel sei hier nur das Modell von

Augustsson u. Ramanathan (1977) (Abb. 16) angeführt (Kap. D. 3.). Leider ist die wichtigste Abhängigkeit von Jahreszeiten und Breite bisher nur vereinzelt untersucht worden. Wenn auch diese Modelle im Prinzip leicht durchschaubar sind, so enthalten sie doch physikalische Probleme, die einer schnellen Lösung noch unzugänglich sind. Hierzu gehört die Wechselwirkung zwischen Strahlung (abhängig von Wellenlänge bzw. Frequenz), Wolken (abhängig von Größenspektrum und Zahl der Wassertröpfchen und Eisteilchen) und der Beteiligung von Aerosolpartikeln; auf Einzelheiten kann hier nicht eingegangen werden. Eine einfache Abschätzung ergibt, daß eine Änderung der mittleren Bewölkung um 1% (s. Tab. 8 S. 98) eine kleine, aber nicht zu vernachlässigende Änderung der Gleichgewichtstemperatur herbeiführt. Beunruhigend ist hierbei, daß eine derartige Änderung weder anhand der konventionellen Wetterbeobachtungen noch anhand der heute zugänglichen Satellitendaten entdeckt werden könnte: beide Datensätze enthalten systematische, entgegengesetzt gerichtete Beobachtungsfehler von der Größenordnung 10 bis 15% der Himmelsbedeckung.

Inzwischen sind verschiedene Modellrechnungen erschienen (Cess 1976, 1977; Manabe u. Wetherald 1980), die – wiederum unter vereinfachten Voraussetzungen – zeigen, daß der durch mangelhafte Berücksichtigung der Wolken eintretende Fehler kleiner ist als vielfach befürchtet. Ein Argument darf hier nicht vergessen werden: abgesehen von den stabilen Stratus- und Stratocumulusdecken an tiefliegenden Inversionen, entstehen Wolken fast immer im aufsteigenden Luftstrom und lösen sich im absteigenden Strom auf, sei es in der Skala konvektiver Prozesse (1–10 km) oder frontaler Vorgänge (~100 km). Der Erhaltungssatz der Masse sorgt dafür, daß Absinken und Aufsteigen sich stets etwa die Waage halten. Zunahme von CO_2 führt zwar zu einer Zunahme des Wasserdampfgehalts, aber zugleich zu einer Labilisierung der Troposphäre und zu einer Abnahme der Häufigkeit stabiler Stratusbewölkung. Der Hinweis auf die ungeklärte Rolle der Bewölkung als Argument gegen die aus anderen Modellen gezogenen Schlußfolgerungen ist keinesfalls überzeugend, sollte aber doch zur Vorsicht mahnen.

Im Vordergrund des Interesses stehen die großen, „komprehensiven“ dreidimensionalen Zirkulationsmodelle (MASON, REISER u. RENNER 1980); sie beschränken sich meist auf die Atmosphäre und nehmen die zeitabhängigen Prozesse des „Wetters“ mit. Es sind im Grunde Modelle zur Wettervorhersage, die „mit roher Gewalt“ über Monate und Jahre hinweg integriert werden, nun aber mit besonders sorgfältiger Behandlung der energetisch wirksamen Prozesse und Ansätze zum Einbau der Wechselwirkungen an der Untergrenze der Atmosphäre: Schnee und Eis, jahreszeitliche Wärmespeicherung im Boden, auch im Ozean (MANABE u. STOUFFER 1980). Wegen der Mitnahme zeitabhängiger Prozesse – deren Resultate allerdings meist nur in Form von Mittelwerten und statistischen Maßzahlen ausgegeben werden – sollte man eigentlich von vierdimensionalen Modellen sprechen, die aber fast immer nur die schnell ablaufenden Vorgänge berücksichtigen. Besonders wichtig ist die Behandlung des Jahresganges, der in der Tat ein brauchbares Modell für die größten Klimaschwankungen der Vergangenheit darstellt; wir kommen auf diese fundamentale Analogie noch zurück.

Die Berücksichtigung der ozeanischen Transportvorgänge (die in einzelnen Breitenzonen bis zu 40% zum meridionalen Wärmetransport Äquator–Pol beitragen) und der Wechselwirkung zwischen Wind und Oberflächenströmung ist bisher nur in grober Näherung möglich gewesen. Hierzu gehört etwa das erste Wechselwirkungsmodell (MANABE u. BRYAN 1973) mit idealisierter Topographie, das das äquatoriale Aufquellen (Kap. B. 3.) wegen der hemisphärischen Symmetrie übertrieben wiedergab. Fortgeschrittene Wechselwirkungsmodelle sind u. a. im Geophysical Fluid Dynamics Laboratory in Princeton (New Jersey), am National Center of Atmospheric Research in Boulder (Colorado) sowie an einigen Universitäten in Entwicklung. Besondere Erwähnung verdienen hierbei die Modelle von MANABE, BRYAN u. SPELMAN (1979) sowie das von WASHINGTON, SEMTNER u. a. (1980) und die Ozeanmodelle von L. GATES und Mitarbeitern (Oregon State University). Ein bedeutendes Hindernis für die Entwicklung eines echten Mehrphasen-Wechselwirkungsmodells besteht in unserer unzureichenden Kenntnis der ozeanischen Bewegungsvorgänge: am Rande der baroklinen, an den Westseiten der Ozeane verstärkten Strömungen vom Typ des

Golfstromes bilden sich ständig zyklonale und antizyklonale Wirbel mit einem Durchmesser der Größenordnung von 100 bis 200 km („meso-skalig"), aber mit einer Lebensdauer von einigen Monaten und z. T. beträchtlicher Tiefe. Über deren Rolle etwa beim Wärmetransport weiß man mangels eines synoptischen Sondierungsnetzes erst sehr wenig, ihre Parametrisierung ist bisher kaum möglich, ihre individuelle Behandlung in einem globalen Modell ausgeschlossen. Inzwischen arbeitet auch das Max-Planck-Institut für Meteorologie in Hamburg (K. Hasselmann) an einem neuartigen Ozeanmodell.

Da auch bei diesen Zirkulationsmodellen notwendig viele an sich wichtige Vorgänge entweder ganz vernachlässigt oder nur grob parametrisiert werden können, kann ein solches Modell naturgemäß die wirklichen klimatogenetischen Vorgänge nur näherungsweise simulieren. In Wirklichkeit handelt es sich stets um Experimente über die Sensitivität des Modells gegenüber Änderungen externer oder interner Parameter. So erscheinen die Modellergebnisse etwa der Verteilung der zonalen Windkomponente in einem (über die Breitenkreise gemittelten) Meridian-Vertikalschnitt auf den ersten Blick im Vergleich zur Wirklichkeit sehr befriedigend. Beim zweiten Blick erkennt man jedoch z. B. eine Verschiebung der Position des Kerns der Westwinde um 500 bis 1000 km horizontal, um 2 bis 3 km vertikal, um 10 bis 20% in der Stärke; diese Abweichungen können sich für eine praktische Anwendung, für eine Klimavorhersage schädlich auswirken. Das gilt besonders für die Klimaparameter am Boden, z. B. Niederschlag oder Verdunstung. Wie bei der Wettervorhersage sind diese Abweichungen größer als in der Troposphäre – eine Folge der groben horizontalen Maschenweite der Modelle (ca. 400 km = 3–4 Punkte in der Bundesrepublik).

Wie eine kalte Dusche wirkt hier das Ergebnis eines der früheren (inzwischen längst überholten) Modelle der Princeton-Gruppe, das den Jahresgang mit Vorgabe der variablen Einstrahlung der Sonne und variablen Oberflächentemperatur des Meeres erfaßt (Manabe u. Holloway 1975). Hier wurden die simulierten Jahresgänge von Temperatur und Niederschlag auf dem Festland in Form der Klimatypen nach Köppen ausgedrückt und mit deren wirklicher Verteilung verglichen. Wenn auch charakteristische Züge der geographischen Anordnung der Klimatypen gut wiedergegeben sind, so treten doch grobe Abweichungen auf, die geeignet sind, den mit hohen Erwartungen herantretenden „Kunden" zu ernüchtern. So simuliert das Modell z. B. in Südchina Wüsten- bzw. Steppenklima, ebenso in Bengalen/Assam und Nordindien, während das (aride) Nordosthorn Afrikas ein tropisch-feuchtes Savannenklima erhält. Ebenso herrschte in Texas und Oklahoma Wüsten- bzw. Steppenklima, und subarktisches Tundrenklima erfaßt Norwegen bis etwa 64° N, Nordchile und Patagonien. Diese (heute obsolete, durch neue Modelle längst überholte) Kritik soll nur zeigen, auf welche Einzelheiten jeder ernsthafte Test eingehen muß: es sind die regionalen Klimate in der Größenordnung 10^5 km^2 (= 40 % der Fläche der Bundesrepublik Deutschland), für die eine Aussage erwartet wird, d. h. für Gebiete von 0.02 % der Gesamtfläche der Erde. Das ist jedem Teilnehmer an der Welt-Klima-Konferenz mit großer Eindringlichkeit klar geworden; eine objektive Prüfung der Aussagen über das Klima in Bodennähe, den Wasserhaushalt und seine jahreszeitliche Variation wird zu einer unverzichtbaren Forderung an die Modellbauer.

Wiederholte Sensitivitätstests der Modelle mit den gleichen Anfangs- und Randbedingungen zeigen immer wieder eine überraschend große interne Variabilität der Ergebnisse. Das zwingt die Modellbauer dazu, die vorgegebenen Änderungen der externen Parameter (z. B. die direkte anthropogene Wärmezufuhr) unrealistisch groß zu machen, um das „Signal" aus dem „Rauschen" heraustreten zu lassen. Darüber hinaus zwingt es zur Durchführung ganzer (kostspieliger) Versuchsserien mit dem gleichen Modell, um dieses Hintergrund-Rauschen quantitativ erfassen zu können.

Andererseits erfordert die Beurteilung der Modellergebnisse eine Prüfung der physikalischen (aber auch der mathematischen) Modellgrundlagen: es gibt zu viele Beispiele, in denen aus physikalisch unvollständigen, nur als Näherung gedachten Modellen weittragende Ergebnisse abgeleitet wurden. Immer wieder muß betont werden, daß es sich in jedem Fall um Sensitivitätstests der Modelle handelt, die als „innere Scheinbilder der Gegenstände" aufzufassen sind, nicht als realistische Abbilder der Wirklichkeit. Diese kritischen Bemerkungen sollen in keiner Weise die Bewunderung gegenüber den besten der bisher vorliegenden Ergebnissen herabsetzen: die enorme Kompliziertheit des Klimasystems mit seinen ganz verschiedenartigen Subsystemen, Wechselwirkungen und Zeitskalen übertrifft jedes andere physikalische System, das bisher modellmäßig erfaßt worden ist. Allein das geographische Mosaik der Parameter der bodennahen Schichten (Albedo, Vegetation, Wassergehalt des Bodens, Rauhigkeit) zwingt zu einer starken Vergröberung. Die notwendige Ausdehnung auf die ganze Erde läßt andererseits eine feinere Horizontalskala höchstens für ausgewählte Gebiete („Nester") zu. Kompromisse werden hier wohl immer unvermeidlich sein, da die vertikale Auflösung wegen der physikalischen Prozesse (Reibung, Strahlung) nicht unter einen Mindestwert sinken darf. Auf die einzelnen Modelltypen und deren Ergebnisse vergleichend einzugehend, ist schon aus Raumgründen nicht möglich (Bach 1982; Schlesinger 1982); einige Resultate werden in den folgenden Kapiteln zum Vergleich herangezogen.

Während die Mehrzahl der großen Modelle die zeitabhängigen Glieder berechnet und damit zugleich statistische Maßgrößen liefert, haben inzwischen Leith (NCAR, Boulder) und vor allem Hasselmann und Mitarbeiter (Max-Planck-Institut für Meteorologie, Hamburg) stochastische Modelle entwickelt, die viele Fachleute für besonders vielversprechend halten. Bei ihnen wird bewußt auf große Teile der Information verzichtet (Herterich 1980), während die Rechnung sich auf bestimmte statistische Eigenschaften beschränkt. So vollzieht sich die Wechselwirkung Atmosphäre–Ozean in zwei Stufen: ein rasch veränderlicher, durch den Wechsel der Wetterlagen gesteuerter Austausch von Wärme, Wasserdampf und Impuls, von dem wir nur die mittleren Eigenschaften zu kennen brauchen, und dessen langfristige Rückwirkung vom Ozean (oder Treibeis) auf die Atmosphäre (Zeitskala Monate), die uns im Rahmen des Klimaproblems allein interessiert. Besonders interessant ist das Verfahren der inversen Modellierung, bei dem die freien Parameter eines Klimamodells aus den vorliegenden empirischen Daten möglichst gut abgeschätzt werden (Lemke 1980). Von einem solchen Modell wird man mindestens für das aktuelle Klima, unter Verzicht auf die (hier weniger interessierende) zeitliche Entwicklung, eine realistische Lösung erwarten können. Ob Modelle dieser Art für andere Klimazustände (etwa Eiszeit oder Warmzeit) extrapoliert werden dürfen, wird man abwarten müssen.

Die meisten Modellrechnungen beziehen sich auf den Fall eines Gleichgewichtes; die Simulation der Übergänge von einem Klima in ein anderes ist bisher nur vereinzelt behandelt worden (SCHNEIDER u. THOMPSON 1981). Wenn auch die jahreszeitliche Verlagerung der Witterungszonen und damit der Jahresgang des Klimas das markante Beispiel für Verschiebungen der atmosphärischen Zirkulation darstellt, so ist doch seine Simulation allein noch keine ausreichende Behandlung des Problems. Das gilt auch für die Versuche, anhand des heutigen Jahresganges künftige Klimazustände abzuschätzen (SERGIN 1980); es kann sich hierbei nur um einen groben Vergleich erster Näherung handeln. Auf jeden Fall muß man hier mit Hysteresiseffekten rechnen; Verzögerungen des Jahresganges um 1 bis 3 Monate sind in der klassischen Klimatologie wohlbekannt und auch schon von MILANKOWITCH (1930) in seine frühen Modellrechnungen einbezogen worden. Wegen der zentralen Rolle der Klimamodelle auch für Szenarien, die auf paläoklimatologischen Daten beruhen, müssen wir auf den Problemkreis der vielen Klimamodelle, die sich mit der Auswirkung des wachsenden Gehalts der Atmosphäre an CO_2 und anderen im Infrarot absorbierenden Spurengasen beschäftigten, noch einmal eingehen, nunmehr in Form einer bewußt vereinfachten Synthese erster Näherung (Kap. E. 2.).

2. *Eine vereinfachte Synthese*

Die inzwischen wiederholt durchgeführten Vergleiche (BACH 1982; SCHLESINGER in CLARK [Hrsg.] 1982: ›Carbon Dioxide Review‹) der Modellergebnisse – wobei man meines Erachtens diejenigen mit unrealistischen Voraussetzungen und entsprechend unrealistischen Ergebnissen ausschalten sollte – lassen sich approximativ zusammenfassen in einem null-dimensionalen Modell, das (wie bei FRAEDRICH 1978) von der Strahlungsbilanz des Systems Erde +

Atmosphäre ausgeht, das aber als Variable gleich die Temperatur T_{sf} der Luft in Nähe der Erdoberfläche enthält, und in dessen Parameter die Ergebnisse der zahlreichen Modellrechnungen eingebaut werden können. Wir gehen aus von der mehrfach (Kap. D. 3. und E. 1.) erwähnten Strahlungsbilanz Q des Systems Erde + Atmosphäre (E_o = extraterrestrische Ausstrahlung)

$$Q = (1 - a_p)\frac{S_o}{4} = E_o \uparrow$$

mit einer Solarkonstanten $S_o = 1368\ W/m^2$ und der (zeitlich variablen, in erster Linie von der Bewölkung abhängigen) planetarischen, d. h. extraterrestrischen Albedo a_p, für die wir als beobachteten Näherungswert 0.294 einsetzen. Damit wird $Q = 240\ W/m^2$, mit einer Unsicherheit von der Größenordnung $\pm 1\,\%$. Die planetarische Albedo a_p setzt sich zusammen aus der – jeweils mit der Fläche gewichteten – mittleren Albedo a_c der Wolkenoberfläche mit einem mittleren Wolkenanteil N, aus der Albedo der wolkenfreien Erdoberfläche a_s und der Albedo des atmosphärischen Dunstes a_d (hier beschränkt auf die Dunstschicht der unteren Troposphäre unterhalb der Wolkenobergrenze):

$$a_p = Na_c + (1 - N)(a_s + a_d)$$

Den Anteil stratosphärischen Dunstes vulkanischer Herkunft vernachlässigen wir hier als erste grobe Näherung; er müßte sowohl in a_c wie in a_d zusätzlich auftreten. Für eine wolkenfreie, aber dunsterfüllte Atmosphäre ergibt sich aus Satellitendaten (Raschke u. a. 1973) eine Minimum-Albedo $a_s + a_d = 0.16$; mit $a_s \sim 0.15$ ergibt sich $a_d \sim 0.01$, wobei der Anteil anthropogener Dunstpartikel auf nur etwa 30 % geschätzt wird. Aus den Bodenbeobachtungen ergibt sich (wegen der Überschätzung der horizontnahen Bewölkung sicher zu hoch) $N = 0.52$ und damit ein gewogener Mittelwert $a_c = 0.418$; für $N = 0.45$ (0.40) sollte sich a_c auf 0.458 (0.495) erhöhen. Mit gegebenem a_c läßt sich nunmehr der Effekt einer Änderung von N auf a_p und damit E_o abschätzen; mit $a_c = 0.418$ nimmt E_o bei einer Bewölkungszunahme von 0.52 auf 0.53 um 0.85 W/m^2 ab. Ebenso ermittelt man den Effekt (hypothetischer) kleiner Änderungen von

Tab. 8: Energiehaushalt und Sensitivität des Klimasystems

Energiehaushalt		W/m^2
Solarkonstante		1368
Strahlungsbilanz, Obergrenze der Atmosphäre		240
Strahlungsbilanz, Erdoberfläche		102
Geothermischer Wärmestrom		0.06
Photosynthese (Land)		0.16
Nutzenergie (Land)		0.06
Sensitivität		W/m^2
Solarkonstante (senkrecht)	+ 1 %	+ 2.40
Planetarische Albedo (0.294)	+ 0.01	− 3.36
Mittlere Bewölkung (.52)	+ 0.01	− 0.85
Anthropogenes Aerosol, Streuung	30 % Anteil	− 1
CO_2-Gehalt (300 ppm)	× 2	+ 6.5 (± 1.3)
Temperatur Erdoberfläche (288 K)	+ 1 K	+ 1.8 (± 0.4)

S_o: einer Zunahme von S_o um 1 % entspricht eine Zunahme von Q um 2.40 W/m^2. Die Modellrechnungen der Gruppe MANABE zeigen, daß die großräumigen Klimaänderungen infolge CO_2-Änderung nahezu identisch sind mit denjenigen als Folge linearer Änderung von S_o (Tab. 8).

Nun läßt sich E_o an der Obergrenze der Atmosphäre in Abhängigkeit von der Oberflächentemperatur T_{sf} und dem CO_2-Gehalt (einschließlich der infrarot-absorbierenden Spurengase) approximativ durch eine einfache Gleichung darstellen (siehe auch SCHNEIDER u. THOMPSON 1981; HOFFERT u. a. 1980; BACH 1980a, S. XXI), wobei Δ jeweils die Abweichung einer Größe von ihrem „ungestörten" Referenzwert (*) bedeutet:

$$\Delta E\,(T_{sf}, CO_2 + \text{Spurengase}) = B\Delta T_{sf}^{-} - n\,C \ln A$$

Mit ΔA als Zunahme des CO_2-Gehaltes $\Delta A = \frac{\Delta CO_2}{CO_2^*}$ und einem der Einfachheit halber auf $CO_2^* = 300$ ppm festgesetzten Referenzwert geht der aktuelle CO_2-Wert $A = 1 + \frac{\Delta CO_2}{CO_2^*}$ ein.

Setzen wir nun Strahlungsgleichgewicht voraus ($\Delta E = O$), dann ergibt sich eine einfache Beziehung

$$\Delta T_{sf} = \frac{nC}{B} \ln \Delta A = D \ln \Delta A$$

In dieser Gleichung kann die Kombination der drei Parameter B, C und n durch D ersetzt werden. Dabei liegt der modellabhängige Parameter B – RAMANATHAN (1981) bezeichnet (s. auch DICKINSON in CLARK [Hrsg.] 1982: ›Carbon Dioxide Review‹) $l = B^{-1}$ als „klimatischen Rückkoppelungs-Parameter" – im Mittel bei 1.8 (± 0.4) W/m^2K (Tab. 8). Ebenso läßt sich der Parameter C für eine Verdoppelung des CO_2-Gehalts aus verschiedenen Modellen zu $C = 6.5$ (± 1.3) W/m^2 abschätzen.

In diesem Modell läßt sich auch die Zunahme des Glashauseffektes durch weitere im Infrarot absorbierende Spurengase einbeziehen (WANG u. a. 1976, 1980; RAMANATHAN 1980; DONNER u. RAMANATHAN 1981; HANSEN u. a. 1981). Setzt man

$$n = \frac{\Delta Q \text{ (alle Spurengase)}}{\Delta Q \text{ (}CO_2\text{ allein)}},$$

dann ergibt sich (siehe auch FLOHN in WILLIAMS 1978)

$$\frac{CO_2 \text{ (virtuell)}}{CO_2^*} - \left(\frac{CO_2}{CO_2^*}\right) n = \left(1 + \frac{\Delta CO_2}{CO_2^*}\right) n$$

Während die oben (Kap. D. 4.) angegebene Abschätzung eines Zuschlags von 50% (entsprechend $n = 1.5$) eine erste, grobe Näherung war, hat nunmehr RAMANATHAN (1980, Tabelle 2) aufgrund neuer Daten $n = 1.53$ für den Ausgangspunkt 1975 ($CO_2^* =$ 335 ppm) und $n = 1.77$ für den Ausgangspunkt 1880 ($CO_2^* = 290$ ppm) angegeben. Mit $B = 1.8$, $C = 6.5$ W/m^2 und n (dimensionslos) $= 1.5$ wird $D = nCB^{-1}$ rund 5.5, allerdings mit einer erheblichen Unsicherheit. Für einen Überblick über diese Unsicherheiten stellen wir (FLOHN 1981) die Gleichung $\Delta T_{sf} = D \ln\Delta A$ in Form

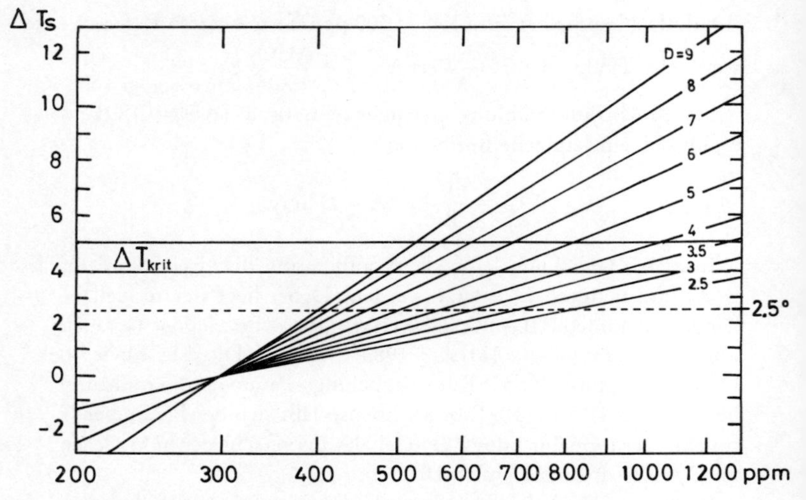

Abb. 20: Zusammenhang (vereinfacht) zwischen CO_2-Gehalt der Atmosphäre und Änderung der Mitteltemperatur (T_S) der Erdoberfläche. Parameter D = n C/B (siehe Text). Kritische Schwelle für $\Delta T_s = + 4-5°$ C.

Quelle: Flohn 1981, S. 187.

eines Strahlenbündels für den (modellabhängigen, dimensionslosen) Parameter D in einem Koordinatensystem aus ΔT_{sf} und einer logarithmischen Skala für den realen CO_2-Gehalt dar (Abb. 20).

Nach neuesten Erörterungen (besonders durch Ramanathan u. McDonald, s. auch Clark [Hrsg.] 1982: ›Carbon Dioxide Review‹) ist es nicht zweckmäßig, für n einen konstanten Wert einzusetzen: die Wachstumsraten liegen für einige dieser Gase deutlich höher als für CO_2, und vor allem ist die Verweilzeit in der Atmosphäre nach den vorliegenden Abschätzungen z. T. erheblich größer (Kap. D.4.) als die des Kohlendioxyds.

Eine richtigere Lösung schien 1982, anstelle von n = 1.5 (Flohn 1978) n = 1.3 zu setzen, aber in einem Zeitraum von etwa 50 Jahren auf 1.7 anwachsen zu lassen. Damit ändert sich natürlich auch D: eine lineare Zunahme von n entspricht einer stärkeren Neigung von

D (nach oben gekrümmt). Über den kritischen Temperaturbereich wird in Kapitel H noch eingehend zu sprechen sein. Die oben erwähnten Daten, besonders die Rolle des troposphärischen Ozon (Kap. D. 4.), machen für D einen Wert nahe 7 wahrscheinlich.

Dieses vereinfachte Kombinationsmodell erlaubt einen Vergleich der Auswirkungen verschiedener Effekte. Neuere Zusammenfassungen der Temperaturen in den Tropen und auf der Südhalbkugel zeigen, daß in diesen Gebieten in den letzten Dekaden keine signifikante Abkühlung, in den höheren Südbreiten (Neuseeland, subantarktische Inseln) sogar eine Erwärmung eingetreten ist. Die Resultate von der Nordhalbkugel ab etwa 20° N sind nicht repräsentativ (Abb. 14, 15) für die ganze Erde.

Aus den verfügbaren Satellitendaten haben LEMKE, TRINKL und HASSELMANN (1980) eine Abnahme des Treibeises für beide Polargebiete gefunden, ebenso KUKLA und GAVIN (1981). Dieser kurzfristige Trend hat sich aber 1981 wieder umgekehrt.

Andererseits haben HANSEN und Mitarbeiter (NASA, 1981) die Temperaturen für insgesamt 80 flächengleiche Gebiete analysiert (Abb. 14). Hier beschränkt sich die Abkühlung zwischen 1940 und 1970 auf die mittleren und höheren Breiten der Nordhalbkugel, während auf der Südhalbkugel die kurzfristigen Schwankungen eine überlagerte schwache Erwärmung erkennen lassen. Der globale Mittelwert – die Einzelheiten der Rechnung werden allerdings nicht mitgeteilt – fällt von 1940 auf 1970 nur um etwa 0.2° C; in den 70er Jahren überwiegt wieder ein leichter Anstieg. Zugleich legt die NASA-Arbeitsgruppe einen neueren Vergleich dieser Daten mit einem einfachen Modell vor, das die Wärmespeicherung durch einen 100 m tiefen durchmischten Ozean – in einer Version noch erweitert durch eine schwache Wärmeableitung in den Tiefozean –, den CO_2-Effekt, die Vulkanstaubtrübung und einen hypothetischen Effekt der Sonne (nach HOYT 1979a) enthält. Nach diesem Modell erklären CO_2 und Vulkanismus 75 %, der solare Effekt weitere 15 % der beobachteten Varianz, so daß nur ein Rest von 10 % als statistisches Rauschen übrig bleibt. Diese Interpretation, deren Einzelheiten (besonders die Rolle der Variabilität der Sonne) noch abgewartet werden müssen (s. auch GILLILAND 1982), läßt die globale Temperaturreihe bis auf einen kleinen Rest als deterministisch bestimmt erscheinen. Wichtig für unsere Betrachtung ist vor allem die volle Berücksichtigung der Ozeantemperaturen, die leider auch nicht frei von systematischen Fehlern sind.

3. Analogfälle und Szenarien

Überblicken wir den derzeitigen Stand der Klimamodelle vom Gesichtspunkt des kritischen Anwenders, dann müssen wir klar sehen, welche Forderungen die Anwendung für praktische Fragen (Energiepolitik, Welternährung, Wasserwirtschaft) an eine Vorhersage des Klimas stellt. Dies hat bei den Vorbereitungen zur Welt-Klima-Konferenz (Genf 1979) vor allem der sowjetische Vertreter E. K. FEDOROV († 1982, Mitglied der Akademie der Wissenschaften und des Präsidiums des obersten Sowjets) scharf betont: hier genügen allgemeine Aussagen über ganze Halbkugeln oder Breitenzonen keinesfalls. Da die heutigen Klimaschwankungen (in der Zeitskala 1–10 Jahre und mehr) überwiegend advektiv bedingt sind, im Zusammenhang mit quasistationären Anomalien der atmosphärischen Zirkulation (warme Hochdruckrücken und kalte Höhentröge), treten immer positive und negative Abweichungen von Temperatur und Niederschlag gleichzeitig und nebeneinander auf; diese sind dem Betrag nach wesentlich größer als Mittelwerte für ganze Breitenzonen.

Gute Beispiele hierfür geben die Monatskarten des Berichtes ›Großwetterlagen Europas‹, die das Zentralamt des Deutschen Wetterdienstes in Offenbach seit 1949 herausgibt; hierin zeigt sich, daß die Verteilung von Temperatur und Niederschlag in großräumiger Sicht durch die Höhenkarten in 500 mb, besonders aber 300 und 200 mb (entsprechend etwa 5.5, 9 und 12 km Höhe) kontrolliert werden.

Aber was bedeuten diese Klimaänderungen für die landwirtschaftliche Produktion, für Wasserversorgung, für die in ihren Erträgen (wegen Überfischung) zurückgehende Weltfischerei und für viele andere klimaabhängige Wirtschaftszweige? Einen Einblick in diese Abhängigkeit vom Klima liefert der noch von Präsident Carter in Auftrag gegebene Bericht ›Global 2000‹ der US-amerikanischen Regierung. Seine Hauptschwäche liegt allerdings darin, daß er auf das Jahr 2000 abstellt, auf einen Zeitpunkt also, wo die anthropogenen Klimaschwankungen voraussichtlich gerade eben die Nachweisgrenze erreichen, aber die natürlichen Schwankungen noch immer dominieren. Diese aber sind zur Zeit noch unvorhersagbar: das gilt für Schwankungen der Sonneneinstrahlung ebenso wie für Vulkanausbrüche. Auch auf dem Gebiet der internen Rückkoppelungen – zwischen Ozean und Atmosphäre (z. B. das Aufquellen des Ozeans, siehe Kap. B. 3.), mit dem Treibeis – beginnen gerade erst intensive Untersuchungen, bei denen wiederum Empirie, Statistik und Modellrechnungen zusammenwirken müssen, wenn bei den vielen Freiheitsgraden des klimatischen Systems wirklich verläßliche Aussagen gewonnen werden sollen. Aus diesem Grunde sind die Klimaaussagen dieses Berichts so widerspruchsvoll; für das Jahr 2030 wären die durch eine Fragebogenaktion bei Experten gewonnenen Aussagen zweifellos viel eindeutiger ausgefallen.

Andererseits ist die Forderung nach einer regional differenzierten Aussage über die künftige Klimaentwicklung in vollem Umfang berechtigt. Für jede Entscheidung, die diese beeinflussen soll, ist eine überzeugende Begründung notwendig. Hierzu sind neben einer Aussage über die Klimaentwicklung Hinweise auf ihre Folgen für Wasserversorgung, Energiekonsum, Landwirtschaft, Fischerei usw. nötig: diese Impakte des Klimas lassen sich aber nur abschätzen, wenn zahlenmäßige Angaben zur Verfügung stehen.

Die Zukunftsforschung arbeitet viel mit Szenarien: das sind Drehbücher zu einem Film, der mögliche, in sich widerspruchsfreie Entwicklungen und Zustände beschreibt. Hier aber suchen wir Analogiefälle aus der Vergangenheit, Klimazustände früherer Kalt- und Warmzeiten als empirische Modelle für mögliche Zustände der Zukunft, wobei die geophysikalischen Ursachen dieser früheren Zustände durchaus von dem abweichen können, was wir in der Zukunft erwarten. Wie die Ursachen verschieden sind, so kann auch die Zeitskala recht verschieden sein. Worauf es ankommt, sind in erster Linie die räumlichen Zusammenhänge, die durch die fundamentalen Klimaparameter astro- und geophysikalischer Art gegeben sind. Hierzu gehören die Erdbahnelemente (Kap. G. 5.) und die Solarkonstante, die Rotationsgeschwindigkeit der Erde, die Verteilung von Land und Meer, die Anordnung der Gebirge usw. Diese Parameter bestimmen als Randbedingungen die räumliche (und jahreszeitliche) Anordnung der Klimate auf der Erde. Kennen wir diese z. B. für eine frühere Warmzeit, in der die fundamentalen Parameter die gleichen waren, dann können wir einen künftigen möglichen Klimazustand anhand weniger Zahlenwerte auch empirisch näherungsweise rekonstruieren.

Einer der wichtigsten – eigenartigerweise in der Literatur nur vereinzelt herangezogenen – Klimaparameter ist das meridionale Temperaturgefälle zwischen dem Äquator und den beiden Polen. Dessen Bedeutung erhellt das erwähnte Zirkulationstheorem von Bjerknes, hier zusammen mit dem vertikalen Temperaturgefälle der Troposphäre, das in erster Näherung von Wasserdampf und CO_2-Gehalt der Atmosphäre abhängig ist. Dieses meridionale Temperaturgefälle dT/dy (längs isobarer Flächen) wird in der Theorie der Zirkulation der Planetenatmosphären gerne als thermische Rossby-Zahl angegeben: sie drückt den von dT/dy abhängigen thermischen Wind in Einheiten der Rotationsgeschwindigkeit der Erde aus (s. a. Flohn 1968). Als Näherung verwendet Sergin (Wladiwostok; 1980) die aus den Temperaturen in Bodennähe abgeleitete Kibelsche Zahl.

Noch wichtiger als das meridionale Temperaturgefälle ist aber die Mitteltemperatur der Atmosphäre T_m und ihre Änderung als Funktion des Strahlungshaushalts (einschließlich Albedo und Bewölkung) und damit der Zusammensetzung der Atmosphäre (Budyko 1969; Fraedrich 1978). Rechnen wir mit einer globalen Erwärmung, dann können wir als Analogfälle geeignete Warmphasen der Vergangenheit anhand charakteristischer Schwellenwerte der Änderung der globalen Mitteltemperatur gegenüber heute auswählen; sie läßt sich näherungsweise aus den vorliegenden Schätzwerten für das Vorzeitklima abschätzen. Diese Änderung (ΔT_m) können wir über eines der eindimensionalen, radiativ-konvektiven CO_2-Temperaturmodelle (Kap. D. 3.) mit dem virtuellen CO_2-Gehalt in Verbin-

Tab. 9: Kombinierter Glashauseffekt und paläoklimatische Warmphasen: hemisphärische Temperaturveränderung ΔT und äquivalenter CO_2-Gehalt (ppm)

ΔT	Paläoklimatische Warmphasen	virtueller CO_2-Gehalt[1]	realer CO_2-Gehalt[2]
+ 1.0 C	Frühmittelalter (ca. 1000 n. Chr.)	420– 490	385–420
+ 1.5 C	Holozänes Klima-Optimum (ca. 6000 Jahre vor heute)	475– 580	420–490
+ 2.0 C	Eem-Interglazial (i.e.S.,	530– 670	460–555
+ 2.5 C	120000 Jahre vor heute)	590– 760	500–610
+ 4.0 C	Eisfreier Arktischer Ozean (Jungtertiär, vor 13–3.5 Millionen Jahren)	780–1150	630–880[3]

[1] unter der Voraussetzung n = 1.0
[2] unter der Annahme n = 1.5
[3] mit n = 1.7 (Kap. E. 2.): 550–750 ppm.

dung bringen; damit wird also der kombinierte Glashauseffekt aller im Infrarot absorbierenden Spurengase verwendet (Kap. D. 4.; E. 1.).

Die als Analogfälle in erster Linie in Betracht kommenden Klimaphasen der Vergangenheit, die in den Kapiteln G und H im Detail besprochen werden sollen, werden in Tabelle 9 zusammengestellt. Die Werte von ΔT_m sind aus Schätzungen der Vorzeitklimate abgeleitet, können also genähert als „Beobachtungen" gelten. Die zugehörigen, äquivalenten Werte des *virtuellen* CO_2-Gehalts sind aus den beiden Modellvarianten des Modells von AUGUSTSSON und RAMANATHAN unter der Annahme n = 1.0 (d. h. keine weiteren im Infrarot absorbierenden Spurengase, außer H_2O) hergeleitet. Will man die Rolle der übrigen Spurengase einbeziehen (hier mit n = 1.5), dann ergeben sich die Werte der letzten Spalte.

Um jedes Mißverständnis zu vermeiden, muß betont werden, daß sich diese CO_2-Werte nicht auf die Warmphasen der Vergangenheit beziehen, sondern auf die der Zukunft. Die ΔT_m-Werte der Vergangenheit können durchaus andere physikalische Ursachen haben (Solarkonstante, Wasserdampfgehalt, Bodenalbedo u. a.). Nach den neuesten Daten sind allerdings signifikante Änderungen des CO_2-Gehalts zum Höhepunkt der letzten Eiszeit und während der holozänen Warmphase eingetreten (Kap. D. 3. und G. 3.), die sicher an den Klimaänderungen mitbeteiligt waren. Aber sie waren damals, im Gegensatz zu heute, interne Änderungen innerhalb des Klimasystems, im Zusammenhang mit Wechselwirkungen mit dem Ozean (Aufquellen!) und der Biosphäre (Wald): sie waren zugleich Ursache und Folge dieser Klimaänderungen in einem noch ausschließlich natürlichen System.

Wie die Modelle, müssen auch die Analogfälle im Hinblick auf ihre Anwendbarkeit für künftige Entwicklungen kritisch überprüft werden. Hierbei erhält die Frage nach der Konstanz der Randbedingungen besonderes Gewicht: für historische Zustände ist z. B. die Land-Meer-Verteilung sicher nicht konstant (Schwankungen des Meeresspiegels um wahrscheinlich 100 bis 130 m während einer Eiszeit, tektonische Bewegungen und Gebirgsbildung). Dieses Problem muß bei den Analogfällen der Kapitel G und H jeweils erörtert werden. Andererseits laufen Variationen der Schnee- und Eisbedekkung, der Vegetation innerhalb des Klimasystems und in Wechselwirkung mit anderen Klimaparametern ab, gehören also nicht zu den Randbedingungen des Klimasystems.

Der Nutzen der Analogfälle besteht zunächst einmal darin, mögliche Klimazustände anzugeben, deren Realitätsgrad eindeutig höher ist als der reiner Vermutungen oder der von nicht sorgfältig getesteten Modellen, die wesentliche physikalische Klimaprozesse vernachlässigen oder allzusehr vergröbern. Sie liefern zugleich – wenn wir ihre räumliche Verteilung genügend genau kennen – geeignete Testobjekte für die Klimamodelle. Vor allem aber können sie als Eingangsdaten für die bisher vernachlässigten quantitativen Studien über die Auswirkung (den Impakt) der erwarteten Klimaänderungen auf Nahrung, Wasser, Energie usw. verwendet werden, die für die in naher Zukunft fälligen strategischen Zielsetzungen notwendig sind (Kellogg u. Schware 1981).

4. Das Problem der Klimavorhersage

In der Einleitung wurde eine Klimavorhersage als zur Zeit noch illusorisch bezeichnet. In der Tat ist es jetzt und wohl auch noch in absehbarer Zeit praktisch unmöglich, die beiden wichtigen natürlichen (externen) Ursachen von Klimaschwankungen und -anomalien vorherzusagen (Kap. C). Das bezieht sich einmal auf die Solarkonstante; jedoch besteht zur Zeit kein Anlaß, mit Schwankungen größer als 0.1–0.2 % zu rechnen (WILLSON 1981). Die Rolle der zeitlich variablen Anteile der Sonnenstrahlung in der Troposphäre ist noch immer kontrovers (McCORMAC 1979, PITTOCK 1978, 1982); wenn ein solcher Zusammenhang bestehen sollte, z. B. mit der hemisphärisch gemittelten "vorticity" (einer Maßzahl für die Intensität der Wirbel der oberen Troposphäre), dann läßt sich dieser nicht auf ein regionales Klima anwenden. Vulkanausbrüche sind bisher ebenso wenig nach Zeitraum und Intensität vorhersagbar wie die übrigen Phänomene der Plattentektonik der Erdkruste (Erdbeben); vereinzelte Ausnahmen bestätigen nur die Regel.

Für die externen Ursachen anthropogener Natur lassen sich nur Näherungsaussagen machen – so für die künftige Entwicklung des CO_2-Gehalts oder anderer Spurengase. Dabei muß jedesmal auf die großen Unsicherheiten hingewiesen werden, die in politisch-ökonomischen Entwicklungen in einer mehrfach gespaltenen, von Interessenkonflikten bestimmten Welt liegen. Alle Annahmen dieser Art sind weiter nichts als Szenarien, Denkspiele, deren mangelnder Wirklichkeitsgehalt vielleicht schon übermorgen grausam enthüllt werden kann: es sei nur an das Auf und Ab der Ölpreise mit seinen Auswirkungen erinnert.

Damit kommen wir auf einen anderen Vorhersagetyp: die *bedingte* Vorhersage für das Verhalten von Klimadaten in Abhängigkeit von (vorgegebenen) externen Parametern, auch als „Vorhersage zweiter Art“ bezeichnet. Die vorgegebenen Parameter werden als Prädikatoren, die vorherzusagenden Größen (z. B. Temperatur, Niederschlag) als Prädikanten bezeichnet. Vierdimensionale Klimamodelle können nicht nur Mittelwerte vorhersagen: sie erzeugen auch Statistiken von Einzelwerten, die Optimisten sogar in unrealistischer Weise als Ersatz für reale Beobachtungsdaten verwenden.

Aber wie bei der numerischen Wettervorhersage ist eine Vorhersage der ökonomisch so wichtigen *extremen Ereignisse* bisher fast unmöglich: die mathematischen Verfahren glätten bereits das Ausgangsmaterial, um Beobachtungsfehler klein zu halten, und ihre Resultate haben deshalb fast immer geringere Varianz bzw. Streuung wie die Originaldaten. Da die Vorhersage von Klimadaten notwendig sich weniger auf Punkte als auf Gebiete (Größenordnung 10^5 km^2, z. B. Süddeutschland) konzentrieren wird, ist die Untersuchung der räumlichen Struktur (z. B. Variabilität) der Klimadaten genauso wichtig wie diejenige der zeitlichen Struktur, die bisher im Vordergrund des Interesses stand. Die räumlichen Korrelationen der Monatssummen des Niederschlags haben SNEYERS und DUPRIEZ (1978) für Belgien berechnet; sie nehmen mit dem Logarithmus der Entfernung ab, im Sommer wesentlich rascher als im Winter. In Süddeutschland sind die räumlichen Korrelationen bei Gebirgsstationen allgemein höher als bei Stationen in den Niederungen (AMBS 1978); in Südindien brechen die auf das Randgebirge übergreifenden Korrelationen während des Sommermonsuns abrupt ab, während sie während der Spätherbstregen kaum gestört darüber hinausgreifen (RAATZ 1977). Das sind nur zwei Beispiele für auch prognostisch wichtige räumliche Strukturen.

Will man die oben genannten Analogfälle als Grundlage einer Vorhersage (z. B. Untersuchungen der Folgewirkungen von Klimaänderungen: Impaktstudien) verwenden, so darf die *zeitliche* Folge der Zustände nicht aus den historischen Daten hergeleitet werden. Diese Sequenz hängt in Zukunft von der Entwicklung der externen anthropogenen (und natürlichen!) Parameter ab, in der Vergangenheit dagegen von den natürlichen. Die Analogfälle können also wohl brauchbare Hinweise über die räumlichen Zusammenhänge – auch über große Entfernungen hinweg: Telekonnektionen – geben, aber nicht über die zeitliche Abfolge, die ganz anders sein kann. Auf die entscheidende Rolle der Konstanz bzw. Änderung der Randbedingungen wurde bereits hingewiesen.

F. GRUNDFRAGEN DER PALÄOKLIMATOLOGIE

1. Land- und Meerverteilung, Kontinentaldrift

Klimaschwankungen entstehen nicht nur durch Wechselwirkungen zwischen den einzelnen Subsystemen, sondern auch durch Änderungen der Randbedingungen, d. h. durch externe Einflüsse. Einige davon wurden bereits erörtert: natürliche Effekte in Kapitel C, anthropogene Effekte in Kapitel D, vorwiegend in der uns in erster Linie interessierenden Zeitskala von 1 bis 100 Jahren. Wollen wir aber Analogfälle aus der Paläoklimatologie verwenden, müssen wir notwendig auch die Änderungen der klimatischen Randbedingungen in wesentlich längeren Zeitskalen (10^3–10^7 Jahre) heranziehen: die Höhe des Meeresspiegels in ihrer Abhängigkeit vom Aufbau und Schwinden der großen kontinentalen Eisschilde (Kap. C. 3.) sowie die tektonisch bedingten Änderungen der Land- und Meerverteilung und der Gebirgsreliefs. Auch diese Änderungen sind in den letzten 20 Jahren quantitativen Betrachtungen zugänglich geworden. Mit der Entwicklung der Plattentektonik, abgeleitet aus paläomagnetischen Daten, ist A. WEGENERS geniale Idee der Kontinentalverschiebung (1912) wieder auferstanden, wenn auch mit anderer geophysikalischer Begründung. Die Fülle der neuen Daten hat inzwischen bereits zu einer Synthese für die letzten 500 Millionen Jahre (10^6 a = Ma) geführt (SMITH u. BRIDEN 1977). Diese liefert ein paläoklimatischer Atlas (HABICHT 1979) für 11 geologische Epochen, von denen uns hier nur die jüngste – das Jungtertiär – näher interessiert. Auf dem internationalen Symposium zum 100. Geburtstag von A. WEGENER (Berlin 1980) wurden die vorliegenden Resultate – mittels Computer sorgfältig interpoliert – in Form eines eindrucksvollen Zeitrafferfilms gezeigt, der die variable Drift der Kontinente in einem festen Gradnetz mit einer zeitlichen Auflösung von 1 Ma darstellt.

Diese Kontinentaldrift ist höchst komplex: Verschiebung und Rotation der Kontinente relativ zueinander und relativ zu den Polen, wobei in der hier gewählten Zeitskala (1 Ma) die beobachtbaren Positionen der Magnetpole als mit den Rotationspolen identisch angenommen werden. Von einer Polwanderung im einfachen Sinne kann keinesfalls die Rede sein: die Kontinentalblöcke bewegen sich unabhängig voneinander, während die Erdachse wegen des großen Drehimpulses der Erde praktisch raumfest ist. Die Kontinentaldrift selbst ist nur ein Teilausschnitt der Relativbewegung großer Platten; diese driften entlang aktiver Spalten in den Ozeanrücken auseinander, wobei basaltisches Magma aufquillt und dem Tiefseeboden angegliedert wird, während die Platten an anderen Stellen – meist an den Kontinentalrändern – untertauchen. Vulkanismus entlang der ozeanischen Rücken – meßbar und sichtbar u. a. in Island – und Erdbeben beim Untertauchen (Subduktion) zeigen die Spannungen im Untergrund an; sie laufen auch in unserer „humanen" Zeitskala (1–100 a) diskontinuierlich ab. Die horizontale Verschiebung der Platten beträgt (im Mittel über längere Zeiträume) im atlantischen Sektor 2 bis 4 cm/a – das sind 20 bis 40 km pro Ma –, im indisch-pazifischen Sektor dagegen 5 bis 14 cm/a (vgl. Karte in Science 209, 1980, S. 468). Auf Einzelheiten, insbesondere die wesentlich detailliertere Struktur von Europa und dem Mittelmeer, kann hier nicht eingegangen werden; eine zusammenfassende Kurzdarstellung gibt Tarling (1979).

Seit dem Jungtertiär (bezogen etwa auf das mittlere Miozän vor 15 Ma) (Habicht, Karte 11) hat sich Südamerika gegenüber dem Gradnetz überhaupt nicht verschoben, Afrika nur eine geringe Rotation erfahren, während Eurasien im Westen nach N, im Osten nach S gedriftet ist; das Mittelmeergebiet hat sich also gedehnt. Nord- und Mittelamerika sind langsam nach S gewandert, Australien relativ rasch nach N, wobei der tektonisch aktive Raum Indonesiens stark zusammengepreßt wurde.

Für die Land- und Meerverteilung im Pliozän (vor 5–2 Ma) existieren noch keine zusammenfassenden Karten. Es muß also hier genügen, daß die für die Ozeanzirkulation grundlegend wichtige Landenge von Panama erst vor rund 3.5 Ma durch Vulkanausbrüche und Hebung zusammengewachsen ist. Das europäische Mittelmeergebiet hat gegen Ende des Miozäns, in der messinischen Stufe (vor 6.6–5.2 Ma), radikale Änderungen erfahren. 8 bis 10mal schloß sich – wahrscheinlich im Zusammenhang mit glazial-eustatischen Meeresspiegelschwankungen (s. Kap. H. 2.) – die Straße von Gibraltar, und selbst das tiefe westliche Becken trocknete aus, unter Bildung von mächtigen Salzlagerstätten (Hsü 1977). In den Zeiten der Meerestransgression, noch bis in das Pliozän hinein, erstreckten sich flache Meeresbecken bis in die Ukraine und zu den Karpaten; auch im Norden Indiens trennten zeitweise Flachmeere den indischen Subkontinent von dem Kern von Asien, gegen den er von S her herangepreßt wurde.

Die Gebirgsbildung des ganzen „alpidischen" Kettensystems – von Marokko über die Alpen und Karpaten, über Vorderasien zu dem Himalaya und Ostasien hin – vollzog sich im Jungtertiär. Die im Innern relativ flachen Hochländer von Tibet (4000–5000 m hoch) und Iran, ebenso auch die Plateaustöcke der Ostalpen von der Rax bei Wien bis zum Gottesacker-Plateau im Walsertal, das mittelgebirgige Altrelief am Montblanc zeigen, daß unsere heutigen Hochgebirge noch vor 5 Ma nur in rudimentärer Form existierten. Ähnliches gilt auch für die langgestreckte Kette der amerikanischen Kordilleren und Anden: der über 4000 m hohe Altiplano in Bolivien/Peru, die 3300 bis 3600 m hohen Flachreliefs in den Rocky Mountains in Colorado und Wyoming sind nur zwei Beispiele für die relative Jugend unserer Hochgebirge. Die Terrassenlandschaften längs Rhein und Mosel und in anderen Mittelgebirgen Europas zeigen, daß die Heraushebung unserer Gebirge großenteils erst im Pleistozän (in den letzten 1.8 Ma) erfolgt ist; ähnliches gilt für die riesigen Hochplateaus von Äquatorial- und Südafrika.

Diese Änderungen im Relief zeigen uns, daß der Analogfall des Jungtertiär (Kap. H) nur mit größter Vorsicht als Modell für die Zukunft verwendet werden darf. Während die Braunkohlensümpfe am Niederrhein (Schwarzbach 1974) und in den hessischen Senken offenbar in ihren geographischen Randbedingungen nicht allzusehr von den heutigen abwichen, wohl aber im Klima selbst, gilt das nicht mehr (wegen der Nähe des zeitweise vollariden Mittelmeerbeckens und der Hebung der Ostalpen) für das Wiener Becken. Es gilt gar nicht für Tibet, Zentralasien und Indien (s. Kap. H), auch nicht für die Hochländer im Westen Nordamerikas.

Eine Paläoklimatologie unter Berücksichtigung der Kontinentaldrift hat FRAKES (1979) veröffentlicht; seine Interpretation bedarf jedoch im Detail, vom Standpunkt des Klimatologen oder Ozeanographen aus, mancher Revision.

2. *Änderungen der Erdbahn-Parameter und der Zusammensetzung der Luft*

Ein lange strittiges Thema der Paläoklimatologie war die Rolle der von MILANKOVICH und seinen Nachfolgern zahlenmäßig abgeleiteten Elemente der Erdbahn, die Schiefe der Ekliptik e (= Winkel zwischen Rotationsachse der Erde und einer Senkrechten auf der Erdbahnebene), die Exzentrizität ε der Erdbahn und die Wanderung des Perihels (des sonnennächsten Punktes der Erdbahn), ausgedrückt durch den Winkel π zum Frühlingspunkt; die beiden letzten Größen treten nur gekoppelt auf ($\varepsilon \sin \pi$). Die neueste und vollständigste Bestimmung der zeitlichen Änderung dieser Elemente verdanken wir A. BERGER (Louvain-La-Neuve; 1978); auf Details und die historische Entwicklung brauchen wir wegen der langen Zeitskala (in ka = 10^3 Jahre) nicht einzugehen. Es handelt sich um eine lineare Kombination einer großen Zahl harmonischer Schwingungen, die sich bei e um 18 und 23 ka konzentrieren, bei π auf etwa 42 ka, bei ε um 96 und rund 400 ka. BERGERS Rechnungen gehen erheblich über MILANKOVICH hinaus; sie lassen sich unmittelbar in Klimamodellen verwenden, da sie auf die Kalendermonate bezogen sind und die Abweichungen von einem Referenzwert in Energiegrößen darstellen.

Während die Rolle dieser Erdbahnelemente in der Klimageschichte lange umstritten war (J. u. K. IMBRIE 1979), haben HAYS, IMBRIE und SHACKLETON (1976) in einer sehr sorgfältigen, auch den Skeptiker überzeugenden Arbeit diese Rolle anhand von Ozean-Bohrkernen aus dem südlichen Indik, die einen Zeitabschnitt von rund 450 ka umfassen, nachgewiesen. Dabei wurden zwei verschiedene Datenserien verwendet:

a) die auf dem Tiefseeboden lebenden Mikrofossilien (Benthos), deren Kalkschalen mit ^{18}O-Isotopendaten im wesentlichen das Volumenverhältnis zwischen Meer und dem auf Land gespeicherten Eis wiedergeben, d. h. die Schwankungen des globalen Eisvolumens,

b) die Artenzusammensetzung der nahe der Oberfläche lebenden Mikrofossilien (Plankton), die mit Hilfe statistischer Beziehungen (nach einer Methode von Imbrie und Kipp) eine Abschätzung der regionalen Oberflächentemperatur gestattet.

Die Datierung ist am wenigsten gesichert: sie erfolgt mittels einiger Fixpunkte, die mit radioaktiven Isotopen datiert werden können, und den daraus abgeleiteten Sedimentationsraten (Größenordnung cm/ka).

Dann ergibt eine Analyse der Zeitspektren mit den üblichen Methoden, daß etwa 50 % der Gesamtvarianz durch eine Periode von rund 100 ka, weitere 45 % durch Perioden von 42, 23 und 18 ka wiedergegeben werden; diese stimmen innerhalb der Fehlergrenze mit den von Berger neu berechneten astronomischen Perioden überein.

Inzwischen wurden auf dem Lande ebenfalls einige zeitlich sehr lange zurückreichende, vollständige Aufschlüsse gewonnen; diese zeigen sogar – wegen der hier fehlenden Durchmischung der Ozeansedimente durch bodenwühlende Organismen – wesentlich mehr Details (Kap. F. 3.). Löß- und Bodenprofile in Mähren und Niederösterreich (Kukla 1975) über 1.7 Ma hinweg, ein noch nicht vollständig bearbeiteter, wahrscheinlich 450 ka umfassender Bohrkern aus einem Moor in Mazedonien (Wijmstra 1978) sowie eine Serie von ungewöhnlich vollständigen Moorprofilen, u. a. in den Südvogesen (Woillard 1975, 1979; Woillard u. Mook 1981): für die letzten 140 ka zeigen alle eine sehr reiche Folge von Kalt- und Warmzeiten mit trockenem oder feuchtem Klima. Diese Folge läßt sich, jedenfalls für die letzten 700 ka, gut mit den besten ozeanischen Sedimentkernen korrelieren. Heute besteht kein Zweifel mehr an der Existenz globaler Klimaschwankungen mit mindestens teilweise periodischen Vorgängen der Skala 20 bis 100 ka. Die Parallelisierung der 4 bis 6 großen Vereisungen auf den Nordkontinenten mit den über 20 Kalt- und Warmzeiten der Ozeanbohrkerne ist noch weitgehend offen (KUKLA 1977, 1978). Im älteren Pleistozän (vor 1700–700 ka) existieren ähnliche Schwankungen, aber anscheinend nicht so regelmäßig; auch im jüngeren Pliozän (ab etwa 3.5 Ma) treten unregelmäßige Variationen des globalen Eisvolumens auf (SHACKLETON u. OPDYKE 1977), etwa gleichzeitig mit dem Beginn einer Serie von Eiszeiten und Interglazialen in Nordwest-Island (Abb. 31, s. S. 184).

Die lange Zeitskala und der ständige Wechsel zwischen Glazial und Interglazial ist ein faszinierendes Ergebnis: immer dauerten die warmen Interglaziale nur kurz, nur 10 bis 15 ka in jedem 100 ka-Zyklus. Das derzeitige Holozän ist eines dieser Interglaziale, dessen Höhepunkt (Kap. G. 3.) schon 6 bis 10 ka hinter uns liegt; wegen der Änderung von $\varepsilon \sin \pi$ lag damals das Perihel im Nordsommer (heute Anfang Januar), so daß die Nordhalbkugel bis zu 7% mehr Sonnenstrahlung erhielt (KUTZBACH 1981). Nach BERGER ist das nächste Strahlungsminimum, das in 5–10 ka erwartet wird, auffällig schwach ausgebildet, während dem übernächsten, nach etwa 55 ka, eine volle Eiszeit wie vor 18 ka entsprechen müßte. Inzwischen haben BERGGREN und Mitarbeiter (1980) für das Pliozän und Pleistozän eine Synthese der Zeitskala auf der Grundlage der paläomagnetischen Umkehrungen, der Sauerstoffisotopen und der sedimentären Zyklen erarbeitet und mit den Biohorizonten zur Deckung gebracht.

Die astronomisch erzeugten Schwankungen der Erdbahnelemente reichen jedoch zahlenmäßig, in ihren Auswirkungen auf die Intensität der Sonnenstrahlung, nicht aus, um die beobachteten Klimaschwankungen zwischen Eiszeiten und Warmzeiten (Interglazialzeiten) quantitativ zu erklären. Ein wesentlicher Faktor darf nicht vergessen werden: es ist die Albedo (siehe auch Kap. B.1.), das Rückstrahlungsvermögen der Eis- und Firnflächen (im ungestörten Zustand 75–90% gegenüber den sonst typischen Werten zwischen 5 und 35%), die die von der Erdoberfläche empfangene Sonnenstrahlung drastisch reduziert. Eine Reihe relativ einfacher Modellrechnungen – auf die hier nicht weiter eingegangen werden kann – haben diesen Faktor sowie noch einige andere berücksichtigt und inzwischen schon mit einer wenigstens befriedigenden Näherung die zeitlichen Änderungen der globalen Vereisung (d. h. der auf dem Festland festgelegten Eismassen) aus den astronomischen Strahlungsdaten abgeleitet. Die noch bestehenden Diskrepanzen können auch eine andere Ursache haben: es ist heute zweifelhaft geworden, ob man den ^{18}O-Gehalt der Kalkschalen der am Meeresboden lebenden Organismen ausschließlich als Index für das globale Eisvolumen interpretieren darf, oder ob nicht auch noch am Meeresboden lokale Temperaturänderungen eine Rolle spielen können.

Von besonderem Interesse für unser Problem der Zukunft unseres Klimas sind ganz überraschende Befunde, die an zwei physikalischen Laboratorien Europas gewonnen wurden: von den Arbeitsgruppen von C. LORIUS in Grenoble und von H. OESCHGER in Bern. Es handelt sich um Messungen des CO_2-Gehalts der im Eis der Antarktis und Grönlands eingeschlossenen Luftblasen, die größte Vorsicht wegen der leicht möglichen Kontamination der Proben und zur Kontrolle eine vergleichende Verwendung verschiedener, hochempfindlicher Meßmethoden erfordern. Daß solche Messungen über einen Zeitraum von 30 bis 40 ka zurück möglich sind, ist eines der technischen Wunder unserer Zeit. Man hat sogar erwogen, aus diesen Luftblasen den damaligen Luftdruck und damit die Höhe des Eisdomes zu messen, aber die Fehlerquellen sind doch zu groß. Vor 200 Jahren sagte der durch seine sarkastischen Bemerkungen bekannte Göttinger Professor der Physik LICHTENBERG (zitiert nach SCHWARZBACH): „Ich wollte einen Teil meines Lebens hingeben, wenn ich wüßte, was der mittlere Barometerstand im Paradiese gewesen ist.“

Nach den ersten Befunden der Arbeitsgruppen in Grenoble (DELMAS u. a. 1980) und in Bern betrug der CO_2-Gehalt während des Höhepunktes der letzten Eiszeit nur 170 bis 200 ppm, dagegen in der holozänen Warmzeit 350 ppm und mehr (gegenüber 1890 ca. 290 ppm, 1981 340 ppm). Eine besonders vorsichtige Nachprüfung (NEFTEL u. a. 1981) lieferte für die Eiszeit Werte von 200 bis 230 ppm; ein frühholozänes Maximum ist nicht gesichert. Eine neue Diskussion der (umstrittenen) ^{13}C-Daten aus Baumringen (LORIUS 1982) ergab einen CO_2-Gehalt von ca. 265 ppm um 1850, vor Beginn der Umwandlung großer Waldflächen in den USA und in Osteuropa in Ackerland. Diese Zahl ist inzwischen durch zwei ganz andere Methoden gesichert.

Die Interpretation der CO_2-Befunde im Bereich >10 ka vh. (vor heute) ist nicht einfach. Hier muß die drastische Ab- und Zunahme der borealen und vor allem der tropischen Wälder in Rechnung gestellt werden (SHACKLETON 1977). Aber dies kann nur ein Sekundäreffekt sein, ebenso wie Albedoänderung und CO_2-Änderung nur Sekundäreffekte in bezug auf Eiszeiten und Interglaziale sind. Während der Eiszeit war die tropische Hadley-Zirkulation auf beiden Halbkugeln stärker zusammengedrängt als heute, und die höheren Windgeschwindigkeiten führten zu einer Zunahme der Häufigkeit und Intensität des aufquellenden Kaltwassers (Kap. B. 3.). Das Zusammenwirken dieser Effekte kann quantitativ nur durch ein Modell höherer Ordnung geklärt werden: hier hängt wieder einmal „alles von allem" ab, sicher z. T. nicht linear.

Unsere zahlenmäßigen Kenntnisse des Eiszeitklimas, insbesondere der Oberflächentemperatur der Ozeane, beruhen auf den Auswertungen zahlreicher Ozeanbodenprofile im Rahmen des CLIMAP-Programms, bei denen – siehe oben unter b) – die wechselnde Häufigkeit planktonischer Mikrofossilien zur Abschätzung der Oberflächentemperatur T_W verwendet wird, mit einem statistischen Fehler von etwa 1.5° C. Das ist für die Ozeane u. a. von GARDNER und HAYS (1976) sowie von PRELL u. a. (1976) durchgeführt worden, zuerst im Pazifik und im Atlantik, inzwischen auch für den Indischen Ozean; eine Weltkarte wurde auf der INQUA-Tagung in Moskau (August 1982) vorgelegt.

Besonders typisch ist der Bohrkern A 180–73 im Atlantik (0°, 23° W): hier sank vor 18 ka T_W im August auf 16° C ab, während einer früheren Kaltphase vor 55 ka sogar auf 14° C, gegenüber einem aktuellen Wert von 24° C und fast 26° C vor 125 ka. Andererseits nahm T_W im Februar nur um 1 bis 2° C ab: das spricht für eine Verstärkung der Zirkulation im Südwinter als Folge eines Vorrückens des jahreszeitlichen Treibeises der Subantarktis (HAYS 1978) um 5 bis 6° Breite. Das hat offenbar den ganzen Gürtel des Pazifiks und Atlantiks zwischen 10° S und 10° N betroffen, also eine Fläche von etwa 52 Mill. km². Ein indirekter Beleg für verstärktes Aufquellen sind die Phosphatablagerungen auf den äquatorialen Inseln, wie z. B. Nauru (0° S, 166° E), die sich nur in einer ariden Phase bilden konnten, wie heute auf den Guanoinseln vor Peru.

Diese Zusammenhänge führen nun zu einem neuen Verständnis der auffälligen, langfristigen Klimaänderungen in den Tropen: während und nach dem Höhepunkt der letzten Eiszeit (etwa 20–14 ka vh.) verschwanden mit der erheblichen Reduktion von Verdunstung und Niederschlag die tropischen Regenwälder bis auf einige Refugien (Vuilleumier 1971; Shackleton 1977) und wurden durch semiaride Savannen ersetzt, während sich die ariden Zonen der Subtropen ausdehnten (Sarnthein 1978; Rognon 1977). Zugleich führte das Phytoplankton im aufquellenden Kaltwasser mehr CO_2 dem Ozean zu (Kap. B. 3.), was die Abkühlung noch verstärkte. Die Regenwälder erschienen wieder ab etwa 13 ka vh.; in den holozänen Warmzeiten (12–6 ka vh.) breiteten sich feuchte Vegetationstypen auf beiden Halbkugeln aus, und die Trockenzonen schrumpften ein (Sarnthein 1978).

Mit dieser Interpretation wird es verständlich, daß auch bei einer konstanten Energiezufuhr von der Sonne der globale Wasserhaushalt (Niederschlag–Verdunstung) erheblichen Schwankungen unterliegen kann: die in den Kaltwasserphasen nicht für die Meeresverdunstung verbrauchte Nettostrahlung wird für die Erwärmung des aufquellenden Tiefenwassers benötigt (Kap. B. 3.). Eine konservative Abschätzung der Änderung der Meeresverdunstung zwischen den beiden extremen Phasen (etwa 9 ka und 18 ka vh.) führt – unter Berücksichtigung der Änderungen im Meeresspiegel und in der Ausdehnung der Treibeisgürtel – auf eine Differenz von 21% (Flohn 1980): in der Eiszeit – 18%, in der Warmzeit + 3% gegenüber heute. Berücksichtigt man die erwähnte Korrelation zwischen dem Aufquellen am Äquator und an den amerikanischen Küsten, so könnte sich die Differenz auf etwa 25% erhöhen. Eine weitere Reduktion der Verdunstung ergibt sich während der ariden Phase des Eisabbaus (ca. 20–13 ka vh.) durch eine Zufuhr kalten Schmelzwassers mit stabiler Schichtung im Nordatlantik (Ruddiman u. McIntyre 1980, 1981). Auch im Atlantik ist die Verstärkung der Aufquellphänomene am Äquator, an den Küsten von Portugal, Nordwestafrika und Südwestafrika in der Kaltphase der letzten Eiszeit gesichert (PFLAUMANN 1980).

Eine weitere Bestätigung dieser Zusammenhänge ergibt sich aus der Isotopenzusammensetzung der fossilen, im Mittel etwa 25 ka alten Grundwässer der Sahara: diese führen (MERLIVAT u. JOUZEL 1979; SONNTAG u.a. 1980) auf eine um 5 bis 10% höhere relative Feuchte in den Meeresgebieten, aus denen sie verdunstet sind (s. Kap. B. 3.). Der Zeitabschnitt 30 bis 25 ka entspricht dem Interstadial vor dem Maximum der letzten Eiszeit. Damals war das Inntal bei Innsbruck eisfrei; aus der Kaltsteppenvegetation (BORTENSCHLAGER 1977) mit nur vereinzelten Bäumen ergibt sich eine Mitteltemperatur, die im Sommer etwa 5° C unter der heutigen lag (FLIRI 1970). Auch in dieser Phase wird damit ein stärkeres meridionales Temperaturgefälle und eine Verstärkung der tropischen Zirkulation wahrscheinlich, d. h. eine Intensivierung des aufquellenden Kaltwassers.

Für die Klimageschichte der Tropen spielt offenbar das Wechselspiel zwischen Kalt- und Warmwasserphasen in der Äquatorzone eine Schlüsselrolle, ähnlich wie die des arktischen und subarktischen Treibeises für die globale Zirkulation. Hier handelt es sich um rasche Umschläge zwischen zwei großräumig entgegengesetzten Formen (Modi) der thermischen und dynamischen Wechselwirkung zwischen Ozean und Atmosphäre. Experimentelle, hydrologische, paläo-ozeanische, vegetationsgeschichtliche und paläoklimatische Untersuchungen greifen hier ineinander; weitere Arbeiten auf diesem Gebiet müssen zeigen, ob das hier nur in großen Zügen – unter Verzicht auf weitere Details und Literaturangaben – umrissene Bild einer verschärften Kritik standhält. Diesen Zusammenhang zwischen globalem Eisvolumen und Intensität des äquatorialen Aufquellphänomens haben zuerst MOLINA-CRUZ und VALENCIA (1977) im östlichen Pazifik nachgewiesen.

3. Zur Frage der Zeitskala der Klimaänderungen

Für unsere Betrachtung in der Zeitskala der Größe eines Menschenlebens ist von entscheidender Bedeutung, daß auf dem Festland eine Reihe von pollenanalytischen Befunden eine zeitliche Auflösung bis in die Größenordnung einiger Jahrzehnte gestattet (Woillard 1979; Müller 1978 als Beispiele). Sie zeigen drastische Änderungen der Vegetation und damit des Klimas in dieser kurzen Zeitskala. Solche *abrupten Klimaänderungen* können in Tiefseesedimanten deshalb nicht gefunden werden, weil einmal die Sedimentationsrate meist nur in der Größenordnung von wenigen cm/ka liegt, vor allem aber, weil bodenbewohnende Organismen die jeweils obersten cm jedes Sedimentes intensiv durchwühlen (Bioturbation). Auch auf dem Lande muß jeder derartige Befund sehr kritisch behandelt werden, da Störungen des Gefüges durch Rutschungen, Unterbrechung der Sedimentation usw. keinesfalls selten sind. Die Zahl der inzwischen veröffentlichten Befunde – in der Lüneburger Heide (Müller 1978, siehe dort Abb. 27), in den Vogesen und im bayrischen Alpenvorland (Grüger 1979), bei Lyon, in Mazedonien, Südengland und Kalifornien (Adam 1981), im Eis von Grönland (Dansgaard 1972a, 1982) und Devon Island und in Höhlen Südfrankreichs (Duplessy u. a. 1970) – zeigt aber, daß die großen Schwankungen zwischen Glazial und Interglazial sich nicht über Zeiträume von 10 ka hinweg erstrecken (und damit in unserer Zeitskala 1–100 a praktisch verschwinden), sondern tatsächlich abrupt ablaufen können. Sicher treten solche abrupten Ereignisse – es fällt schwer, hier den Ausdruck Klimakatastrophen zu vermeiden – nur selten auf, vielleicht ein oder zwei Mal in 10 ka. Wenn sie aber unter natürlichen Bedingungen auftreten können, dann ist ihr Auftreten im Gefolge von Eingriffen des Menschen in das sensitive Klimasystem keinesfalls auszuschließen.

Diese Befunde muß man mit sehr sorgfältiger Kritik betrachten, darf sie aber auch nicht deshalb vernachlässigen, weil wir in den letzten 300 oder 1000 Jahren keine Parallele kennengelernt haben. Sie sind in ihrem Mechanismus einstweilen noch etwas rätselhaft. Die eindeutigsten Befunde zeigen ein Verschwinden wärmeliebender

Wälder binnen weniger Jahrzehnte, an deren Stelle nach einer etwa ebenso langen Pause subarktische Arten treten, die ein fast eiszeitliches Klima anzeigen; das war der Fall z. B. im letzten Interglazial in den Südvogesen (WOILLARD 1979), in einem früheren Interglazial in der Lüneburger Heide und in einem noch älteren (vor 700 ka) im Eichsfeld (MÜLLER 1978). Für dieses Verschwinden hat KUKLA (1980) anhand analoger Fälle aus dem 18. Jahrhundert im Osten der USA eine einleuchtende Interpretation gefunden: ein durch verspätete Schneeschmelze im N ausgelöster schwerer Kälteeinbruch im Frühling, der die in vollem Saft stehenden Bäume durch Frostsprengung zerstört und eine Folge kalter Sommer einleitet, denen sich die Vegetation anpassen muß. Eine solche kurze, aber heftige Kaltphase könnte durch eine Serie schwerer Vulkanausbrüche ausgelöst worden sein, die nach neuen Befunden (z. B. Toba-Vulkan in Sumatra vor 75 ka, s. u. a. NINKOVICH 1978, oder ein Vulkanausbruch in Guatemala vor 84 ka mit einem Auswurfvolumen von rund 1000 bzw. 400 km^3, s. DREXLER u. a. 1980) die bekannten rezenten Riesenausbrüche (Tambora 1815, Krakatau 1883, Katmai 1912) mit maximal 50 km^3 weit übertrafen.

In diesem Zusammenhang muß an die Klimaentwicklung in der „Kleinen Eiszeit" (s. auch Kap. G. 1.) erinnert werden, die als Modell gelten kann: in der kältesten Phase (um 1690) verzögert sich in Zentralengland, aber auch in der Schweiz (nach den von MANLEY und PFISTER 1981, 1982 veröffentlichten Daten) der Übergang vom Winter zum Frühling um einen Monat gegenüber heute: der März war in vielen Jahren noch ein voller Wintermonat. Eine der wichtigsten Ursachen dürfte darin liegen, daß damals das arktische Treibeis – jedenfalls während des jahreszeitlichen Maximums im März/April – bis in den Raum Faröer-Westnorwegen vorstieß (LAMB 1979); die Wassertemperaturen um die Faröer lagen 3 bis 5° C tiefer als heute. In der Zeit bis 1850 traten öfters extrem kalte Frühjahrsmonate auf, wie sie in unserem Jahrhundert fast völlig fehlen: die für das Frühjahr so typischen Vorstöße frischer Arktikluft aus N treffen bei einer solchen Kaltwasseranomalie noch am Ausgang der Nordsee um mehrere Grad kälter ein als heute. Als vielleicht typisches Beispiel sei der Winter 1816/7 für Mitteleuropa (Mittel aus 4 Stationen) genannt:

Januar und Februar mehr als 3° C zu warm, April fast 4° C zu kalt; in zwei Fällen (1785 und 1845) war der März mehr als 6° C zu kalt. Solche Einzelextreme sind durchaus typisch; in ihrer Koppelung mit anderen Anomalien und ihrer Neigung zur Wiederholung können sie auch zum Verständnis der erwähnten abrupten Klimaänderungen beitragen.

Auch für abrupte Erwärmung gibt es eindeutige Beispiele: Coope (1977) und Osborne (1974) haben gezeigt, wie um 10500 vh., zu Beginn der holozänen Warmzeit (Kap. G. 3.), eine subarktische Käferfauna von einer warmtemperierten binnen 50 bis 100 Jahren abgelöst wurde, entsprechend einem Anstieg der Julitemperatur von ca. 8° C.

Eine geophysikalische Interpretation der abrupten Änderungen stützt sich auf den Zusammenhang zwischen ozeanischem Aufquellen in der Äquatorregion und dem Austausch von CO_2 und H_2O durch die Grenzfläche Wasser – Luft (Kap. B. 3.). Da ein kausaler Zusammenhang zwischen Windgeschwindigkeit, Intensität der Zirkulation und Aufquellen besteht, tritt in kalten Perioden mit starker Zirkulation Aufquellen häufiger und intensiver auf, während in Warmzeiten abnehmende Zirkulation zu einer Umkehr, d. h. zu vorherrschendem "downwelling" führt. Halten diese Extreme genügend lange an – eine Abschätzung ergibt für CO_2 eine Zeitspanne der Größenordnung 80 bis 150 Jahre –, dann kann es bei vorherrschendem Aufquellen zu einer Abnahme von CO_2 um 20 bis 40%, von H_2O um 10 bis 20% kommen, d. h. zu einem Rückgang des Glashauseffektes und zu globaler (!) Abkühlung. Damit entsteht ein neuer, hemisphärisch wirksamer Rückkoppelungs-Mechanismus (Flohn 1979, 1981, 1982), der quantitativ ausreicht, die beobachteten abrupten Schwankungen zu erklären. Einen direkten Beleg für CO_2-Schwankungen von 60 bis 80 ppm in dieser Zeitskala haben inzwischen hochauflösende CO_2-Messungen an einem neuesten Eisbohrkern aus Südgrönland geliefert (Oeschger in Ghazi 1983; vgl. auch Dansgaard 1982).

Zwar beherrscht die astronomische Zeitskala die großen Schwankungen Eiszeit–Interglazial als Zeitgeber; aber der Ablauf in den entscheidenden Stadien, z. B. im Übergang vom Eem-Interglazial

(Kap. G. 4.) zu der folgenden Kaltphase (WOILLARD 1979; HOLLIN 1979; GRÜGER 1980), gehorcht einer Zeitskala ~100 a, die für die Menschen der Altsteinzeit eine Katastrophe dargestellt haben muß. Der Beginn einer Vereisung erfordert, daß in einem großen Gebiet (>10^5 km^2) die Winterschneedecke in *einem* kalten Sommer nicht mehr wegschmilzt; diese wird dann im nächsten Winter um so mächtiger (FLOHN 1979a). So nimmt die Möglichkeit eines sommerlichen Abschmelzens rasch ab, und der Prozeß der Selbstverstärkung (Rückkoppelung, positives Feedback) hält an bis zur Erreichung eines neuen Gleichgewichts.

In der Tat ist die lange Zeitskala der Erdbahnparameter für uns keinesfalls uninteressant. Ihre langfristigen Schwankungen – auf die im einzelnen nicht eingegangen werden kann – wirken offenbar selektiv: sie entscheiden darüber, ob durch einen Kälteeinbruch der oben geschilderten Art eine neue Eiszeit mit positiver Rückkoppelung ausgelöst wird oder ob sich mit negativer Rückkoppelung (d. h. Dämpfung) der alte Zustand nach einer Unterbrechung von einigen 100 a (z. B. Abb. 4) wieder herstellen kann. Weitere Untersuchungen müssen zeigen, wie weit sich diese empirisch fundierten, jedoch noch etwas spekulativen Vorstellungen bewähren.

Jedenfalls kann an der Möglichkeit abrupter Klimaänderungen mit der Zeitskala weniger Jahrzehnte, deren Schwankungsweite erheblich über alles hinausgeht, was in den letzten 1000 oder 500 Jahren beobachtet worden ist, nicht mehr gezweifelt werden. Wie schon oben (Kap. E. 1.) erwähnt, ist in der langen Zeitskala das Klimasystem offenbar nicht robust, sondern fast-intransitiv im Sinne von E. LORENZ (1968, 1970). Die großen Klimaschwankungen zwischen Glazial und Interglazial laufen also nicht wie bei einer harmonischen Schwingung (Sinusfunktion) als allmählicher Übergang ab, sondern als abrupte Umschläge in der Art einer Kippschwingung oder Stufenfunktion. Auf diese prinzipielle Frage nach der Stabilität unseres Klimas müssen wir am Schluß nochmals zurückkommen.

G. WARM- UND KALTZEITEN IN DER JÜNGEREN KLIMAGESCHICHTE

Wenn wir die Erde als Ganzes sehen, dann beschränkt sich eine befriedigende, auf vergleichbare instrumentelle Beobachtungen gestützte Klimageschichte auf die letzten 100 Jahre. Serien europäischer Beobachtungsreihen lassen sich – nicht überall in gleicher Qualität – zurück bis etwa 1700 verfolgen. Gleichartige Reihen aus anderen Erdteilen existieren nur vereinzelt (Ostküste Nordamerikas ab 1738, Niederschlag in Korea ab 1770, in Indien ab 1813). Dabei sehen wir von den unterbrochenen Reihen mit wenigen Beobachtungsjahren ab, deren Bearbeitung bisher nur vereinzelt in Angriff genommen ist. Vor 1650 existieren einige nicht-instrumentelle, näherungsweise quantifizierbare Beobachtungsserien mit regelmäßigen, täglichen Werten aus Mitteleuropa und Japan, vor 1330 nur Aufzeichnungen einzelner Ereignisse oder Nachrichten über extreme Jahreszeiten, diese aber zeitweise sogar aus Afrika (NICHOLSON 1980). In zwei Ländern wurden systematische, quantifizierbare und ununterbrochene Sammlungen solcher Daten für längere Zeiträume zusammengestellt, die bisher nur z. T. veröffentlicht wurden: 1470 bis 1977 in China (WANG u. ZHAO 1981) und 1525 bis 1780 in der Schweiz (PFISTER 1984). Weitere indirekte ("proxy") Klimadaten lassen sich aus historischen Daten über Eis auf holländischen Kanälen (VAN DEN DOOL u. a. 1978), über Weinernten und -qualität (LEROY LADURIE 1980), Baumringdaten und Holzdichten (FRITTS 1982, SCHWEINGRUBER 1979; RÖTHLISBERGER 1976, 1980) und schließlich (mit der nötigen Kritik) Getreidepreise (z. B. ABEL 1966, 1974; HOSKINS 1964, 1966) u. a. m. ableiten. Eine der wichtigsten Beobachtungsgrundlagen bilden die Eisbohrkerne Grönlands, die gleichfalls Auswertungen von Jahr zu Jahr zurück bis 553 n. Chr. (HAMMER 1977, 1980) mit verschiedenen Techniken zulassen. Mindestens für Teile West- und Mitteleuropas, wahrscheinlich für

China und Japan, sowie für das westliche Nordamerika lassen sich Näherungswerte für jedes Jahr zurück bis etwa 1200 oder gar 900 bis 1000 n. Chr. (z. B. ALEXANDRE für Belgien/Rheinland) ableiten. Wenn auch die Umsetzung in Zahlenwerte erst gerade in Gang kommt, so reichen die Daten schon aus, einen einigermaßen fundierten Überblick über zwei entgegengesetzte Klimaepochen aus den letzten 1000 Jahren zu geben; auf diesem Gebiet haben besonders H. H. LAMB und seine Mitarbeiter entscheidende Impulse gegeben (LAMB 1979, 1982). Kapitel G. 1. und G. 2. geben eine kurze, keinesfalls vollständige Zusammenschau für diese beiden Klimaepochen; hier sind für die nächsten Jahre weitere Fortschritte zu erwarten, die vor 20 Jahren noch undenkbar erschienen. Eine regionale Klimageschichte Europas für jedes Jahr ab etwa 1200 wird wohl noch vor Ende des Jahrhunderts aufgestellt werden können, für Ostasien, Island, Grönland und das westliche Nordamerika wenigstens in guten Ansätzen.

Die Kapitel G. 3. bis G. 5. beziehen sich auf charakteristische Abschnitte der letzten 130 ka (Jungpleistozän). Sie beruhen im wesentlichen auf datierbaren Vegetationsresten und Pollen aus geologischen Aufschlüssen, insbesondere von fossilen, später vermoorten Seen. Von besonderem Interesse sind die Bohrkerne aus polaren Eisschilden (Antarktis, Grönland, Devon Island), die durch Schmelzen und Diffusion nicht gestört wurden, und deren Isotopengehalt ($^{18}O/^{16}O$) Aufschluß über die Temperatur gibt, bei der die Eisteilchen bei der Wolkenbildung aus der Atmosphäre ausgeschieden wurden (DANSGAARD u. a. 1972, 1982); über die Bestimmungen des CO_2-Gehalts siehe Kapitel F. 2. Während diese Bohrkerne eine hohe zeitliche Auflösung erlauben, gilt dies nicht für die Kerne aus den noch unverfestigten Sedimenten des Ozeanbodens, die bei sehr geringer Sedimentationsrate und der Durchmischung durch bodenwühlende Organismen nur eine grobe zeitliche Auflösung erlauben. Zwei sich ergänzende Methoden liefern quantitative Daten: das $^{18}O/^{16}O$-Verhältnis in fossilen Kalkschalen, sowie die statistische Auszählung der Mikrofossilien mit ihren verschiedenartigen Ansprüchen an Temperatur und Salzgehalt (Kap. F. 2.). Die Pollenstatistik leistet dasselbe auch für die Landvegetation (WEBB III 1980).

Auf die Radiokarbon-Datierung (^{14}C) und ihre Fehlerquellen wird noch einzugehen sein.

1. Kleine Eiszeit

Der Begriff „Kleine Eiszeit" ist zuerst in Großbritannien verwendet worden, wo unter dem Einfluß von C. E. P. Brooks, G. Manley und H. H. Lamb historische Klimatologie früher und intensiver betrieben wurde als in anderen Ländern. Sie bezieht sich auf die zuerst in den Alpen nachgewiesenen Gletschervorstöße während des 17. bis 19. Jahrhunderts, die in den meisten vergletscherten Hochgebirgen (Norwegen, Alaska, Karakorum, Neuseeland – um nur einige zu nennen) in ähnlicher Weise aufgetreten sind. An dem historisch am genauesten untersuchten unteren Grindelwaldgletscher (Messerli und Mitarbeiter 1975) fallen die Hauptmaxima auf die Jahre 1593 bis 1640, um 1776, 1820 und 1856, mit Nebenmaxima um 1669, 1719 und 1743. In den letzten Jahrzehnten ist es klargeworden, daß innerhalb dieser Periode, die meist mit etwa 1550 bis 1850 angegeben wird, auch mildere Abschnitte, sowie sehr warme Einzeljahre existierten; die Variabilität war deutlich größer als heute, ein Zeichen für das Vorherrschen meridionaler Zirkulationsformen. Inzwischen liegen instrumentelle Beobachtungsreihen ab etwa 1750 (Central England schon ab 1659: Manley 1973) vor, auch in den USA ab 1738 (Landsberg u. a. 1968), so daß die Klimaanomalien zwischen 1770 und 1860 einer quantitativen Bearbeitung (Fallstudien) zugänglich wären. Für einen Teil (1781–86) der Beobachtungsperiode der Societas Meteorologica Palatina – die von Mannheim aus zuerst ein international einheitliches Beobachtungsnetz organisierte und die Ergebnisse in Jahrbüchern veröffentlichte – liegen inzwischen tägliche Wetterkarten von Europa vor (Kington 1980). Ausgehend von einer statistischen Bearbeitung der umfangreichen Baumringdaten des amerikanischen Westens, haben Fritts und Mitarbeiter mittels Regressionsbeziehungen und Eigenvektoren die großräumige Verteilung von Niederschlag, Luftdruck und Temperatur über den USA und darüber hinaus seit 1600 rekonstruiert, mit sehr bemerkenswerten Ergebnissen (s. in Hughes 1982).

Für die vorinstrumentelle Periode sind regelmäßig geführte Wettertagebücher von größtem Interesse, da sie auch quantitative Auswertungen zulassen. Dies gilt vor allem für die Wintertemperatur, die sich aus dem Anteil der Häufigkeit von Schneefall an der Gesamthäufigkeit aller Niederschläge mit einer hohen Korrelation (0.7–0.9, nach BRUMME 1981) abschätzen läßt. So ergaben die Wettertagebücher von Ingolstadt/Eichstätt (1508–31) die gleiche mittlere Wintertemperatur wie heute (FLOHN 1979b), während in der Reihe von Zürich (1545–76) ab 1563 ein deutlicher Rückgang der mittleren Wintertemperaturen um etwa 2° C einsetzte (FLOHN 1949). Natürlich ist dieses Verfahren nur in Klimaten mit Wintertemperaturen nahe 0° C anwendbar. Eine der besten Quellen sind die Tagebücher des dänischen Astronomen TYCHO DE BRAHE (1582–97) von der Insel Hven im Sund nördlich Kopenhagens, die in vielen Monaten eine Drehung der vorherrschenden Windrichtung von SW (heute) auf SE liefern und damit einen eindeutigen Hinweis auf eine charakteristische Zirkulationsanomalie. Die mittleren Wintertemperaturen lagen etwa 1.5° C unter denen um 1900 (d. h. *vor* der Warmperiode 1920–60). Abkühlung und häufige blockierende Hochs im Raume Nordsee/Skandinavien sind Anzeichen für die Vorherrschaft von Wetterlagen, die zu Gletscherwachstum führen. Arktische Wassermassen mit Treibeis aus dem Ostgrönlandstrom blockierten ab 1580 Island immer häufiger und breiteten sich zeitweise (um 1690) bis zu den Faröern aus (LAMB 1979). Ein erster Höhepunkt der kleinen Eiszeit fällt in die Jahre um 1640.

Der zweite Höhepunkt, im nördlichen Europa zweifellos der stärkste, fällt in die Jahre von 1680 bis 1700, vor allem in die Dekade ab 1690. Die wirtschaftlichen Verhältnisse, insbesondere die Getreideernte, verschlechterte sich in Schottland, Norwegen, Schweden, Finnland und dem Baltikum katastrophal; gebietsweise ging die Bevölkerung um 30 bis 40% zurück (NEUMANN u. LINDGREN 1979, 1981). Wie immer waren die Hungersnöte von Epidemien begleitet, denen die Menschen in ihrer Schwäche kaum mehr Widerstand leisten konnten.

Entscheidend war hier der weite Vorstoß des arktischen Treibeises, das in einzelnen Jahren Island bis in den September blockierte

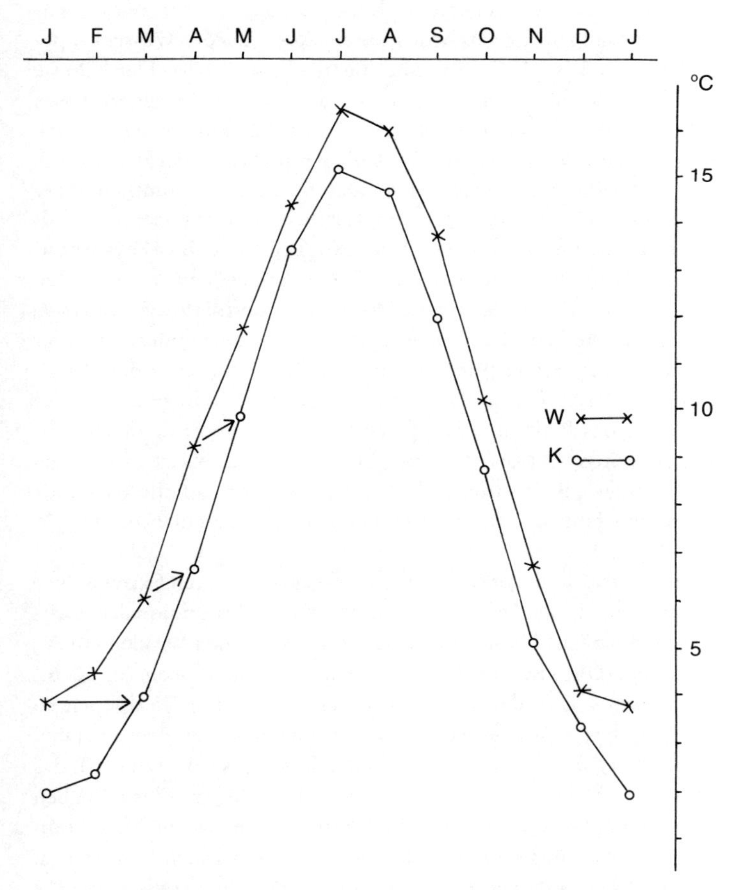

Abb. 21: Kälteste (K) *(1691–1700) und wärmste* (W) *(1943–52) Dekade in Zentralengland seit 1659.*

Quelle: FLOHN in BACH u. a. (1981).

und mehrmals die Inseln nördlich von Schottland und sogar Norwegen erreichte. Die Fischerei auf Kabeljau ging in mehreren Dezennien auf Null zurück; das bedeutete ein Absinken der Wassertemperaturen um 3 bis 5° C gegenüber heute (LAMB 1979). Der kälteste Winter 1683/4 führte im Kanal von Calais zu einem Festeisgürtel von 3 bis 5 km Breite an beiden Küsten und bis 25 km vor den Küsten von Holland und Flandern. Die Andauer der Schneedecke in Zürich (PFISTER 1977) lag von 1683 bis 1700 mit 70 Tagen wesentlich höher als heute (1901–60: 44 Tage); mindestens 8 Winter waren kälter als die kältesten unseres Jahrhunderts. Ähnlich Ende des 18. Jahrhunderts: 1784/5 lag in Bern an 154 Tagen Schnee, im Vergleich zu 86 Tagen im längsten Winter des 20. Jahrhunderts (1962/3). In vielen Temperaturreihen Mitteleuropas des 17./18. Jahrhunderts war der März noch ein reiner Wintermonat, wie heute in Polen oder Mittelschweden (Abb. 21). Das hervorragende Archivmaterial der Schweiz, das PFISTER (1982) gesammelt hat, liefert mit vielen indirekten ("proxy") Daten – vor allem phänologischer Art – jetzt nach vollständiger Bearbeitung die Grundlage einer auf die einzelnen Jahre und Jahreszeiten zurückgehenden Klimageschichte von 1525 bis 1825.

Auffallend sind hierbei die vielen entgegengesetzten Extreme, wie sie auch heute in Perioden mit vorherrschend meridionalen Luftströmungen (aus N und S, gegenüber den normalen Winden um W) eintreten. Die Häufigkeit blockierender Antizyklonen (in 50 bis 60° Breite) war in der Wetterkartenserie 1781 bis 1785 doppelt so hoch wie heute; Windstatistiken von Kopenhagen aus dem 18. Jahrhundert zeigen mit vorherrschenden Winden aus NE, E und SE das gleiche Phänomen. Andererseits war der Winter 1795/6 (neben 1974/5) der mildeste europäische Winter in den letzten 200 Jahren; der extrem heiße Sommer 1807 bildete den schärfsten Kontrast zu der kältesten Sommer-Serie der letzten 500 Jahre, zwischen 1812 und 1817. In dieser Serie war 1816 der Höhepunkt (nach dem größten historischen Vulkanausbruch des Tambora auf Sumbawa, Indonesien, 1815): in Nordamerika war es das „Jahr ohne Sommer", auch in Japan ungewöhnlich kühl. Im folgenden Jahr 1817/18 kam es zu einer der größten Nilfluten, wie überhaupt die kältesten Perioden der europäischen Klimageschichte mit markanten Extremen in Afrika zusammenfallen (NICHOLSON 1980/1981).

Der Beginn der Kleinen Eiszeit in den Alpen kann nach PFISTERS Daten (1981) jetzt gut fixiert werden. Von den drei Sommermonaten wurden folgende (qualitative) Indizes ermittelt:

	warm	kalt	(in %)	trocken	naß	(in %)
1512–1569	48	21	(= 30%)	24	30	(= 55%)
1570–1600	26	41	(= 60%)	11	35	(= 76%)

In der ganzen Periode von 1570 bis 1630 – die zum ersten Gletscherhochstand um 1640 führte – herrschten kalte und nasse Sommer vor. Auch später wurden die Gletschervorstoßperioden stets eingeleitet von häufigen Neuschneefällen im Sommer, die z. T. bis unter 1000 m Höhe herunterreichten und zu einem vorzeitigen Abtrieb des Weideviehs von den Almen zwang, so besonders von 1767 bis 1771 und von 1813 bis 1816. Ein Parallelfall aus der jüngsten Witterungsgeschichte verdient in diesem Zusammenhang Erwähnung: während ein langanhaltendes warmes Hoch über Skandinavien lag, fielen in den Tagen vom 7. bis 11. Juli 1954 gewaltige Niederschläge (bis über 250 mm) in den Ostalpen, mit 50 cm Neuschnee auf dem Ritten bei Bozen (1100 m hoch), einer Mittagstemperatur von + 4° C in Berchtesgaden (550 m) und dem größten Inn-Donau-Hochwasser in Passau seit 450 Jahren. Diese extreme Wetterlage eines „Kaltlufttropfens" war offenbar typisch für das Sommerklima der Kleinen Eiszeit, damals sicher häufiger als heute, vor allem in einzelnen Gruppen von Jahren.

Das Ende der Kleinen Eiszeit kann man mit dem letzten großen Vorstoß der Alpengletscher um 1855 (nach kalten, nassen Jahren zwischen 1830 und 1850) identifizieren; eine der markantesten Dürreperioden von 1857 bis 1859 leitete den Rückgang ein. Er wurde nur um 1890 und 1920 von einer schwachen Vorstoßperiode unterbrochen, der nur ein Teil der Gletscher folgte – ähnlich wie jetzt im Dezennium ab 1970. Am Ende der Wärmeperiode gegen 1960 lag die Schneegrenze in den Alpen 150 bis 200 m höher als während der

Vorstoßperiode im 17. bis 19. Jahrhundert; das entspricht bei einem troposphärischen Temperaturgefälle von 6.5°/km einer repräsentativen Erwärmung um 1 bis 1.5° C (s. auch Tab. 10 S. 138).

Auf den ausgedehnten Hochflächen von Baffin-Land – sicher eines der Kerngebiete beim Aufbau und Abbau des nordamerikanischen Inlandeises –, die heute nur etwa 200 m unter der aktuellen Schneegrenze liegen (ANDREWS 1976), bildete sich damals eine 140000 km² umfassende Firn- und Eisdecke, die anhand der Flechtenvorkommen mit Satellitenbildern kartiert werden konnte. Die heute noch bestehenden Resteisfelder (Barnes Ice Cap, Penny Ice Cap) umfassen nur mehr 37000 km²; auf diesen Befund kommen wir noch zurück (Kap. G. 4.).

Inzwischen haben verschiedene Untersuchungen eindeutig nachgewiesen, daß im Mittelalter schon mehrere kürzere Gletschervorstöße von ähnlicher Intensität wie in der Kleinen Eiszeit abgelaufen sind, z. T. von ähnlichen Witterungsanomalien in anderen Gebieten begleitet. Der erste Vorstoß dieser Art – nach der in Kap. G. 2. zu behandelnden Wärmezeit – um 1160 bis 1200 ist bisher nur in der Schweiz belegt. Von historischer Bedeutung ist die Kaltphase zwischen 1310 und 1330, mit einer ungewöhnlichen Serie von naßkalten Sommern und der schwersten, historisch belegten Hungersnot in weiten Teilen Europas (1315/16). Nur ein einziges Mal in der Geschichte ist die ganze Ostsee zugefroren: 1322/3 sind Züge von Kaufleuten über das Eis von Rostock nach Südschweden und von Riga über Gotland nach Stockholm belegt. Gletschervorstöße sind nur aus den Ostalpen bekannt (PATZELT 1973). Kurz darauf (1330) wird das Auftreten arktischen Treibeises im Ostgrönlandstrom erwähnt, das die Verbindung mit den Wikinger-Siedlungen in Süd- und Westgrönland unterbrach (s. Kap. G. 2.). Das Kaspische Meer stieg – nach einem extremen Tiefstand (Kap. G. 2.) – im 14. Jahrhundert um volle 12 m an (GERASSIMOV 1978).

Ein weiterer „Vorläufer“ der Kleinen Eiszeit fällt in die Jahre von 1425 bis 1460: er ist – außer Gletschervorstößen in den Ostalpen – historisch belegt durch eine Reihe ungewöhnlicher Klimaextreme nach beiden Richtungen und damit hoher Variabilität, Mißernten und sehr hoher Getreidepreise (Maximum um 1438) in ganz Mittel-

und Westeuropa. In Norwegen sanken nach 1430 die Steuererträge auf ein Viertel des Wertes um 1300, in Schottland brachen, nach dem Zusammenbruch der wirtschaftlichen Grundlagen im Hochland und einer Serie von Mißernten, schwere soziale und politische Unruhen aus (LAMB 1982). In den Gebirgsgegenden kam es zum Aussterben und Wüstwerden zahlreicher Dörfer (PARRY 1978).

Die Abkühlung der warmen Jahreszeit wirkte sich hier in einer Verkürzung der Vegetationsperiode um 3 Wochen, in der Dekade ab 1690 sogar um 5 Wochen gegenüber dem Stand von 1300 aus. Abbildung 21 gibt die Differenz zwischen der kältesten (1691–1700) und wärmsten (1943–52) Dekade in Zentralengland an. Hinzu trat eine starke und häufige Vernässung des Bodens mit dem Wachstum von Mooren nach der mittelalterlichen Trockenperiode (Kap. G. 2.).

2. *Mittelalterliche Warmzeit*

Die wärmste Periode der letzten 1000 bis 1200 Jahre – über die Zeit vorher existieren nur sehr lückenhafte und unzuverlässige historische Quellen – war offenbar das frühe Mittelalter („Kleines Optimum"; für viele Einzelheiten siehe H. H. LAMB 1977, Kap. 13, 17 und 1982). Ihr Höhepunkt lag in den einzelnen Gebieten zu etwas verschiedenen Zeiten (DANSGAARD u. a. 1975; ALEXANDRE 1977). Während LAMB den Zeitraum von 1150 bis 1300 angibt, scheint es nach den Daten aus dem Alpenraum und dem westlichen Mitteleuropa eher der Abschnitt zwischen 900 und 1100 zu sein. Für diesen Zeitraum sind zweifellos weitere quellenkritische Untersuchungen besonders notwendig (INGRAM u. a. 1978); ein nicht unerheblicher Teil der vorliegenden Veröffentlichungen – darunter leider die meisten der mit großem Fleiß zusammengetragenen Arbeiten von Hobby-Historikern – leidet unter der unkritischen Verwertung sekundärer und tertiärer Quellen. Andererseits existieren in den ostasiatischen Hochkulturländern sehr lange und vollständige Reihen von Aufzeichnungen, deren Auswertung jetzt in Gang kommt (H. AARAKAWA 1955; MAEJIMA 1966; TAKAHASHI u. NEMOTO 1978; WANG u. ZHAO 1981).

Besonders eindrucksvoll sind die indirekten Daten aus den Eisbohrkernen Grönlands (DANSGAARD u. a. 1975; HAMMER u. a. 1977, 1980), die in der Periode von 800 bis 1100 mit der Auswertung von $^{18}O/^{16}O$-Daten (mit deutlichem Jahresgang) eine semiquantitative Abschätzung der Temperaturverhältnisse ermöglicht. Es muß aber betont werden, daß diese Daten zunächst nur regional gültig sind, vielleicht repräsentativ für den amerikanischen Sektor der Arktis, aber sicher nicht für Europa; die schon lange bekannte negative Korrelation Grönland–Europa ist mit neuen Daten inzwischen bestätigt worden (VAN LOON u. ROGERS 1978).

Die Phase milden Klimas begünstigte die Besiedlung Islands (ab 874) und Grönlands (ab 999) durch die Wikinger: entscheidend wichtig war hier die Eisfreiheit des Ostgrönlandstroms über mehrere Jahrhunderte hinweg (Kap. G. 1.). Diese auffällig starke barokline Meeresströmung benötigt zu einem Transport von der Nordküste Grönlands (81° N) bis zur Südspitze (knapp 60° N) etwa 2 bis 3 Monate und damit weniger als das Abschmelzen einer 2 bis 3 m dicken Eisscholle. Offenbar gibt es also hier nur zwei für längere Zeiträume etwa stabile Zustände: völlig eisfrei oder treibeisführend bis zur Südspitze (Kap Farvel) und um diese herum bis zur Westküste. Dieser Eisvorstoß setzte, nach einem kurzen Vorläufer um 1190, um 1320 ein (historisch belegt) und unterbrach die übliche Schiffahrtsroute quer über die Dänemarkstraße. Die damit praktisch abgeschnittenen Wikinger-Kolonien auf Grönland erlagen den Folgen der Klimaverschlechterung: Rückgang der Schafzucht, Hunger und Epidemien, Kämpfe mit den aus Nordgrönland und Ellesmere-Land vertriebenen Eskimos, die dort in der Warmphase ab etwa 500 n. Chr. (MCGHEE 1981) Walfang mit Booten betrieben hatten. Sicher erlagen die Wikinger ihrer mangelnden Anpassungsfähigkeit, aber schließlich ist und bleibt die Klimaverschlechterung das auslösende Moment.

In dieser Periode der Klimagunst wurde Getreide in Island und Norwegen (sicher bis 65° N) angebaut, die Waldgrenze in Kanada lag mindestens 100 km weiter nördlich als heute und reichte auch in den europäischen Hochgebirgen 100 bis 150 m höher hinauf; das bedeutete einen Anstieg der Sommertemperaturen um etwa 1° C (Tab. 10).

Tab. 10: Klimaschätzwerte für England und Wales

Klimaperiode	Mitteltemperatur (° C)			Niederschlag [1]		Verdunstung [1]	Abfluß [1]
	Jahr	Juli/Aug.	Winter	Jahr	Juli/Aug.	Jahr [2]	Jahr
Rezent (1916–1950)	9.4	15.8	4.2	932 mm	?	497 mm	435 mm
Kleine Eiszeit (1550–1700)	8.8	15.3	3.2	93 %	103 %	94 %	92 %
Kleines Optimum (1150–1300) [3]	10.2	16.3	4.2	103 %	85 %	104 %	102 %
Warmperiode Holozän ca. 6000 Jahre vor heute	10.7	17.8	5.2	110–115 %	?	108–114 %	112–116 %

[1] in Prozent des Mittels für die Jahre von 1916 bis 1950
[2] geschätzt nach Turcs Formel (1958)
[3] wahrscheinlich auch gültig für die Jahre von 900 bis 1050

Quelle: Lamb 1977, S. 404 und S. 407.

Die Anbaugrenzen in den Gebirgen Europas (von den Alpen bis Schottland und Norwegen) lagen etwa 200 m höher; Weinanbau in Ostpreußen, Pommern und in Südschottland (PARRY 1978) ist gesichert, während er heute infolge der Häufigkeit später Fröste ausgeschlossen wäre. Das war für viele Gebiete ein „Goldenes Zeitalter". Häufige Sommer-Dürren traten in Europa (südlich 60° N) auf, die bis in die mediterrane Zone reichten; das Tote Meer stand zeitweise ebenso tief wie heute, das Kaspische Meer (abhängig von den Niederschlägen im Wolgagebiet) mit — 32 m sogar niedriger als heute (trotz erheblicher Wasserverluste durch moderne Bewässerungsanlagen). Andererseits waren weite Teile der Sahara feuchter als heute: Berichte von früherer Rinderzucht in der Gegend von Kufra (heute nahe dem Zentrum der Aridität) und von Pferdekarawanen quer durch die Wüste belegen auf jeden Fall den Vegetationstyp einer Steppe mit häufigen Brunnen. Inwieweit die Änderungen von Vegetation und Klima seither auf natürliche Vorgänge oder – ganz oder teilweise – auch auf anthropogene Desertifikation im Sinne der Modelle von CHARNEY und anderen (Kap. D. 1.) zurückzuführen ist, läßt sich zur Zeit nicht entscheiden. Es erscheint unwahrscheinlich, daß alle diese Berichte nur auf orientalische Märchenerzähler zurückgehen. Da ein Hochstand des Turkana-(früher Rudolf-)Sees mit niedrigen Nilfluten zusammenfiel, schloß NICHOLSON (1980) auf eine Konzentration tropischer Sommerregen im Süden des äthiopischen Hochlandes. China und Japan hatten in dieser Zeit warme Sommer (CHU 1973; YOSHINO 1978), aber es existieren auch Berichte über strenge Winter in Zentralchina, in denen die Seen am Rande des Yangtsekiang zugefroren waren. In Nordamerika sind umfangreiche Anbaugebiete in Illinois und Iowa belegt (BRYSON u. MURRAY 1977), mit einem großen städtischen Zentrum. Die Baumringdaten von den Hochgebirgen Kaliforniens wie in Südwestcolorado ergeben zeitweise höhere Temperaturen wie auch geringere Niederschläge als heute. Eine neue, hervorragend belegte Zusammenfassung (EULER u. a. 1979) liefert für das Colorado-Plateau zahlreiche Fluktuationen zwischen Dürre- und Feuchtperioden (Zeitskala 10–100 Jahre), aber (infolge methodischer Schwierigkeiten?) nur wenige eindeutige Informationen über längerfristige

Klimaschwankungen (>100 Jahre). Eine deutlich feuchtere Periode zwischen 950 und 1150 n. Chr. scheint jedoch gesichert zu sein, ebenso Dürreperioden um 880 und 1430 n. Chr.

Eine widerspruchsfreie Interpretation der wichtigsten Daten für diese Warmphase hat LAMB (1977) gegeben: eine Verlagerung der wichtigsten Zyklonen-Zugbahnen um 3 bis 5 Breitengrade nach N, häufig antizyklonale Witterung über Mittel- und Westeuropa (ähnlich wie in den wärmsten und trockensten Sommern der Periode 1931–1960). Im Winter ist eine ähnliche Lage durch blockierende Hochs mit strengen Wintern in Mitteleuropa und Trockenperioden in Osteuropa charakterisiert. Sie läßt sich auch mit einem markanten Rückgang des Eises in den Gewässern um Island und Grönland in Zusammenhang bringen, der zugleich eine Periode geringerer Sturmhäufigkeit im Raum der britischen Inseln und der Nordsee bedingt.

3. Holozäne Warmzeit und Feuchtzeiten der Sahara

Das Holozän ist die geologisch jüngste, nur wenig mehr als 10 000 Jahre umfassende Klimaperiode, deren wärmste Phase – nicht synchron bei einem Vergleich über die Erde hinweg – wir hier behandeln wollen. Ihr Beginn fällt etwa zusammen mit einer extremen Lage des Perihels (s. Kap. F. 2.) im Nordsommer (heute Anfang Januar): da die Erdbahn zur Zeit deutlich elliptisch ist, erhielt die Nordhalbkugel damals im Sommer an der Obergrenze der Atmosphäre 7% mehr Strahlung als heute, während die Südhalbkugel entsprechend weniger bekam. Trotz dieser asymmetrischen Strahlungsverteilung ist heute die Nordhalbkugel um etwa 2° C wärmer als die Südhalbkugel – eine Folge der ungleichförmigen Verteilung von Land und Meer (s. Kap. B. 1. und B. 2.). Das Abschmelzen der Eisschilde der Nordkontinente vollzog sich ab etwa 14 ka (ka = 1000 Jahre) bis 8 bzw. 5 ka vh. In diesem Zeitraum kam es zu einer Vielzahl signifikanter Klimaänderungen, und die Schwelle Pleistozän/Holozän muß durch Konvention festgelegt werden; auf Einzelheiten kommen wir noch zurück.

Die Geschichte des Abschmelzens der großen Eisdome von

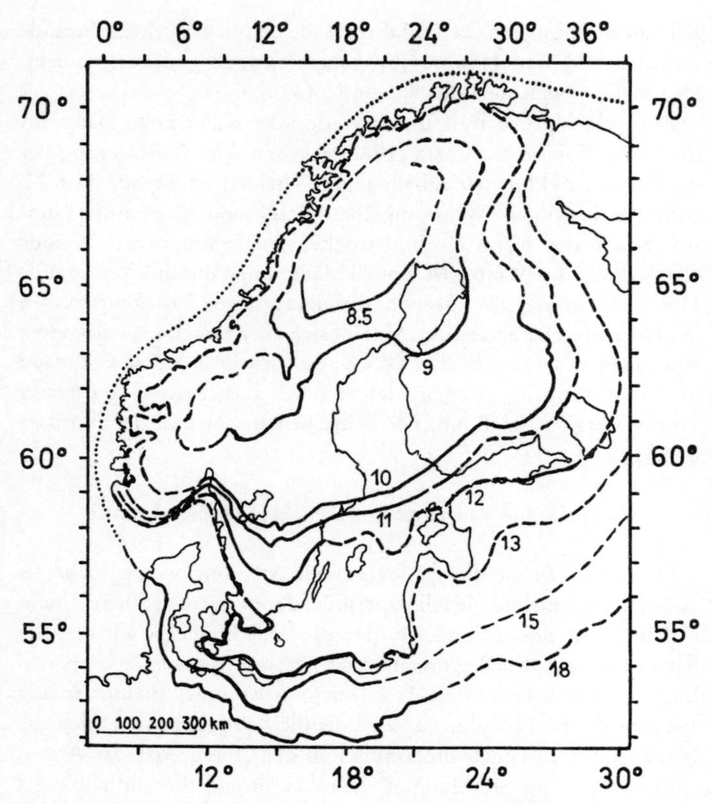

Abb. 22: Rückzugs-Isochronen des nordeuropäischen Eisschildes zwischen 17000 und 8200 Jahren vor heute. Die Daten beruhen auf der schwedischen Warven-Chronologie.

Quelle: LAMB 1977.

Nordamerika und Nordeuropa seit dem letzten Eiszeitmaximum vor etwa 18 ka ist recht gut bekannt (z. B. LAMB 1977a, Kap. 16a), während sich jetzt das Hauptinteresse auf den Ablauf nacheiszeitlicher Klimaschwankungen in eisfreien Gebieten konzentriert. Auf einige neue Problemstellungen kommen wir noch in Kapitel G. 5.

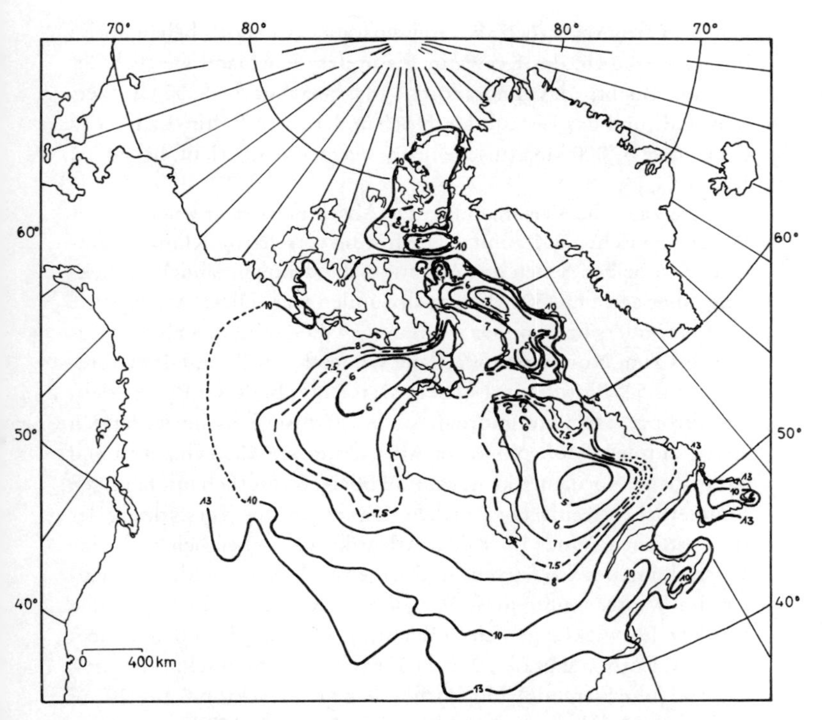

Abb. 23: Isochronen des Rückzugs des nordamerikanischen (Laurentischen) Eisschildes.

Quelle: Lamb 1977.

zurück. Der wesentlich kleinere Eisschild Nordeuropas und Nordsibiriens (für Einzelheiten siehe Grosswald 1980) verschwand (Abb. 22) kurz vor 8000 vh., zu einem Zeitpunkt, als der Laurentische Eisschild im östlichen Nordamerika noch rund 50 % seiner ursprünglichen Fläche bedeckte (Abb. 23). Nach einem katastrophalen Einbruch des Meeres in die heutige Hudson-Bucht um 7800 vh. (s. Kap. C. 3.) drifteten rund 3 Mill. km^3 Eis in etwa 200 Jahren in den offenen Ozean hinaus und schmolzen unter erheblichem Wärmeverbrauch ab. Drei separate Eisschilde blieben übrig: bis etwa 6000 vh. das Keewatin-Eis in dem Flachland westlich der Hudson-Bucht, das Labradoreis, das erst nach 5000 vh. verschwand, und das Eis auf den Hochländern von Baffin-Land, von dem etwa 37000 km² anscheinend bis heute überlebt haben (s. Kap. G. 1.).

Diese zeitliche Verschiebung des Abschmelzens erzeugte in der Periode zwischen 8000 und 6000 vh. eine verschärfte Klima-Asymmetrie zu beiden Seiten des Atlantiks, die dann allmählich zurückging, aber erst um 4500 vh. verschwunden war. Diese Asymmetrie muß besonders im Sommer wirksam gewesen sein: damals war Europa bis zum Nordkap monatelang schneefrei, während das Labradoreis bis 52° Nordbreite (= Berlin!) reichte. In dieser Phase erlebten Europa, Asien und Nordafrika die wärmste Epoche der letzten 75 ka, mit dem Höhepunkt im Atlantikum um 6500 vh., während das östliche Nordamerika noch kühl blieb, vermutlich mit häufigen sommerlichen Kaltluftausbrüchen. Das ergab eine Verstärkung der südwestlichen Winde über dem Atlantik, wahrscheinlich auch eine Verstärkung des Golfstroms und seiner nach N ziehenden Ausläufer. Im Winter mußte diese Verteilung aber auch – analog zu den heutigen Entwicklungen im Frühjahr, wenn Labrador noch schneebedeckt, Europa aber bis 60 und 65° Breite hin schon schneefrei ist – häufige (blockierende) Hochdruckrücken im Sektor 0 bis 20° W auslösen, gekoppelt mit Kaltluftausbrüchen über Mittel- und Osteuropa und verbreiteten Niederschlägen im Mittelmeergebiet und über Nordafrika (NICHOLSON u. FLOHN 1980).

Die folgende Beschreibung bezieht sich hauptsächlich auf den Höhepunkt der holozänen Warmzeit (um 6500 vh.). Die Daten sind in Radiokarbonjahren gegeben, die um bis zu 1000 Jahren von der Kalenderzeit abweichen können; ihre Konversion in Kalenderjahre, lange eine Kontroverse, scheint nunmehr im Sinne von H. E. SUESS (1970) gesichert zu sein. Aber die ungenügende zeitliche Auflösung der verfügbaren Befunde und Zeitreihen erlaubt kaum eine Behandlung der zweifellos existierenden Klimafluktuationen in einer Zeitskala von 100 Jahren, so auch der SUESSschen "wiggles", die inzwischen bestätigt wurden (STUIVER 1978, DE JONG u. a. 1979).

Die borealen Wälder des westlichen Kanada und von Westsibirien erstreckten sich 2 bis 300 km weiter nach Norden als heute: die Sommertemperaturen müssen um 2 bis 3° C höher gewesen sein. Subarktische Wälder bedeckten die nördlichen Inseln Norwegens und die ganze Taimyr-Halbinsel (bis 77° N!). Aber diese Warmphase ging um 4800 vh. rasch zu Ende, als im Gefolge eines etwa 200 Jahre anhaltenden Kältevorstoßes die Waldgrenze in Westkanada sich um mehr als 300 km nach Süden verlagerte (NICHOLS 1975). Etwa gleichzeitig hiermit traten in vielen Gebieten Verschlechterungen des Klimas im Sinne eines „Neoglazials" auf, ähnlich wie in der Kleinen Eiszeit (Kap. G. 1.), ebenso wie eine allmähliche Austrocknung des heutigen Trockengürtels (NICHOLSON u. FLOHN 1980), auf den wir noch zurückkommen müssen.

Ein solches „Neoglazial" ist in der Klimageschichte Europas – als Beispiel seien die Arbeiten von KARLÉN für Lappland (1973, 1976a, 1976b, 1979), PATZELT (1973, 1977) und BORTENSCHLÄGER (1977) für die Ostalpen, GAMPER, SUTER und HOLZHAUSER (1982) für die Schweiz genannt – kaum zu definieren: das Holozän – nach dem Ende der Kaltphase der Jüngeren Dryas-Zeit (ca. 10.2 ka) – umfaßt eine ganze Serie (5–6) etwa gleich starker Kaltphasen, wie die Kleine Eiszeit, im Abstand von 1500 bis 2500 Jahren, unterbrochen von Warmphasen, die sich anscheinend (?) auch nur unwesentlich unterschieden.

Die Wassermassen des Kuroshio (zwischen Taiwan und Japan) waren bis zu 6° C wärmer als heute (TAIRA 1975). Mit einiger Verspätung erlebte die innere Arktis ihre wärmste Holozän-Periode erst nach 4500 vh., mit verbreitetem offenen Wasser in den Fjorden und längs der Küsten von Spitzbergen, Grönland und Ellesmere-Land (BARRY 1977, MCGHEE 1981); in dieser Zeit konnte sibirisches Treibholz zu diesen Küsten bis hinauf nach 83° N driften (VASARI u. a. 1972). Andererseits gibt es kein Anzeichen dafür, daß der zentrale Kern des arktischen Treibeises zwischen Grönland, Alaska und Ostsibirien verschwunden war. Die verfügbaren Befunde über den Meeresspiegel erlauben – wegen der offenbar doch relativ großen tektonischen Mobilität der Kruste unter den wechselnden Belastungen von Eis und Wasser, die eine regional differenzierte „Paläogeodäsie" erfordern – keine einheitlichen Angaben über den Zeitablauf des Rückgangs und dessen Schwankungen (MÖRNER 1980).

Im subantarktischen Ozean hatte das in allen Jahreszeiten weit vorgestoßene Treibeis sich bei Erwärmung rasch zurückgezogen. Der Höhepunkt der postglazialen Warmzeit war schon rund 9500 vh. erreicht (HAYS 1978). Wegen der geringen regionalen Vereisung Ostsibiriens hatte dort die Warmphase ebenfalls vor 7000 vh. begonnen (STARKEL 1977); am Biwa-See (Zentral-Japan) zeigte eine Tiefbohrung (FUJI 1976) den Beginn der Warmphase schon vor 8000 vh. an.

Die spätglaziale Übergangszeit (etwa 12.5–10.5 ka vh.) zwischen dem glazialen und dem post- bzw. interglazialen Zirkulationstyp in Atmosphäre und Ozean war gekennzeichnet durch einen mehrfachen Wechsel von Warmphasen (Bölling, Alleröd) und Kaltphasen (ältere, mittlere (?), jüngere Dryas-Zeit) mit abrupten Übergängen, die z. T. noch am Rande der Tropen nachweisbar sind (Südrand der Sahara, Tibesti sowie Bogotá). Gegen Ende dieser Periode – wahrscheinlich im Alleröd – waren die tropischen Ozeane etwas wärmer als heute, offenbar begleitet von einer deutlichen Abschwächung der tropischen Hadley-Zelle. Dies führte zu einem Rückgang des äquatorialen Aufquellens im Ozean sowie zu einer Abschwächung des Aufquellens an den Küsten. Im Zusammenhang damit erhöhte sich die Ozeanverdunstung und führte zu einer raschen Wiederausbreitung der tropischen Regenwälder, die während der Eiszeit drastisch (auf 20–30%) reduziert waren (VUILLEUMIER 1971; ROGNON u. WILLIAMS 1977; SHACKLETON 1977a).

Für England und Wales hat LAMB (1977) Schätzwerte der wichtigsten Klimagrößen angegeben, im Vergleich zu den früher behandelten Klimaphasen (Tab. 10). An den Meeresküsten mittlerer Breiten betrug die Temperaturerhöhung gegenüber heute 1.5 bis 2° C; im Nordosten von Nordamerika war es kälter, wo die Schrumpfung des sehr mächtigen laurentischen Eises nur langsam ablief. In der Zone zwischen 85° und 95° W erstreckte sich ein Dreieck mit Prärie-Vegetation von W her nach Wisconsin und Illinois mit einem Maximum um 7 ka vh. (BERNABO u. WEBB 1977). Ein ähnliches Trockengebiet bildete sich in Südwestsibirien, im Nordwestiran und in der Osttürkei; beide letztere gehörten damals zu den ganz wenigen Gebieten, die trockener waren als heute. In den Wäldern Europas und Asiens traten wärmeliebende Arten auf (Frenzel 1967, 1968), als Anzeiger etwas höherer Temperaturen und Niederschläge. Der Dauerfrostboden in Ostsibirien zog sich bis auf einige 100 km nördlich seiner heutigen Grenze zurück. In Westkanada und Alaska ist ein ähnlicher Rückzug wahrscheinlich, im Zusammenhang mit einer Ausdehnung des Waldes weit in die Tundra hinein und einer Erwärmung um bis 5° C (Andrews u. a. 1981). In den Gebirgen lag die obere Baumgrenze mindestens 150 m höher als heute.

In den subtropischen Trockengebieten herrschten fast überall feuchtere Bedingungen. Da die Temperaturen meist höher waren als heute, muß diese humide Klimaphase (Sarnthein 1978) auf eine Zunahme der Niederschläge zurückgehen, im Zusammenhang mit der höheren Ozeanverdunstung (Kap. B. 3.).

Die überraschenden Befunde (meist erst seit 1970) beziehen sich auf die heute einwandfrei gesicherten *Feuchtperioden* in der Sahara (Williams u. Faure 1980; Nicholson u. Flohn 1980) und in den Wüstengebieten des Nahen und Mittleren Ostens bis nach Rajasthan (Swain u. a. 1983) und Russisch-Zentralasien (Brice 1978), wo allerdings nur z. T. eindeutig datierbare Befunde vorliegen. Eine erste Feuchtperiode zwischen 11 ka und 8 ka erfaßte das ganze Gebiet, einschließlich der ostafrikanischen Grabenregion bis etwa 10° S (Nicholson u. Flohn 1980, Fig. 2 und 4, mit 53 Fundpunkten in Afrika), mit Ausnahme des Nordwestens. Besonders eindrucksvoll ist der Anstieg des Tschad-Sees bis zu einem Überfließniveau in etwa 320 m zum Benuë-Niger-System; seine Fläche (ca. 320000 km^2) entsprach dem heutigen Kaspischen Meer. Eine markante Zunahme des Abflusses um einen Faktor ~ 10 ergibt sich entsprechend aus Bohrkernen (Pastouret u. a. 1978) vor dem Delta des Niger. Parallel hierzu flossen die Seen im äthiopischen Graben zum Hauasch (Awash) über, ebenso der Rudolf-See (Lake Turkana) mit einem Anstieg von 75 bis 80 m zum Weißen Nil. Neuere Zusammenfassungen haben Street und Grove (1979) sowie Rognon (1977, 1980) und Frankenberger und Lauer (1981) gegeben. Besonders bemerkenswert ist hierbei das gleichzeitige Auftreten mediterraner

Winterregen und tropischer Sommerregen in großen Gebieten der Sahara, einwandfrei belegt durch das Auftreten von Pollen mediterraner und tropischer Pflanzen (MALEY 1982).

Die Interpretation dieser – in mehreren Gebieten 5000 bis 6000 Jahre lang anhaltenden – Feuchtperiode ist von J. KUTZBACH (1981, 1982) auf eine neue Stufe gestellt worden. Er geht aus von der Rolle der Erdbahnelemente, bei denen in der Zeit zwischen 12000 und 8000 Jahren vh. das Perihel (Kap. F. 2.) im Nordsommer lag – im Gegensatz zu heute (Anfang Januar). Damit erhielten die Nordkontinente im Sommer bis zu 7% mehr Sonnenstrahlung; die entsprechende Abnahme im Winter ist in absoluten Zahlen viel geringer. KUTZBACH nimmt nun – als Folge der Wärmespeicherung und der Wärmetransporte im Ozean – eine Verstärkung des thermischen Gegensatzes Land–Meer im Sommer an: das führt zu einer deutlichen Verstärkung der Monsun-Zirkulation, besonders im Raume Nordafrika–Südasien, die er durch eine Modellrechnung mit einem stark vereinfachten Klimamodell (mit nur grober räumlicher Auflösung) nachweisen kann.

Weiterhin umfaßt diese Phase noch die Abschmelzperiode des skandinavischen Eises. Diese verschiebt (mindestens in den Übergangsjahreszeiten, aber auch im Sommer) die Zugbahnen der außertropischen Zyklonen nach Süden, d. h. nach dem Mittelmeer und Nordafrika – außer Nordwestafrika, wo offenbar über dem Atlantik sich ein starkes Hochdruckgebiet aufgebaut hat. Zugleich aber breiten sich die tropischen Sommerregen nordwärts aus, wie heute in den Übergangsjahreszeiten ausgelöst durch damals häufige Kaltluftvorstöße in der oberen Troposphäre (Höhentröge: FLOHN 1975a; FLOHN u. NICHOLSON 1979). Ähnliche Verhältnisse herrschten zeitweise (NICHOLSON 1980) auch in der Kleinen Eiszeit, charakterisiert durch eine Verlängerung der Sommerregenzeit. Der Mechanismus dieser Koppelung zwischen außertropischen und tropischen Regen ist inzwischen – anhand von (keinesfalls seltenen) aktuellen Fällen – geklärt: auf der Vorderseite der diagonal (SW–NE) verlaufenden Kaltluft-Höhentröge bilden sich aus der tropischen Oströmung zyklonale Wirbel aus („Sahara-Depressionen“, schon um 1935 bekannt) und ziehen quer durch die Wüste nach NE (FLOHN

1975a). In dem heute hyperariden Zentrum der Sahara – zwischen der Oase Kufra und dem Tibesti-Gebirge, heute mit weniger als 5 mm Jahresniederschlag – flossen permanente Flüsse und lebten die Großtiere Afrikas (Jäckel, Pachur): die jährliche Regenmenge muß damals mindestens 200 mm, wahrscheinlich sogar 300 bis 400 mm betragen haben.

Zwischen 8 ka und 7 ka läßt sich an vielen Fundpunkten eine kurze, z. T. intensive aride Phase nachweisen, auffälligerweise zeitgleich mit dem Verschwinden des skandinavischen Inlandeises und dem markanten Ausbruch des zentralen Kerns des laurentischen Inlandeises im Gebiet der Hudson-Bucht. Flohn und Nicholson (1979) haben die letztgenannten Ereignisse, insbesondere den Entzug der Schmelzwärme für die enormen Eismengen, zur Interpretation herangezogen; für diese Hypothesen liegt jedoch bisher kein Beweis vor.

Danach kam es zu einer zweiten humiden Phase zwischen 6500 und 4500 vh., d. h. zeitgleich mit dem Abschmelzen der Reste des laurentischen Eises und mit dem feucht-warmen Atlantikum in Europa. Sie unterschied sich von der ersten durch das Dominieren von kurzen, schweren Gußregen und durch die Ausdehnung der Feuchtzeit auf den Nordrand der Sahara einschließlich des Maghreb – die Schotts von Algerien und Tunesien und an anderen Stellen (Südlibyen, Südmarokko) erlebten damals ihren Hochstand. Die Untersuchungen an der großen Playa der Qattara-Senke sind leider noch unveröffentlicht. In dieser Phase – belegt u. a. durch zahlreiche Funde ehemaliger Steinherde (Gabriel 1977) und durch die berühmten Felsbilder der zentralen Sahara – lebte eine offenbar ziemlich dichte Bevölkerung nomadischer Rinderhirten (!) in der zentralen Sahara; wieder werden aus den Vegetationsresten und anderem Belegmaterial die Niederschläge auf 200 bis 400 mm/Jahr geschätzt. Die Nilfluten waren nach 7000 vh. bis zu 5 m höher als heute; auch die Seen Ostafrikas (Butzer 1972, 1975), Äthiopiens und der Afar-Senke standen ähnlich hoch wie in der ersten Feuchtperiode (Street u. a. 1979).

Auch im Innern Arabiens (McClure 1976) und in Rajasthan (Wüste Tharr: Singh u. a. 1974; Swain u. a. 1983) ist eine ausge-

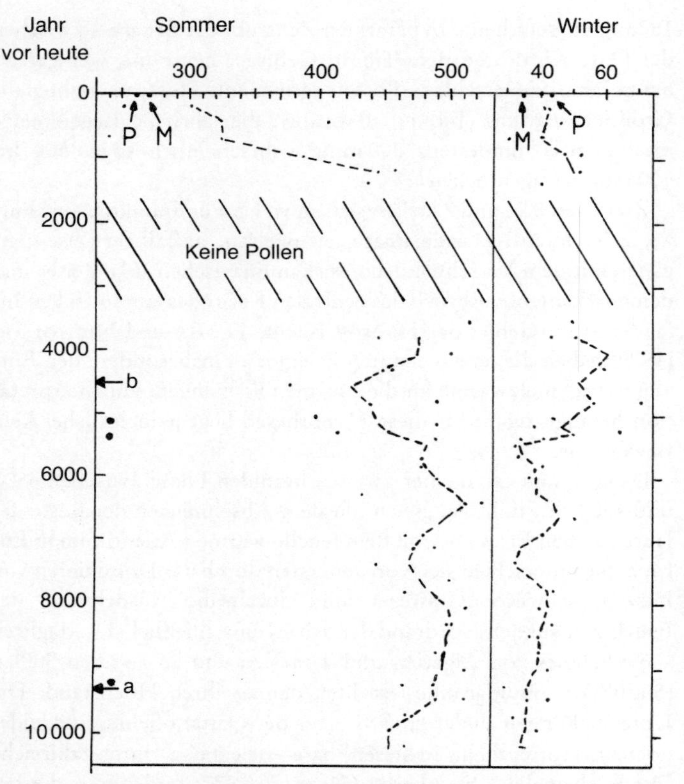

Abb. 24: Sommer- und Winterniederschlag, gewonnen aus Pollenproben aus dem Lukaransar-Salzsee (Rajasthan).

Die Kurven sind mit einer 1-2-1 Wichtung geglättet; Winter in Prozent.

M = mittlerer Niederschlag 1931–1960 (mm).

P = Schätzung des heutigen Niederschlags aus Pollenanalysen.

● = Radiokarbon-Datierung a) 9300 vh.
b) 4500 vh.

Schräge Striche: keine Pollenablagerung (Austrocknung).

Quelle: Vereinfacht nach Swain u. a. (1983).

dehnte Feuchtperiode sichergestellt, wobei offenbar die aride Zwischenphase fehlt. Die Schwankungen der Niederschläge in Rajasthan (Abb. 24) sind gegenüber früheren Darstellungen vorsichtig geglättet (SWAIN u. a. 1983): die Existenz einer langen Feuchtperiode in diesem heute sehr trockenen Gebiet (Regenmenge 100–150 mm/a), etwa gleichzeitig mit dem Beginn des Getreidebaus und der (viel späteren) Indus-Hochkultur, ist offenbar gesichert (vgl. auch die älteren Arbeiten in BRICE 1978). In diesem Gebiet haben offenbar die Niederschläge außertropischer und tropischer Herkunft gleichzeitig zugenommen; wenig nördlich, bei Peshawar (34° N), treten auch heute regelmäßige Winter- und Sommerregen (bis 800 mm) am gleichen Ort auf.

In dem ganzen Riesengebiet von den Kapverdischen Inseln bis über den Indus hinaus, über rund 8000 km hinweg, herrschten sicher bis etwa 5500 vh., in schwächerem Maß bis 4500 vh., wesentlich humidere Klimabedingungen als heute. Die Austrocknung begann in mehreren Etappen um 5500 vh. und erreichte ihren ersten Höhepunkt um 4500 vh.; in dieser Zeit zogen sich die neolithischen Rinderhirten nach Süden bzw. ins Niltal zurück, wo in der gleichen Zeit die erste Phase der Hochkultur Alt-Ägyptens (erstes Reich ca. 3200 v. Chr., 1.–4. Dynastie mit der Stufenpyramide von Sakkara) begann (BUTZER 1975, 1979). Wiederum ist diese Entwicklung zeitgleich mit dem Abschmelzen der Reste des dreigeteilten laurentischen Eises; ab etwa 4500 vh. waren die großen Eisschilde bis auf Grönland verschwunden, und der großräumige Wärme- und Strahlungshaushalt der Arktis war ähnlich wie heute, mit einer noch etwas geringeren Ausdehnung des arktischen Treibeises (s. oben).

Die Südverlagerung des Gürtels mediterraner Winter- und Frühjahrsregen führte in dieser zweiten Feuchtphase nördlich 35° N zu einer Trockenperiode in Anatolien und Iran; der tiefe Van-See sank um 300 bis 400 m ab und bildete sich zu einem Sodasee um (KEMPE 1968).

Aus dem ariden Südwesten Nordamerikas sind leider nur wenige Zeitreihen bekannt; eine der Ausnahmen ist ein Süßwassersee im zentralen New Mexico. Die großen Seen auf dem zentralen Hochplateau von Utah/Nevada erreichten ihren Höchststand offenbar schon früher (14–12 ka).

In Australien (ROGNON u. WILLIAMS 1977; BOWLER 1976) kam es zu einer spiegelbildlich recht ähnlichen Entwicklung, allerdings ohne eine Trockenphase um 7 ka. In der frühholozänen Feuchtperiode traten höhere Niederschläge gleichzeitig im N und S des zentralen Trockengebietes auf, zugleich mit etwas erhöhten Temperaturen gegenüber heute, selbst in Höhenlagen oberhalb 2500 m (Neuguinea). Für Südafrika haben VAN ZINDEREN BAKKER (1976, 1980) und HEINE (1981) detaillierte Ergebnisse geliefert, auf die hier nicht weiter eingegangen werden kann.

Diese höchst überraschenden, aber inzwischen prinzipiell gesicherten Ergebnisse – weite besiedelte Grasländer anstelle der Wüste, zeitgleich mit holozänen Warmphasen auf der Süd- und der Nordhalbkugel – werfen nun, im Hinblick auf eine mögliche Erwärmung anthropogenen Ursprungs, eine prinzipielle Frage auf: *Kann sich die Klimageschichte wiederholen?* Das wäre nur möglich bei Konstanz der äußeren *Randbedingungen.* Tatsächlich haben diese sich aber mit dem mittleren Holozän, um 5000 vh., in vier Punkten entscheidend geändert:

1. Im Frühholozän lagen in Nordeuropa (nur bis 8000 vh.) und im Nordosten Nordamerikas noch große *Eisfelder,* die die räumliche Verteilung des Strahlungshaushaltes, der Temperatur und der Höhenströmung entscheidend gegenüber heute verändern; zugleich mit ihrem endgültigen Verschwinden kam es zu einer Austrocknung des ariden Gürtels der alten Welt. Solange in Ostkanada auch im Sommer eine permanente Kältequelle existierte (ähnlich wie heute im Frühjahr), bildeten sich blockierende Hochdruckgebiete im Gebiet der Britischen Inseln, die zu gesteigerter zyklonaler Aktivität im Mittelmeerraum führten. Ähnliche Bedingungen können in Zukunft nur erwartet werden, wenn sich eine permanente Schneedecke über Baffin-Land and Labrador entwickeln sollte. Das ist für absehbare Zukunft unmöglich; selbst in der Kleinen Eiszeit, wo sich zwar die Firnbedeckung von Baffin-Land auf das Vierfache vergrößerte, kam es im Hochland von Labrador offenbar nicht zu einer permanenten Schneedecke. Für die weitere Zukunft darf aber dies nicht a priori ausgeschlossen werden.

2. In der Periode 10 bis 8 ka vh. lag das *Perihel* (der Zeitpunkt

größter Sonnennähe der elliptischen Erdbahn) im Nordsommer, heute im Januar (s. oben). Die Zunahme der Sonnenstrahlung im Nordsommer um 7% muß nach den Modellen von WETHERALD und MANABE (1975) mit einer erheblichen Zunahme der Ozeanverdunstung und damit der globalen Niederschläge gekoppelt gewesen sein. Eine ähnliche Zunahme der extraterrestrischen Sonnenstrahlung ist erst nach 6 bis 10 ka zu erwarten.

3. Die ständig wachsende, vom Menschen selbst ausgelöste *Desertifikation* (HARE 1977) mag vielleicht schon im Neolithikum etwas zu dem langsamen Austrocknungsprozeß beigetragen haben. Gemeint ist hier die Ausrottung der Großtiere und ihr Ersatz durch Rinder- und Ziegenherden mit ihren ganz anderen ökologischen Ansprüchen, dazu der Bedarf an Feuerholz. Aber diese Frage ist noch sehr umstritten. Die heutigen Niederschlagsdaten zeigen weder in Rajasthan (seit 1890) noch im Sahelgürtel (ab 1905) oder in Südtunesien (1900) einen abwärts gerichteten Trend, obwohl die Vegetationsdecke auch hier drastisch reduziert wurde. Über die Modellvorstellungen zur Wüstenbildung siehe Kap. D. 1. Eine Umkehr dieser Desertifikation (Bodenerosion, Ausblasung durch Wind, Vegetationszerstörung, Erschöpfung der fossilen Grundwasservorräte und Versalzung) erscheint nur dann möglich, wenn wiederholte großräumige Regenfälle eine Vegetation hervorrufen, die gegen Überweidung und die steigenden Bedürfnisse (Feuerholz!) einer wachsenden Bevölkerung geschützt werden kann. Nur in diesem Fall könnte der (offenbar schwache) Rückkoppelungseffekt (Desertifikation → Zunahme der Albedo → Zunahme des Absinkens → weniger Regenfall → sich ausbreitende Desertifikation) unterbrochen oder sogar umgekehrt werden. Dies setzt aber eine völlige sozio-ökonomische Umstellung auf internationaler Ebene voraus.

4. Auch die *Zusammensetzung* der Atmosphäre und ihre Auswirkung auf den Strahlungshaushalt hat sich geändert: CO_2, andere Spurengase, Aerosol aus Mineralstaub und Brandpartikeln, insbesondere als Folge der Desertifikation, sind hinzugekommen.

Argument 1 und 2 lassen in naher Zukunft *keine* substantielle Zunahme des Regens entlang der Nordflanke des Trockengürtels

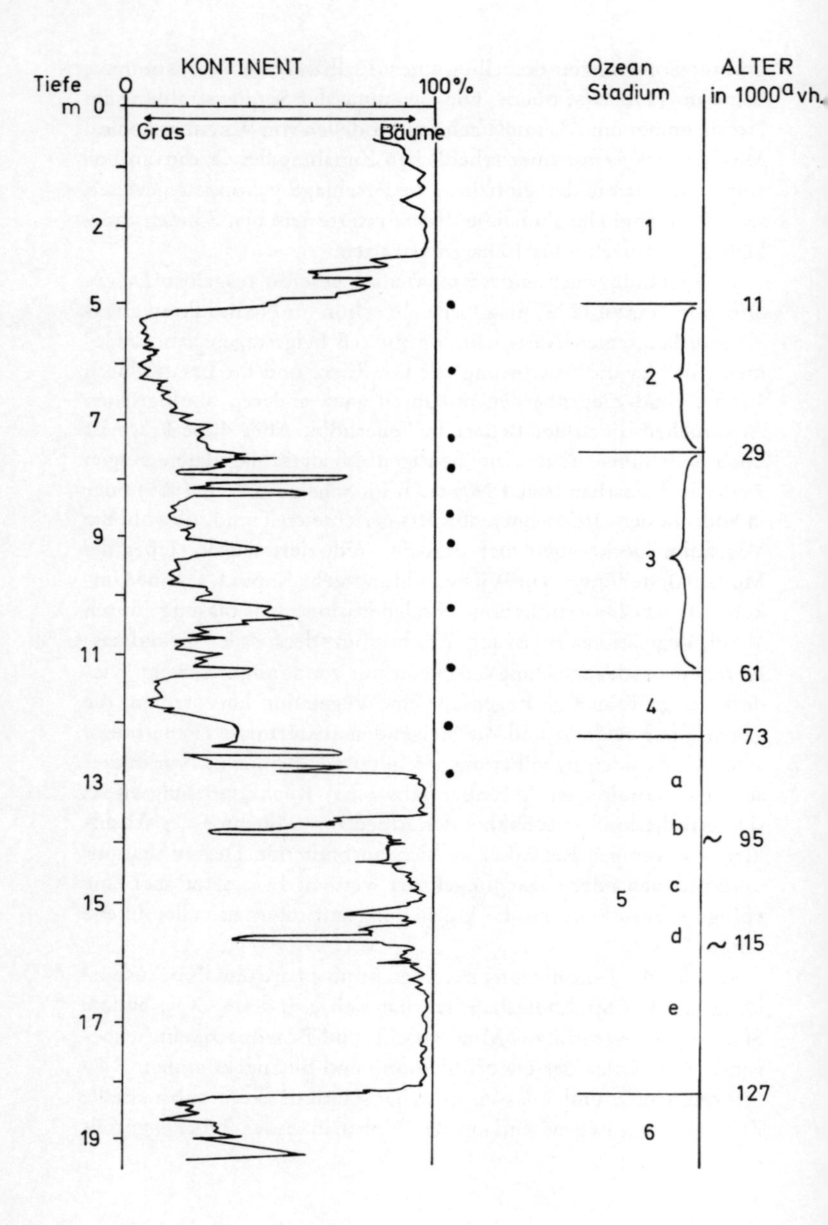
KONTINENT
Tiefe
m
0
100%
Gras
Bäume
Ozean
Stadium
ALTER
in 1000 a vh.
2
5
7
9
11
13
15
17
19
1
2
3
4
5
6
a
b
c
d
e
11
29
61
73
~ 95
~ 115
127

erwarten. An der Südflanke wäre dies bei Rückgang des polaren Treibeises möglich, wenn – wie erwartet – die subtropischen Hochdruckzellen sich abschwächen und polwärts verlagern, aber keinesfalls so stark wie in der holozänen Feuchtperiode. In diesem Fall müßte sich der Passat abschwächen, ebenso die ozeanischen Aufquellvorgänge, mit der Folge höherer Verdunstung und höherer Niederschläge (s. auch MANABE u. WETHERALD 1975, 1980).

4. Das letzte Interglazial (Eem i. e. S.)

Neue Untersuchungen, auf der doppelten Grundlage von Lotkernen vom Ozeanboden und von festländischen Lößablagerungen in Österreich und der Tschechoslowakei, haben einwandfrei ergeben, daß in den letzten 2 Ma in den Nordkontinenten eine Folge von mindestens 17 Eiszeiten ablief (FINK u. KUKLA 1977), unterbrochen von der gleichen Zahl von Warmzeiten (Interglazialen). Das Klima dieser Warmzeiten glich (von sekundären Abweichungen abgesehen) etwa dem heutigen. Die zeitlich fixierbaren, jüngeren Warmzeiten dauerten jeweils nur 10 bis 15 ka, während die Eiszeiten (Glaziale) und die zwischengeschalteten, nur etwas wärmeren Interstadiale den größten Teil des Zeitraumes einnahmen. Nur die jüngeren Ereignisse dieser Art sind heute einigermaßen detailliert bekannt. Die letzte Eiszeit dauerte etwa ab 73 ka bis 14 ka, mit zwei Hauptgipfeln zu Anfang und Ende (ca. 18 ka) und 3 bis 5 Interstadialen, in denen die großen Alpentäler (wie das Inntal) und z. T. Schweden zeitweilig eisfrei waren. Infolge der vielen überraschenden Befunde ist die Chronologie des Ablaufs des Pleistozäns, in dem auf dem Festland bisher nur 4 bis 6 große Eiszeiten unterschieden werden

Abb. 25: Vegetationsgeschichte Grand Pile (Südvogesen). Links Verhältnis Baumpollen/Graspollen, Punkte = ^{14}C-Alter der Pollen, rechts Zeitskala in ka. ^{18}O-Stadien nach EMILIANI u. SHACKLETON (aus Tiefseekernen abgeleitet) mit Altersdatierung.

Quelle: WOILLARD u. MOOK 1982.

konnten, noch umstritten (hierzu vgl. KUKLA 1977, 1978); hier soll darauf nicht näher eingegangen werden (als Beispiel Abb. 25).

Für die Ozeanböden, von denen viele hundert Bohrkerne jetzt mehr oder minder gründlich bearbeitet vorliegen (z. B. CLINE u. HAYS 1976), hat sich inzwischen eine allgemein akzeptierte Skala (EMILIANI u. SHACKLETON 1974) durchgesetzt. In deren Rahmen dauerte die letzte Warmzeit (Stufe 5), mit zwei einschneidenden Unterbrechungen, von rund 130 ka bis 75 ka. Ihr Klima in Europa und Nordasien ist von FRENZEL mit vielen Einzelheiten zusammenfassend beschrieben worden; die verfügbaren Belege für Nordamerika (wo z. Zt. eine Neubearbeitung im Gang ist) und vor allem für die übrigen Kontinente sind noch recht lückenhaft.

Die Stufe 5 umfaßt insgesamt – diese Struktur ist an vielen Stellen im Ozean und an Land (WOILLARD 1979; GRÜGER 1979; MANGERUD 1979; KUKLA 1980) einwandfrei belegt – drei Warmzeiten (5e, 5c, 5a) und zwei offenbar nur relativ kurze Kaltzeiten (5d, 5b). Von diesen Warmzeiten ist 5e (vor etwa 127–115 ka) deutlich die wärmste, noch wärmer als der Höhepunkt des jetzigen Interglazials (Holozän, siehe Kap. G. 3.), und erst recht wärmer als 5c und 5a. Das Kennzeichen dieser Stufe 5e ist in weiten Teilen Europas ein wärmeliebender Mischwald (mit Linde, Ulme, Eiche, Haselnuß, Stechpalme); im Mittelmeergebiet herrschte gleichzeitig ein warmgemäßigter Laubwald wie heute an der feuchtwarmen Ostküste des Schwarzmeeres (Kolchis) vor. Eine Weltkarte der Oberflächentemperatur des Ozeans ist noch nicht veröffentlicht, jedoch eine Karte für den Nordatlantik (T. B. KELLOGG 1979a, b). Da aber nach allen vorliegenden Unterlagen, insbesondere der Abschätzung des globalen (kontinentalen) Eisvolumens mittels der ^{18}O-Isotopenmethode (SHACKLETON u. OPDYKE 1973, 1977), diese Stufe 5e die wärmste aller Warmzeiten seit dem mittleren Pleistozän vor rund 0.7 Ma war, soll hier versuchsweise eine klimatische Interpretation gegeben werden.

In Nord- und Osteuropa war das Klima deutlich ozeanischer als heute – im wesentlichen eine Folge des Meeresspiegelanstiegs auf 5 bis 7 m über dem heutigen Stand (siehe Kap. C. 3.). Dieser Anstieg isolierte Skandinavien und große Teile Finnlands vom Festland

Tab. 11: Klimaunterschiede zwischen dem Eem-Interglazial und heute

Gebiet	(Temperatur in ° C) Januar	Juli	Jahr	Niederschlag Jahr (mm)
Dänemark	+ 2	+ 1–2	+ 1.5	0
Mitteldeutschland	+ 1– 2	+ 3	+ 2.5	0
Mittleres Polen	+ 3– 4	+ 3	+ 3	+ 50
Nordostpolen	+ 3– 5	+ 3–5	+ 5	+ 50
Weißrußland	+ 5– 6	+ 5	(+ 6)	0
Zentral-Rußland	+ 9–10	+ 2	+ 5	+ 100
Nordwestukraine	+ 2– 3	± 0	+ 1	+ 50
Westsibirien	+ 4	+ 3	+ 3	+ 100?
Mittelsibirien	?	?	+ 6	?
Toronto	+ 3– 4	+ 2	?	?
Südostalaska	?	+ 4–5	?	?
Banks Inseln (72° N)	?	+ 4–5	?	?

Quelle: Frenzel 1967.

durch eine Meeresstraße zwischen Ostsee und Weißem Meer (Abb. 26). Das Meer drang auch in Westsibirien tief in das Festland ein, in zwei großen Buchten längs der Flüsse Ob und Jenissei bis zu einer Breite von 61 bis 62° N. Tabelle 11 gibt eine Auswahl von Klimadaten in Eurasien und Nordamerika, die Frenzel anhand der damaligen Vegetation abgeschätzt hat. Die Temperaturen waren allgemein 2 bis 3° C höher als heute, in Osteuropa und Mittelsibirien z. T. noch höher, und die Niederschläge lagen vielerorts über den heutigen. Das Auftreten von Löwen, Nilpferden (!) und einer ausgestorbenen Art von Waldelefanten in Südengland ist ein besonders markanter Anzeiger dieses warmen Klimas (Lamb 1977, S. 188), das dort etwa dem des heutigen Portugal entsprochen haben mag.[1] Ein

[1] Neueste Funde (Museum Darmstadt) belegen inzwischen die Anwesenheit von Nilpferden und Waldelefanten in dieser Zeit auch in Rheinschottern bei Worms; dies spricht mindestens für deutlich mildere Winter ohne längere Frostperioden.

wärmeliebender Mischwald in Ostsibirien belegt einen Rückgang des Dauerfrostbodens (Permafrost) bis etwa 57° N-Breite gegenüber etwa 53° N in der holozänen Warmzeit und 50° N heute. Boreale Wälder erstreckten sich vielfach bis an die damalige Küste, so daß die Tundrazone stark reduziert wurde (Abb. 26). Das arktische Treibeis zog sich damals in seinen Randgebieten im Sommer noch weiter zurück als heute, während der Kern des arktischen Treibeises (Abb. 2) zwischen Grönland, Alaska und Ostsibirien mindestens seit der letzten Umkehr des erdmagnetischen Feldes vor 700 ka (Beginn der Brunhes-Epoche) erhalten geblieben ist (HERMAN u. HOPKINS 1980). Ein Meeresspiegelanstieg von 5 bis 7 m ist an vielen Stellen belegt, u. a. in Südengland, Mallorca, Barbados, Bermuda, Hawaii, Neuguinea und Timor (HOLLIN 1980).

Während dieser Warmphase – in der kontinentalen Nomenklatur als Eem bezeichnet – zog sich das polare Wasser (mit jahreszeitlichem Treibeis) bis nach Nordspitzbergen (etwa 78° N) zurück. Subtropisches Warmwasser erreichte auf dem Atlantik 52° N-Breite, in der holozänen Warmzeit dagegen nur 44° N (KELLOGG 1979); die Gleichzeitigkeit der Warmphase im Ozean und an Land ist in einem norwegischen Fjord nachgewiesen (MANGERUD u. a. 1981). Diese Eem-Warmzeit dauerte kaum wesentlich länger als 10 bis 11 ka; sie endete mit einer abrupten Abkühlung (5d), während der der Meeresspiegel offenbar um 60 bis 70 m fiel (gegenüber 100 oder sogar 120–130 m in der letzten Eiszeit). Doch sind inzwischen diese aus marinen Terrassen (mit verschiedenen Hilfsannahmen) erschlossenen Meeresspiegelschwankungen angezweifelt worden (MÖRNER 1976; NEWMAN u. a. 1981). Sie sind offenbar (wie im Holozän nachgewiesen) wegen regionaler Verbiegungen nicht überall repräsentativ. Auch beim $^{18}O/^{16}O$-Isotopenverhältnis erscheint eine einwandfreie Trennung zwischen globalem Eisvolumen – abgeleitet nur aus Mikrofossilien vom Meeresboden (Benthos) – und lokalen Temperaturänderungen nicht immer möglich.

Die beiden folgenden Warmphasen 5c und 5a haben in West- und Mitteleuropa nur einen borealen Kiefern-Birken-Wald hervorgebracht, ähnlich wie heute in Mittelschweden. Ebenso lag der Meeresspiegel tiefer, und das globale Eisvolumen war deutlich größer als

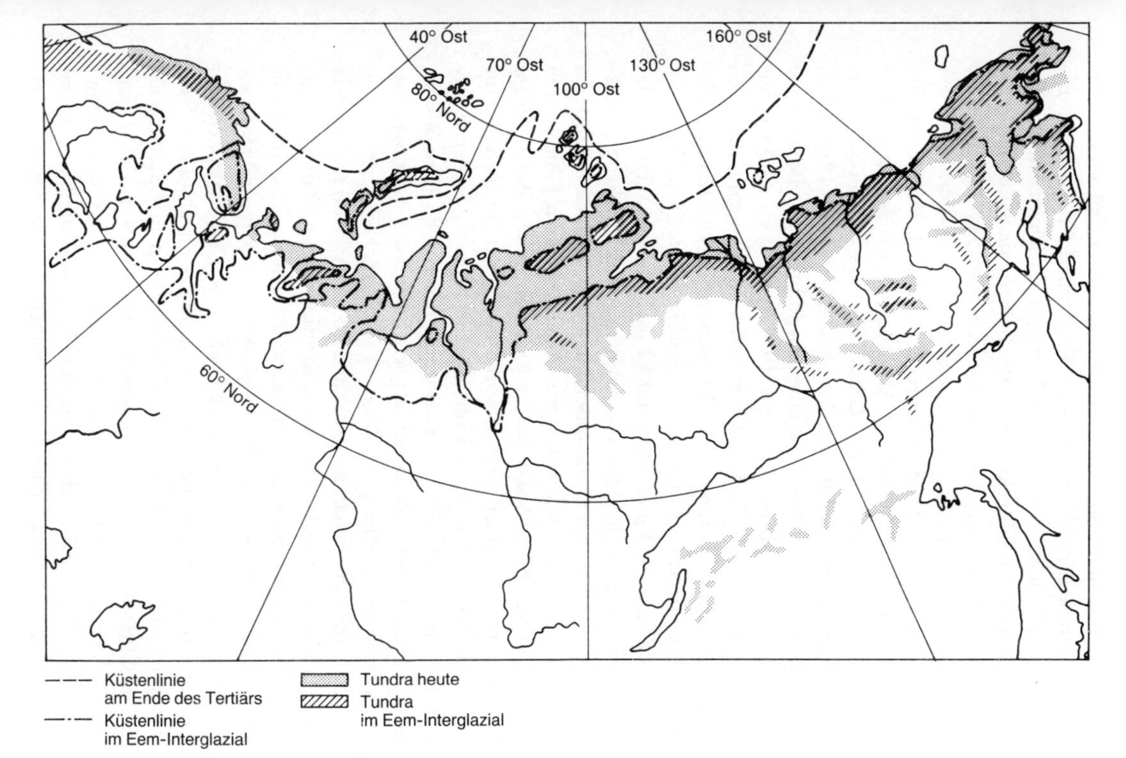

Abb. 26: Veränderungen der nordeuropäischen und nordasiatischen Küstenlinie und der Tundraausbreitung.

Quelle: FRENZEL 1968.

während des Eem (HAYS, IMBRIE u. SHACKLETON 1976) oder im Holozän; während des Höhepunktes der Warmphase 5a war der Nordatlantik nördlich 62° N bis nach Schottland hin jahreszeitlich oder ganzjährig vom Eis bedeckt (KELLOGG 1979b). Sie werden infolgedessen heute vielfach als Interstadiale (AMERSFOORT und BRÖRUP) bezeichnet und schon zur letzten Eiszeit gerechnet. Abb. 25 gibt ein einfaches Diagramm, das nur den relativen Anteil der Baumpollen und der „Nichtbaumpollen" (NAP) angibt, von dem besonders gründlich untersuchten Moor "Grand Pile" im zeitweise vergletscherten südlichen Vorland der Vogesen (WOILLARD 1975, 1978; WOILLARD u. MOOK 1981). In Übereinstimmung mit Bohrkernen aus dem Alpenvorland (GRÜGER 1979) und dem Grönlandeis (DANSGAARD u. a. 1972) zeigt sich die Kürze der beiden Kaltphasen 5d und 5b. Dieser Befund steht allerdings im Gegensatz zu der bisher meist vertretenen Auffassung, daß während der Kaltphasen 5d und 5b das globale Eisvolumen auf 50 bis 70% des Wertes in der letzten Eiszeit anwuchs. Hier wie an vielen anderen Stellen ist es bisher noch nicht gelungen, ozeanische und kontinentale Befunde zu einem einheitlichen und widerspruchsfreien Bild zu kombinieren (KUKLA 1977, 1978). Nach den heute vorliegenden Befunden im Nordatlantik (KELLOGG 1979b) waren in keinem der früheren Interglaziale Klima und Eisverhältnisse günstiger als in der relativ schwach ausgeprägten Warmphase 5a. Offenbar ist die Eem-Warmzeit (5e) der wärmste Zeitabschnitt seit Beginn der paläomagnetischen Brunhes-Epoche vor 700 ka.

Die Kaltphasen 5d (etwa 110 ka) und 5b (etwa 90 ka) sind einzeln oder gemeinsam an vielen Stellen der Kontinente einwandfrei belegt, obwohl genauere Datierungen in diesem Bereich zur Zeit noch nicht möglich sind und die angegebenen absoluten Daten mit einer Unsicherheit von ± 5 ka behaftet sind. Zu diesen Befunden zählen: Camp Century, 76° N (DANSGAARD u. a. 1972), eine Höhle in Südfrankreich (DUPLESSY u. a. 1970), Torfmoore in den Südvogesen und im Chiemseegebiet, in Nordgriechenland (WIJMSTRA 1978) und Nordkalifornien (ADAM 1983). Ebenso zeigen viele Ozeansondierungen in allen Breiten diese charakteristische Einteilung in fünf Stadien (5e–5a); eine sicher unvollständige Zusammenstellung (s.

Flohn 1979a). Im Bereich der tropischen Kontinente sind bisher nur einige Belegstellen veröffentlicht worden. Zu ihnen gehört eine lange Feuchtperiode mit einem tiefen See in der Afar-Depression (westlich Djibouti: Gasse u. Delibrias 1976) sowie ein langgestreckter See in der lybischen Sahara (Rossignol-Stryck 1982), offenbar mit ähnlichen Klimabedingungen wie im Frühholozän (Kap. G. 3.).

In vielen Arbeiten über den ganzen Komplex der Stadien 5e bis 5a werden die raschen, geradezu abrupten Übergänge zwischen entgegengesetzten Klimaphasen hervorgehoben, insbesondere beim Eintritt der Kaltphasen (siehe Kap. F. 3. und G. 5.). Andererseits haben Broecker und van Donk (1970) den raschen Übergang von einem Glazial in ein Interglazial (Termination) betont, wobei allerdings (wegen der geringen Sedimentationsrate im Ozean und der Bioturbation aller Ozeansedimente durch Bodenwühler) eine Zeitskala von einigen ka gemeint war. Diese Übergänge erwecken besonderes Interesse, da das derzeitige Interglazial bereits rund 10 ka andauert – etwa die mittlere Andauer der Warmphasen der Vergangenheit – und an ihnen die Einzelheiten des Beginns einer neuen Eiszeit untersucht werden können. Dieses Problem war schon 1972 der Gegenstand einer speziellen Tagung (siehe Quaternary Research 2, 1972, S. 261–445); einige neuere Aspekte werden in Kapitel G. 5. vom Gesichtspunkt des Klimatologen erörtert. Über die Rolle von Vorgängen in der Antarktis für die Meeresspiegelschwankungen in der Stufe 5 wurde bereits in Kap. C. 3. berichtet.

5. Abrupte Abkühlungen und der Beginn einer Eiszeit

In den letzten Jahren haben sich im Bereich der Kontinente eine Reihe von Befunden ergeben, die aus pollenanalytischen Daten – d. h. aus der Vegetationsgeschichte – rasche und höchst intensive Klimaänderungen wahrscheinlich machten. Zwei besonders eindrucksvolle Änderungen dieser Art hat H. Müller in zwei älteren Interglazialen gefunden: die erste im Eichsfeld (Bilshausen) in einem Interglazial (Stufe 19) unmittelbar über der paläomagnetischen

Umkehr an der Grenze Matuyama/Brunhes (700 ka vh.), wo ein Eichenmischwald (als Zeuge eines Klimas ähnlich wie heute in Südwestdeutschland) in weniger als 100 Jahren von einem subarktischen Kiefern-Birken-Wald (wie heute in Mittel- und Nordschweden) abgelöst wurde (MÜLLER 1965, 1978); nach rund 300 Jahren stellte sich wieder ein Eichenmischwald ein. Wohl könnte diese Interpretation hier noch kritisch bezweifelt werden – weder existieren quantifizierbare Jahresschichten noch Parallelbefunde in anderen Gebieten[2].

Der zweite Befund stammt aus einwandfrei geschichteten Kieselgurlagern der Lüneburger Heide, wobei der jahreszeitliche Charakter der Schichtung mittels Pollen aus verschiedenen Jahreszeiten sicher nachgewiesen wurde (MÜLLER 1974, 1978). Das Interglazial wird als Holstein angesprochen, wobei jedoch eine einwandfreie Beziehung zu der marinen Zeitskala von EMILIANI und SHACKLETON (1974, Stufe 7, 9, 11?) noch nicht hergestellt werden kann. Dafür ließ sich hier der Zeitabstand der pollenanalytisch untersuchten, völlig ungestörten Abschnitte auf 30 bzw. 15 Jahre herabsetzen, und MÜLLER (1978) kommt zu dem Schluß, daß die Sommertemperatur in weniger als 100, möglicherweise 60 Jahren um rund 5° C abgesunken war. Parallele Befunde in anderen Aufschlüssen der Lüneburger Heide sowie an drei Stellen in Südostengland zeigen, daß es sich nicht um ein lokales Ereignis handeln kann.

Nach jahrelanger, mühevoller Arbeit hat G. WOILLARD (1979) mit zahlreichen Bohrungen in einem Moor der südwestlichen Vogesen ein vollständiges, insgesamt mehr als 130 ka umfassendes, offenbar ganz ungestörtes Vegetationsprofil erhalten, das inzwischen (WOILLARD u. MOOK 1982) bis 70 ka einwandfrei ^{14}C-datiert werden konnte (vgl. Abb. 25). Dieses Profil erfaßte die Stufe 5 anscheinend vollständig; eine der entscheidenden Übergänge zwischen Warm- und Kaltphasen (5e–5d, vor 115 ka) wurde mit einer Auflö-

[2] In diesem Zusammenhang sei bemerkt, daß ein einwandfrei gesicherter großer Sprung im Klima (oder in der Vegetation) gar nicht lokal auftreten kann, sofern bei der Diskussion eine lokale Katastrophe ausgeschaltet werden kann. Die großräumigen Windsysteme und ihr Zusammenhang mit Wärme- und Kältequellen schließen räumlich eng begrenzte Klimaänderungen großer Amplitude aus.

sung von 1 mm (!) untersucht, was hier einer zeitlichen Auflösung von 4 bis 8 Jahren – für eine Sedimentationsrate zwischen 0.12 und 0.25 mm/a – entspricht. Auch hier ergibt sich der Schluß auf eine abrupte Klimaänderung in der Zeitskala 100 a, in der eine Vegetation wie heute in der Burgundischen Pforte (48° N) abgelöst wurde von einer Vegetation wie in Mittelschweden (63° N) und später einer Tundra wie auf der Halbinsel Kola (68° N), entsprechend einem Abfall der Sommertemperatur um mindestens 5 bis 6° C. Der gesamte Übergang dauerte etwa 150 Jahre, die letzte Phase nur 20 Jahre. Der Vergleich von Eiche, Ulme, Hainbuche und Fichte schließt eine lokale Interpretation durch Epidemien oder Feuer aus. KUKLA (1980) erörtert dieses Beispiel mit noch 5 weiteren; er hält eine Änderung im jahreszeitlichen Wetterablauf, der die Reproduktion (und damit Pollenbildung) verhindert, für wahrscheinlich; damit wird aber das paläoklimatische Problem nicht gelöst. Eine Kritik der Zeitskala wurde von SERET (in GHAZI, Hrsg., 1983) gegeben.

Nachdem die Untergliederung der Stufe 5 (EMILIANI u. SHACKLETON, zwischen 127 ka und 73 ka) in vielen ozeanischen Kernen und ebenso in zahlreichen europäischen Profilen an Land – mit besserer zeitlicher Auflösung – nachgewiesen ist (siehe u. a. GRÜGER 1979), ergibt sich nunmehr eine recht exakte Chronologie der Übergänge zu Kaltphasen. In seinem Vergleich verschiedener Befunde für den Übergang von 5e zu 5d bezieht KUKLA (1979) auch den schon klassischen Eisbohrkern von Camp Century in Nordgrönland (DANSGAARD 1972b) ein. Dieser zeigt zwei kurzfristige (Größenordnung: 100–300 Jahre) Abkühlungen der Temperatur der Niederschlagsbildung über Grönland (76° N), entsprechend den Kaltphasen 5d und 5b; auf Devon Island und in Südgrönland (Dye 3, 65° N) liegen inzwischen analoge Befunde vor (DANSGAARD u. a. 1982). Für Europa muß der rasche Wechsel zwischen Eichenmischwald und Wermutsteppe (wie heute in Südrußland) in Mazedonien (WIJMSTRA 1978, Fig. 2.4) als eines der besten Beispiele herangezogen werden; auch hier sind die Übergänge zu den Kaltzeiten abrupt.

Nur teilweise veröffentlicht ist ein ähnlich vollständiges Profil (Clear Lake) in Nordkalifornien (ADAMS 1983), das die gleiche Zeitfolge mit raschen Übergängen zeigt.

Hier ergibt sich nun – im Vergleich zu der Zeitskala der Erdbahnelemente (10^4–10^5 a), deren Zusammenhang mit dem Wechsel Eiszeit/Warmzeit inzwischen nachgewiesen ist (Hays, Imbrie u. Shackleton 1976) – für den Klimaumschwung eine viel kürzere Zeitskala von 100 Jahren oder gar noch weniger. Der Vorgang der Einleitung einer neuen Eiszeit gehört damit in den Bereich der „humanen" Zeitskala $<10^2$ Jahre, d. h. in die Größenordnung der menschlichen Lebensdauer. Auch wenn nach den periodischen Änderungen der Erdbahnelemente eine neue Eiszeit kaum vor 5 bis 10 ka zu erwarten ist – so lange dauert ja auch der Aufbau der großen Eisschilde auf den Nordkontinenten –, so muß jetzt die Möglichkeit abrupter Abkühlungen in der „humanen" Zeitskala, unabhängig von der Milankovich-Zeitskala, in Rechnung gestellt werden. Wie kann es überhaupt zu derart abrupten Abkühlungen kommen?

Das ist ein ganz aktuelles, bisher nur vereinzelt behandeltes Forschungsthema, in seinen möglichen Auswirkungen viel wichtiger als viele der heute mit hohem Aufwand (10^7–10^8 DM jährlich) behandelten Themen. Verschiedene Überlegungen, die hier nicht im Detail wiedergegeben werden können, führen zu der Abschätzung, daß das Auftreten eines Ereignisses dieser Art in den nächsten 100 Jahren zwar nur eine Wahrscheinlichkeit zwischen 0.1 und 1 % besitzt, aber sicher nicht gänzlich ausgeschlossen werden kann. Zwei Arbeitshypothesen – man könnte sie auch als empirische Modellvorstellungen bezeichnen – stehen zur Diskussion, die sich gegenseitig ergänzen, ja eigentlich aneinander (zeitlich) anschließen.

In mehreren Arbeiten hat I. R. Bray (Neuseeland) einen Zusammenhang zwischen vulkanischen Episoden, insbesondere den großen Vulkanausbrüchen im Pleistozän (seit 1.8 Ma: Bray 1974, 1977, 1979), und Kaltphasen bzw. Eiszeiten als wahrscheinlich dargestellt. Eine sehr vollständige Statistik über 6000 historische (auch kleinere) Ausbrüche haben Bryson und Goodman (1980) für die letzten 10 ka bzw. 40 ka aufgestellt; für die historische Zeit siehe Newhall und Self (1982). Die Gletscher- und Klimaschwankungen der Nacheiszeit sind in den Alpen (z. B. Röthlisberger u. a. 1980; Gamper u. a. 1982), Skandinavien (Karlén), Kanada (Nichols 1975) und anderen Gebieten schon recht detailliert untersucht worden. Eine globale Zusammenschau steht noch aus und kann natürlich in diesem Rahmen nicht versucht werden; die von BRYSON und GOODMAN angegebenen Häufungen von Vulkanausbrüchen um 8500, 3700 und 600 vh. (Ausnahme: 1200 vh.) stimmen anscheinend mit dem Beginn markanter Kaltphasen vom Typ der Kleinen Eiszeit (Kap. G. 1.) überein. In einer Reihe von Arbeiten (zuletzt POLLACK u. a. 1976; TAYLOR u. a. 1980) wurde für rezente Vulkanausbrüche eine statistisch signifikante (0.5–1° K) allgemeine Abkühlung in den ersten Jahren danach nachgewiesen; Modellrechnungen haben POLLACK und HUNT (1977) beigesteuert. Veranlaßt durch wiederholte eigene Flugzeugbeobachtungen einer durch Partikel vulkanischer Herkunft verstärkten Dunstschicht in der Stratosphäre (Junge-Schicht in 18–22 km Höhe, im Polargebiet unter 15 km absinkend), hat FLOHN (1974) eine längere Aufenthaltszeit der Partikel in der polaren Stratosphäre (3–6 Jahre gegenüber 1.5 Jahre im Durchschnitt) als wahrscheinlich bezeichnet. Die Gruppenbildung vulkanischer Ausbrüche ließ sich aus dem Katalog von LAMB (1970) nachweisen (FLOHN 1979a). Eine Auswertung mittels der Poisson-Statistik seltener Ereignisse ergab, daß theoretisch einmal in 84 ka fünf große Ausbrüche mit der Mindestintensität des Krakatau (1883) innerhalb von 10 Jahren auftreten. Die Abweichung der beobachteten Häufigkeits-Statistik von der Poisson-Statistik macht es wahrscheinlich, daß die Wiederholungszeit solcher Gruppen in Wirklichkeit nur etwa halb so lang ist wie die statistisch abgeschätzte Zeit. Inzwischen haben HAMMER und Mitarbeiter (1980) in Kopenhagen an einem Eisbohrkern in Mittelgrönland eine Methode entwickelt, mit dem Säuregehalt einer Eisschicht einen quantitativen Index der Vulkantätigkeit nördlich 20° S-Breite zu bestimmen. Da auch der ^{18}O-Gehalt sich jahreszeitlich ändert, kann die Schichtung datiert werden, zunächst zurück bis 553 n. Chr. mit einem maximalen Fehler von 3 Jahren.

Für die Beurteilung der Auswirkung solcher Ereignisse auf das Klima können wir von der Kleinen Eiszeit ausgehen, in der in England und Mitteleuropa der März noch ein voller Wintermonat war, und in der blockierende Hochdruckgebiete extreme Wetterlagen in beiden Richtungen (sehr warm, sehr kalt) häufiger und intensiver auftreten ließen als heute. Bei der hohen Variabilität des Wetterablaufs kann es vorkommen – KUKLA (1979) zitiert zwei Beispiele (1748 in S. Carolina, 1835 in Florida) –, daß hochreichende Kaltluftvorstöße die Baumvegetation (hier Zitrusplantagen) bereits austreibend in vollem Saft antrafen und völlig zerstörten. Gerade in Mittel- und Westeuropa kann eine solche Situation als keinesfalls selten angesehen werden, wenn erst einmal (wie in den Dekaden um 1690 und 1780) arktisches Kaltwasser bis zu den Faröern und nach Norwegen vorstößt (LAMB 1979). In diesem Fall bringen die typischen Kaltluftausbrüche des Frühjahrs nicht nur Schnee- und Graupelschauer, sondern als Folge der Treibeisdecke am Nordausgang der Nordsee noch volle arktische Kälte mit Temperaturen unter – 10° C. Kehren solche extremen Kaltphasen (wenige Tage genügen!) mehrmals in 50 oder 100 Jahren wieder, dann ist es durchaus vorstellbar, daß ein wärmeliebender Mischwald oder auch ein borealer Nadelwald über weite Gebiete vernichtet wird. Dazu (PFISTER 1982) kommen dann ungewöhnlich kalte Sommer (Beispiel 1770/1, 1813, 1817), die die Reproduktion verhindern, und zugleich ein rasches Wachstum der Firnfelder in den europäischen Hochgebirgen durch sommerliche Neuschneefälle. Daß die Firnbedeckung in Baffin-Land in der Kleinen Eiszeit auf 140000 km² gegenüber heute 37000 km² angewachsen war (IVES u. a. 1975), zeigt deutlich die Auswirkung einer Kaltphase in der Subarktis. Aber zu einem signifikanten Wachstum des globalen Eisvolumens reichten die 300 Jahre der Kleinen Eiszeit nicht aus.

Das stimmt auch mit einem Rechenmodell überein, das ANDREWS u. a. (1976) entwickelt haben (hierzu siehe auch FISHER u. KOERNER 1980). Aber man darf nicht übersehen, daß einige physikalische Parameter nur ungenau bekannt sind – Aussagen über die Zeitskala der Entwicklung sind also recht unsicher. Jedenfalls ist kaum ein anderes Gebiet besser geeignet, Kern einer künftigen Vereisung zu werden wie die weiten Hochplateaus des nördlichen Baffinland in 600 bis 900 m Meereshöhe. Diese liegen – ebenso wie die benachbarte Devon Insel (FISHER u. KOERNER) – in Nähe einer der fast immer eisfreien Polynyas, des "North Water" im Nordteil des Baffin-Meeres (DEY 1980, 1981), das im Winter als ständige Wasserdampfquelle wirkt, für erhebliche Schneemengen sorgt und hier die Schneegrenze lokal auf 400 m absinken läßt.

Alle Befunde in den Alpen und in anderen Hochgebirgen sprechen dafür, daß seit dem Verschwinden der kontinentalen Eisschilde (Skandinavien etwa 8000 vh., laurentisches Eis außerhalb Baffin-Land etwa 4500 vh.) keine Kaltphase die Intensität der Kleinen Eiszeit wesentlich überschritten hat. Man darf daher vermuten, daß eine länger anhaltende Kaltphase erst unter wesentlich ungünstigeren Strahlungsbedingungen (im Vergleich zu den heutigen Erdbahnelementen, siehe Berger 1978) erwartet werden muß. Aber eine solche Aussage läßt außer acht, daß in geologisch junger Vergangenheit Vulkaneruptionen stattfanden (z. B. vor 75 ka am Toba-See auf Sumatra, vgl. Ninkovich 1978), deren Intensität, gemessen an der Tuffproduktion (ca. 1000 km³), die stärksten historischen Ausbrüche um mehr als eine Größenordnung übertroffen hat. Ist es ein Zufall, daß um diese Zeit der folgenschwere Übergang von einem Interstadial (5 a) zu einer vollen Eiszeit (Frühwürm, Stufe 4) stattfand?

In diesem Zusammenhang ist es wesentlich, daß die Auswirkung einer stratosphärischen Aerosolschicht auf den Strahlungshaushalt in hohen Breiten viel größer ist als in den Tropen, da bei tiefstehender Sonne, d. h. bei längerem Weg der Strahlung, Rückstreuung und Absorption sich stärker auswirken als bei nahezu senkrecht einfallender Strahlung. Das führt zu einer Zunahme des meridionalen Temperatur- und Druckgefälles in der Troposphäre, d. h. zu einer Verstärkung der Zirkulation. Dabei weitet sich der zirkumpolare Kaltluftwirbel aus und drängt die Klimazonen, insbesondere die subtropischen Hochdruckgürtel, äquatorwärts: das führt zu einer Verstärkung der tropischen Hadley-Zirkulation, für die in der letzten Eiszeit viele Belege vorliegen (zuletzt Sarnthein u. a. 1981).

Diese Zunahme der Passatwinde führt wieder (s. Kap. B. 3.) zu verstärktem Aufquellen und (unter natürlichen Bedingungen, d. h. ohne Zufuhr von fossilem CO_2) zur Abnahme des CO_2- und H_2O-Gehalts der Luft, damit aber zugleich zu weiterer Abkühlung. Wie oben geschildert (Kap. G. 3.), ist dieser Vorgang stark genug, um in einem Zeitraum der Größenordnung von 100 Jahren signifikante Änderungen der Zusammensetzung der Luft und damit der

Temperatur mit globaler, nicht nur hemisphärischer Auswirkung hervorzurufen. Diese Hypothese führt also die „abrupten" Klimaänderungen auf bekannte geophysikalische Vorgänge zurück, deren Ausmaß um 1 bis 2 Zehnerpotenzen größer sein kann als in den letzten Jahrhunderten beobachtet.

Sie hat eine weitere Konsequenz, die hier nur angedeutet werden kann. Bekanntlich sind – worauf Woldstedt (1969) u. a. hingewiesen haben – die Gleichzeitigkeit der Eiszeiten und Warmzeiten auf beiden Halbkugeln und ihre Steuerung durch die Strahlungsbedingungen der Nordhalbkugel schwer verständlich. Seit wir wissen, daß durch den Rückkoppelungs-Mechanismus (Kellogg 1983) zwischen atmosphärischer Zirkulation und ozeanischem Aufquellen die Zusammensetzung der Atmosphäre und ihr Strahlungshaushalt auf der ganzen Erde gleichsinnig auftreten, erscheint auch dieses Problem als eine Auswirkung dieser geophysikalischen Wechselwirkungen. Saltzman und Mitarbeiter (1980–1982) haben – unabhängig hiervon – theoretische Aspekte dieser internen Wechselwirkungen abgeleitet; Lorenz' Konzept (1970) des „fast-intransitiven" Verhaltens deutet ebenfalls in diese Richtung.

Die früher erörterte Hypothese (Flohn 1974 a) einer Auslösung der Vergletscherung der Nordkontinente von der Antarktis her kann nach den heutigen Kenntnissen kaum mehr aufrechterhalten werden; der gut belegte Meeresspiegelanstieg während des Eem-Interglazials (Stufe 5 e) liegt (Duplessy 1981, s. Kap. C. 3.) mehrere 1000 Jahre *vor* der Zunahme des globalen Eisvolumens (Stufe 5 d). Darüber hinaus haben Ruddiman und McIntyre (1980, 1981) gezeigt, daß während der Übergänge 5 e/5 d (etwa 115 ka vh.) und 5 a/4 (etwa 75 ka vh.) die Phase des Eisaufbaus mit noch hohen Wassertemperaturen im Nordwestatlantik zusammenfällt – die dann an der sich verstärkenden Frontalzone im Golfstrombereich die benötigten Wasserdampfmengen liefern. Erst während oder nach dem Höhepunkt der kontinentalen Vereisung bildet sich eine salzarme, treibeisführende polare Wasserschicht und führt zugleich zu einem drastischen Absinken der Verdunstung, der Niederschläge und damit der Ernährung des Eises. In der Tat läßt sich der (bisher unverstandene) Umschwung (Ruddiman u. McIntyre 1980, 1981) von einer eisaufbauenden zu einer eisabbauenden Zirkulation nun interpretieren als Folge des auf dem Höhepunkt beginnenden Treibeisvorstoßes auf dem Nordatlantik bis etwa 43° N, verbunden mit starker Abkühlung, stabiler Schichtung in Ozean und Atmosphäre und Abnahme der Verdunstung: eine Phasenverschiebung um 3 bis 4000 Jahre.

Die verschiedentlich diskutierte (KELLOGG 1980a; JAENICKE 1981) Abkühlung durch die anthropogene Luftverschmutzung der unteren Troposphäre – Verbrennungspartikel und mineralischer Staub, dieser aufgewirbelt als Folge von Vegetationszerstörung und Ackerbau – ist durch neuere Untersuchungen (so KELLOGG 1980a) nicht bestätigt worden (Kap. D. 2., Abb. 11). In dem kritischen Bereich des Absorptionskoeffizienten und der Oberflächenalbedo überwiegt schwache Erwärmung: die Rückstreuung in den Weltraum ist geringer als die Absorption der Sonnenstrahlung durch die Partikel, die diese wieder als Wärmestrahlung abgeben. Auch stratosphärischer Vulkanstaub absorbiert Energie und erwärmt diese Schicht um 4 bis 8° C. Aber bei einer Mitteltemperatur unterhalb – 40° C ist dieser Effekt in Bodennähe geringfügig, während Partikel in der „Grundschicht" (bis 1–2 km Höhe: häufige Inversionen) zur Erwärmung beitragen. Die Abkühlung der Jahre 1945 bis 1970 beschränkt sich auf die Nordhalbkugel, während zugleich die Tropen und Südbreiten Erwärmung zeigen (HANSEN u. a. 1981); mindestens eine Teilursache dieser Abkühlung kann im Wiederaufleben des Vulkanismus ab 1948, besonders ab 1963 (Agung) gesehen werden.

Für die nächsten 100 Jahre kann (aus natürlichen Gründen) eine Abkühlung von der Intensität der Kleinen Eiszeit keinesfalls ausgeschlossen werden; ihre Wahrscheinlichkeit läßt sich nach statistischen Gesetzen auf 10 bis 20 % abschätzen. Aber der Übergang zu einer vollen Eiszeit benötigt schon in den Frühstadien viele Jahrhunderte, auch im Falle einer ganz großen, äußerst seltenen, jedoch heute nicht vorhersagbaren Vulkankatastrophe (mit einer Häufigkeit unter 1 pro 10 ka). Die Gefahr einer Eiszeit, die phantasievolle Journalisten gerne ausmalen, ist nach heutigen Kenntnissen im nächsten Jahrhundert so gering, daß sie für alle praktischen Überlegungen vernachlässigt werden kann.

H. EISFREIE ARKTIS UND VEREISTE ANTARKTIS

1. Das Problem einer eisfreien Arktis

Das faszinierendste, aber auch am meisten umstrittene Problem der künftigen Klimaentwicklung ist die Möglichkeit eines völligen Verschwindens des Treibeises im Arktischen Ozean (s. auch Kap. B. 1.). Die hohe Sensitivität des Mehrphasen-Systems Luft – Schnee – Eis – Ozean (Abb. 1) wird unmittelbar anschaulich aus dem Zahlenwert des jahreszeitlichen Abschmelzens (von oben) und Anfrierens (von unten) von 50 cm des im Mittel nur 2 bis 3 m dicken Treibeises.

Inzwischen liegen auch einige statistische Aussagen vor; WALSH und JOHNSON (1979) haben in einem 25jährigen Zeitraum im Bereich der Beringstraße und um Grönland anhand von Flugzeug- und Schiffsbeobachtungen sowie Satellitendaten analysiert und eine hohe Variabilität von Jahr zu Jahr in den einzelnen Teilgebieten gefunden. Die Mikrowellendaten der NOAA-Satelliten liefern das zur Zeit beste Material; die geringfügige Abnahme in den letzten Jahren (LEMKE 1980; KUKLA u. GAVIN 1981) liegt durchaus noch im Bereich der normalen statistischen Fluktuationen. Angaben über den Anteil offenen Wassers fehlen. Wegen des großen Anteils der UdSSR an den besonders variablen Randgebieten der Arktis und im Barentsmeer erscheinen die von BUDYKO (1982, Fig. 12) angegebenen Daten als repräsentativ, wenn auch etwa 10 bis 20 % zu niedrig. Besonders empfindlich reagiert das System – von der windgetriebenen Drift abgesehen – auf drei Parameter: den Wärmestrom vom Ozean her, die Albedo der meist schneebedeckten Eisoberfläche und natürlich auf die Andauer der Schmelzperiode, die mit dem ersten Schneefall endet.

Diese Ausdehnung des arktischen Treibeises ist (SCHAIRDEL u. FLOHN 1983) signifikant mit der Mitteltemperatur der 500/

1000 mb-Schicht des gleichen Sommerhalbjahres korreliert. Entsprechende Korrelationen mit der Eisfläche des Vorjahres oder des Nachjahres sind nur noch schwach signifikant. Als einer der ersten hat BUDYKO (1962, 1969, 1972) die Möglichkeit einer künstlichen Zerstörung des arktischen Treibeises erörtert und in diesem Zusammenhang einfache, empirisch fundierte Wärmehaushaltsmodelle des Klimasystems entwickelt. Auf dieser Grundlage ergab sich, daß eine geringe Zunahme der Solarkonstanten oder das Anwachsen des CO_2-Gehalts der Atmosphäre relativ rasch zu einem eisfreien Arktischen Ozean führen könnte. Bei dieser Situation müßte sich die Temperatur in den unteren Luftschichten um mindestens 6 bis 8° C im Sommer, aber um mehr als 20° C im Winter erhöhen.

Seit BUDYKOS Arbeiten sind die Argumente für und gegen eine derart drastische Entwicklung – die die Vorstellungskraft manches verantwortlichen Wissenschaftlers übersteigt – diskutiert worden, öfter noch im privaten Gespräch als in Veröffentlichungen. Inzwischen sind auch die ersten Modelle des Drei-Phasen-Systems Eis–Wasser–Luft veröffentlicht worden (PARKINSON u. WASHINGTON 1979; HIBLER 1980, 1982), die unter den heutigen Bedingungen die physikalischen und dynamischen Wechselwirkungen und die Rückkoppelung zwischen Atmosphäre, Treibeis und Ozean einbeziehen. FLETCHER und Mitarbeiter haben 1973 einen der ersten Versuche unternommen, die atmosphärische Zirkulation auf der Grundlage des Mintz-Arakawa-Modells mit der Randbedingung eines eisfreien Arktischen Ozeans zu simulieren. Das wesentliche Ergebnis dieser Rechnung war eine Erwärmung der unteren Troposphäre nördlich von 45° N-Breite, gleichzeitig mit einer Abkühlung der oberen Troposphäre und einer Labilisierung der polaren Atmosphäre.

Einfache eindimensionale Wärmehaushaltsmodelle, wie sie BUDYKO zuerst angegeben hat, sind in vielen Untersuchungen verwendet worden (SELLERS); sie dienen heute gern als Spielmaterial für studentische Seminarübungen. Eine der wichtigsten Vereinfachungen bestand in der Definition einer Breitengrenze der Polarzone φ_p, entsprechend einer Breitenmittel-Temperatur von $-1°$ C im Sommerhalbjahr (BUDYKO 1977); jenseits dieser Breite nimmt die Albedo polare Werte an. Damit wird die wirksame Rückkoppelung zwischen Schnee, Albedo und Temperatur parametrisiert. Dabei verläuft die Beziehung zwischen φ_p und der Sonnenstrahlung S_o in einer Hysteresis-Schleife: φ_p ist größer, wenn S_o zunimmt, als wenn es abnimmt. In einem Diagramm (BUDYKO 1977, Fig. 9) zeigt er die Beziehung zwischen der global gemittelten Temperatur und S_o: hier entspricht der Unterschied zwischen den Punkten E (eisfreies Regime) und 3 (heutiges Regime) einer Erwärmung von 4° C gegenüber dem heutigen Wert. Dieser Unterschied mag unbedeutend erscheinen: aber diese Erwärmung ist größer als in allen Warmphasen der letzten zwei Millionen Jahre (Tab. 9). Ebenso führen Schätzungen aufgrund der Vegetationsverbreitung im Jungtertiär, besonders im älteren Pliozän (vor 3–5 Ma; Ma = 10^6 Jahre) zu einer Temperaturerhöhung in mittleren Breiten der Nordhalbkugel um 4° C gegenüber heute (siehe Kap. H. 2.). In diesem Analogfall geht allerdings die Hysteresis-Schleife von höheren Temperaturen aus, während eine mögliche künftige Entwicklung von tieferen ausgehen muß.

Bei ihrem eindimensionalen Modell des Wärmehaushalts des arktischen Treibeises (Kap. B. 1.) haben MAYKUT und UNTERSTEINER (1971) die Rolle der Oberflächenalbedo und des Wärmestroms vom Ozean her unterstrichen. Ihre Schätzung des ozeanischen Wärmestroms (1.5 $Kcal/cm^2$ pro Jahr entsprechend ~ 2 $Watt/m^2$) ist im Vergleich zu neueren Daten wesentlich zu niedrig (AAGARD u. GREISMAN 1975). Die Albedo der Oberfläche während der Schmelzperiode ist besonders wichtig im Hinblick auf die mögliche Verschmutzung durch Dunstpartikel oder Ölrückstände. Der turbulente Wärmestrom in die Atmosphäre beträgt im Jahresmittel etwas weniger als 10 % der Strahlungsbilanz (Nettostrahlung) an der Oberfläche; hierin ist der Strom latenter Wärme (d. h. die Verdunstung) bereits enthalten (Abb. 4; VOWINCKEL u. ORVIG 1970).

Während der Schmelzperiode dauert in der inneren Arktis der Schmelzprozeß des Meereises nur 50 bis 60 Tage, zusätzlich werden noch etwa 20 Tage für die Schneeschmelze benötigt: immerhin führt er zum Phasenübergang von 15 bis 20 % der (mittleren) Masse einer Eisscholle. In den übrigen 9½ Monaten friert (im Gleichgewichtszustand) eine gleichgroße Masse an ihrer Unterfläche neu an. Diese Näherungswerte wurden aus einer ganzjährigen Meßreihe abgelei-

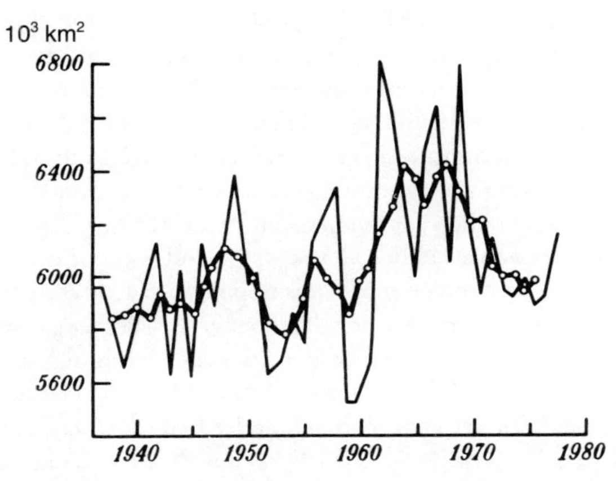

Abb. 27: Veränderung der arktischen Treibeisausbreitung im September.
— Einzeljahre.
o–o Fortlaufende 5-Jahres-Mittel.
Quelle: BUDYKO 1982.

tet; die hohe interannuelle Veränderlichkeit der Eisfläche (Abb. 27) deutet auf erhebliche Schwankungen der Wärmehaushaltsterme. Auch bei kontinentalen Eisfeldern ergibt sich eine hohe Variabilität der Massenbilanz (KOERNER 1980). Nimmt man eine Zunahme des sommerlichen Schmelzens um nur 10% an, ebenso eine Abnahme des Wachstums während der kalten Jahreszeit um 10%, dann genügen wenige Jahre zur Zerstörung einer 2 bis 3 m dicken Eisscholle. Beginnt die Schmelzperiode 1 bis 2 Wochen früher, etwa als Folge advektiver Erwärmung, dann führt dies zu einem Ungleichgewicht im sensitiven Massenhaushalt des Treibeises. Allerdings existiert auch ein negativer, zur Abschwächung führender Rückkoppelungseffekt: im Winter ist die Zuwachsrate negativ korreliert mit der Eisdicke (THORNDIKE u. a. 1975), d. h. dünneres Eis wächst rascher an als dickes, wegen des höheren Wärmestroms von unten. Umgekehrt existiert während der Schmelzperiode eine positive Korrelation.

Zwei neuere Modellrechnungen ergaben – unter verschiedenen Voraussetzungen – ein jahreszeitliches Verschwinden des arktischen

Treibeises. MANABE und STOUFFER (1979, 1980) entwickelten ein spektrales Atmosphärenmodell, gekoppelt mit einem bewegungsfreien Ozean: eine durchmischte Schicht von konstanter Mächtigkeit, die für die jahreszeitliche Speicherung und Abgabe von Wärme und für die Verdunstung sorgt. Wenn der CO_2-Gehalt der Atmosphäre von 300 auf 1200 ppm steigt, dann verschwindet nach 10 Modelljahren das Treibeis im Sommer und Herbst (Abb. 28), um sich im November neu zu bilden. PARKINSON und KELLOGG (1979) gelangten mit einem anderen Meereismodell zu einem ähnlichen Ergebnis, mit der Annahme einer allgemeinen Erwärmung der Atmosphäre um 5° C. Auf die Rolle der Sonneneinstrahlung im Polarsommer in einem eisfreien Ozean (Albedo 0.10–0.15) kommen wir noch zurück. Die zeitliche Variabilität der Eisbedeckung des Nordatlantiks (siehe Kap. G. 1.–2.) läßt keine Zweifel daran, daß die Randgebiete des arktischen Treibeises relativ rasch verschwinden können. Dieses Argument gilt aber nicht für den zentralen Kern; verschiedene Befunde belegen (HERMAN u. HOPKINS 1980) die Konstanz einer permanenten Eisdecke für die Zeit seit der (paläomagnetischen) Grenze zwischen Brunhes- und Matuyama-Periode vor 700 000 Jahren; eine salzarme, leichtere Deckschicht des Ozeans (als Voraussetzung einer Eisbildung) existierte seit rund 2.5 Ma, wohl schon früher mit jahreszeitlichem Treibeis. Wenn die globale Erwärmung den Bereich der Warmphasen (bis + 2.5° C) während der letzten 6 bis 8 Glazial-Interglazial-Zyklen überschreiten sollte, dann wird unsere Vorstellung eines permanenten polaren Treibeises rasch fragwürdig. Mit einer globalen Erwärmung um 4 bis 5° C, wie im Jungtertiär, ist ein vollständiges Verschwinden des zentralen Kerns des Treibeises fast sicher. Dieser Schwellenwert entspricht (Kap. E. 3., Tab. 9) nach unseren heutigen Kenntnissen einer Zunahme des CO_2-Gehalts um einen Faktor von rund 2, wenn wir die Rolle der anderen Spurengase mit in Rechnung stellen.

Der atmosphärische Wärmehaushalt über einem eisfreien Polarmeer unterscheidet sich in wichtigen Punkten von dem heutigen; wir bringen hier nur einige Rechenergebnisse von VOWINCKEL und ORVIG (1970). Die Wärmehaushaltsgleichung für die Luftsäule über der inneren Arktis (75–90° Breite), die von der Meeresoberfläche

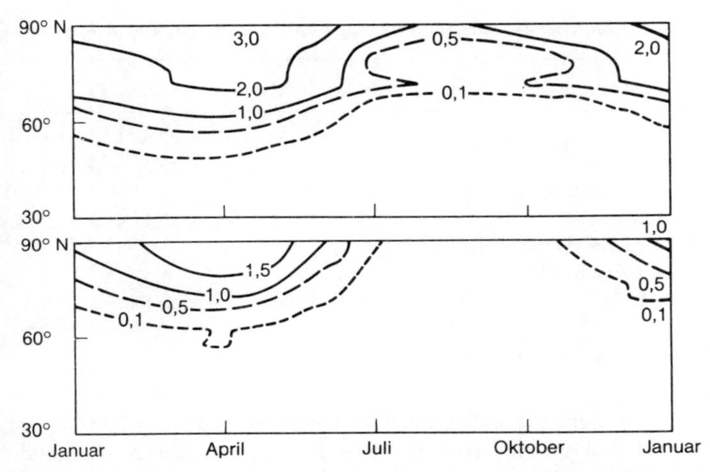

Abb. 28: Veränderung der arktischen Treibeisgrenzen und der Eisdicke (m) im Jahresgang bei einem Anstieg des CO_2-Gehaltes von 300 ppm (oben) *auf 1200 ppm* (unten).

Quelle: MANABE u. STOUFFER 1979.

(Index E) bis zur Obergrenze der Atmosphäre (Index H) reicht, läßt sich folgendermaßen schreiben, wobei Q = Nettostrahlung, F = Wärmetransport nach Norden über den Breitengrad 75° N im Ozean (O) und in der Atmosphäre (A):

$$Q_E - Q_H + F_A + F_O = 0$$

Im Gleichgewichtszustand wird die vertikale Divergenz des Netto-Strahlungsstroms div $Q = Q_E - Q_H$ aufrechterhalten durch die Konvergenz der horizontalen Wärmeströme in der Atmosphäre und im Ozean. Tabelle 12 gibt Schätzwerte der einzelnen Terme – wobei über dem eisfreien Polarmeer entweder eine wolkenfreie Atmosphäre oder eine geschlossene Schichtwolkendecke angenommen wird. Beide Annahmen sind unrealistisch; jedoch erlauben unsere heutigen Kenntnisse der Wechselwirkung zwischen Strahlung und Bewölkung kaum eine wirklich bessere Lösung. Am realistischsten ist die Annahme eines wolkenlosen Himmels im Sommer (Mai bis

Tab. 12: Energiehaushalt (geschätzt, in W/m²) für ein eisfreies Arktismeer

	Q_E	Q_H	div Q	$F_A + F_O$
Heutige Bedingungen	– 3.3	+100.8	– 97.5	+ 97.5
Eisfrei, wolkenlos	29.4	59.1	– 29.7	+ 29.7
Eisfrei, geschlossene Stratusdecke	42.7	92.9	– 50.2	+ 50.2
Eisfrei, jahreszeitlich verschiedene Bewölkung (s. Text)	62.1	58.3	+ 3.8	– 3.8

Quelle: nach VOWINCKEL u. ORVIG 1970.

August), wenn die umliegenden warmen Kontinente eine thermische Zirkulation mit Absinken über dem Polarmeer erzeugen; während der übrigen 8 Monate wird eine geschlossene Wolkendecke angenommen (letzte Zeile von Tab. 12).

Ein interessantes Ergebnis ist der positive Wert der ganzjährigen Strahlungsdivergenz in der letzten Zeile von Tabelle 12: in diesem Falle ergibt sich ein Wärmeüberschuß zum Export in niedrige Breiten. Heute beträgt der advektive, ozeanische Wärmetransport F_O nach AAGARD und GREISMAN (1975) 10.6 W/m². Dabei ist eines der wichtigsten Glieder der Export von Treibeis durch den kräftigen Ostgrönlandstrom; da dieses Treibeis erst außerhalb des Arktis-Meeres schmilzt, trägt dieser Effekt etwa 50% zu dessen Erwärmung bei. Unter eisfreien Bedingungen müßte jedoch die ozeanische Zirkulation und damit auch die Intensität des Ostgrönlandstromes rasch abnehmen. In einer früheren Arbeit haben DONN und SHAW (1966), jedoch mit größeren Unsicherheiten, sogar eine Wärmeabgabe von rund 35 W/m² erhalten. Ein solcher Wärmeüberschuß ergibt sich schon aus der einfachen Überlegung, daß während der kalten Jahreszeit fühlbare und latente Wärme (= Wasserdampf) von dem eisfreien warmen Polarmeer zu den schneebedeckten subpolaren Kontinenten hin exportiert werden muß.

Im Hinblick auf ein mögliches Verschwinden des arktischen Treibeises erscheint noch eine weitere Überlegung wichtig. In dem Modell von MANABE und STOUFFER wurde die Tiefe der ozeanischen Mischungsschicht gerade so angesetzt, daß der jahreszeitliche Wechsel von Wärmespeicherung und -abgabe realistisch simuliert wird; ein Ungleichgewicht im Jahresmittel wird damit ausgeschlossen. Nach Tabelle 12 sollte ein eisfreies Polarmeer im Jahresmittel Q_E = 30 bis 60 W/m² an Nettostrahlungsenergie erhalten. Wählen wir Q_E = 45 (bzw. 60) W/m² und nehmen an, daß davon 40 % (bzw. 55 %) ganzjährig zur Verdunstung verbraucht wird (= 23 bzw. 42 cm/Jahr); der Strom fühlbarer Wärme ist gering, im Sommer negativ, d. h. nach unten gerichtet. Dann stehen im Sommer 27 W/m² bzw. 20 Kcal/cm² zur Wärmespeicherung im Meer zur Verfügung. Das ergibt für eine 50 m dicke Mischungsschicht eine Wärmeeinnahme von 4 gcal/g, gleichbedeutend mit einer Erwärmung von 4° C in einem Sommer. Im Winter nimmt die langwellige Ausstrahlung mit steigender Temperatur zu: bei einer Erwärmung von − 35° C auf 0° C um etwa 60 %. Da der Wasserdampfgehalt der Luft anwächst, nimmt auch die atmosphärische Gegenstrahlung zu; die Netto-Ausstrahlung der Ozeanoberfläche im langwelligen Bereich wird sich nicht allzu stark ändern. Wie man auch vernünftige Schätzwerte ansetzen wird: die Schlußfolgerung einer über dem Gefrierpunkt (von Salzwasser) liegenden Gleichgewichtstemperatur ist realistisch, und diese müßte sich schon nach wenigen Jahren einstellen. Diese Überlegungen machen es unwahrscheinlich, daß der Zustand eines nur im Sommer/Herbst eisfreien Ozeans permanent werden kann; schon nach wenigen Jahren steigt die Wassertemperatur so weit an, daß eine Eisbildung nur noch in Küstennähe, als Folge der Advektion kalter Festlandsluft, denkbar ist.

Darüber hinaus wird die Entwicklung des arktischen Treibeises auch von der Salzarmut der seichten Deckschicht des Polarmeeres bestimmt. Zur Zeit besteht ein Gleichgewicht zwischen der sommerlichen Zufuhr von Süßwasser durch die Riesenströme von Sibirien und Kanada und dem Export von nahezu süßem Eis mit dem Ostgrönlandstrom, während das salzreichere Warmwasser des nordatlantischen Stroms in tiefere Schichten abtaucht. In der Sowjetunion, deren Getreidebau zur Ernährung der wachsenden Bevölkerung in vielen Jahren nicht ausreicht, sind riesige Bewässerungsprojekte für die Trockengebiete Zentralasiens in Vorbereitung, insbesondere ein großes Kanalsystem zur Nutzung der sibirischen Flüsse (Hollis 1978; Micklin 1981). Dieses Projekt sieht die Ableitung von bis zu 300 km^3 Süßwasser jährlich vor, d. h. von etwa 23 % des heutigen Abflusses in die Kara-See (Ob und Jenissei zusammen 1283 km^3/Jahr). Nun führt jede Verringerung der Süßwasserzufuhr zu einer Zunahme des Salzgehalts der seichten Deckschicht des Arktischen Ozeans; damit verringert sich die Stabilität der ozeanischen Schichtung, was notwendig mit wachsendem Vertikalaustausch zu einer Abnahme der Eisbildung führt. Das Problem des Wärme- und Salzhaushalts des Arktischen Ozeans bei einer Verringerung der Süßwasserzufuhr ist recht komplex (Micklin 1981). Vergleicht man die vorgesehene Abnahme der Süßwasserzufuhr mit dem heutigen Export von Eis in den Atlantik, dann ist der Effekt einer Ableitung der sibirischen Flüsse auf den Salzhaushalt der Deckschicht nur sehr klein und kann sich erst nach vielen Jahrhunderten auswirken; eine Modellrechnung hierzu hat Stigebrandt (1981) gegeben.

Auf jeden Fall aber ist kein Glied des globalen Klimasystems so sensitiv wie das arktische Treibeis, in vollem Gegensatz zur Antarktis, deren Eispanzer schon seit vielen Ma existiert und (in seinem Zentralgebiet) als äußerst stabil angesehen werden muß. Die Klimageschichte zeigt uns (Kap. H. 2.) in überraschender Weise, daß ein voll vereister antarktischer Kontinent und ein eisfreier Arktischer Ozean in geologisch junger Vergangenheit etwa 10 Ma lang gleichzeitig nebeneinander existiert haben. Das ist heute keine Spekulation mehr, sondern eine Tatsache, die den Klimatologen zum Nachdenken zwingen muß.

2. *Eine unipolare Warmzeit im Jungtertiär*

Gegen die Vorstellung eines eisfreien Arktischen Ozeans in absehbarer Zukunft sind verschiedene, mehr oder weniger vordergründige Einwände erhoben worden. Einer der Einwände stützt sich auf die Hypothese der Stabilität, der Robustheit des heutigen Klimasystems. Diese Stabilität wird a priori vorausgesetzt, ohne kritisch „hinterfragt“ zu werden, obwohl die Eisfreiheit der Polarregionen während großer Teile der Erdgeschichte längst bekannt ist (SCHWARZBACH 1974; FRAKES 1979). Zur Frage der Stabilität oder Transitivität des Klimasystems hat LORENZ (1968, 1970) eine wohlüberlegte Stellungnahme abgegeben; diese Frage ist inzwischen sehr aktuell geworden, nachdem abrupte Klimaschwankungen großen Ausmaßes einwandfrei belegt sind (Kap. G. 5.).

Einer der häufigsten Einwände bezog sich auf die große Mächtigkeit des antarktischen Eises, das zu Auf- und Abbau selbst unter optimalen Bedingungen Zeiträume der Größenordnung von 10^5 bis 10^6 Jahre benötigt, und auf seine lange Entwicklungsgeschichte spätestens seit der Wende Eozän/Oligozän vor ca. 38 Ma (KENNETT 1977). Ist ein derart asymmetrisches Klima – ein Pol eisfrei, der andere hochvereist – überhaupt denkbar? Diese Vorstellung einer unipolaren Eiszeit bzw. Warmzeit ist weder mit den gängigen Lehrbuchvorstellungen noch mit einem der üblicherweise symmetrisch gebauten Klimamodelle zur Deckung zu bringen. Widerspricht sie aber deshalb dem so oft zitierten „gesunden Menschenverstand“ mit seiner Vorliebe für ganz einfache Modelle?

Nachdem A. WEGENERS fundamentale Arbeitshypothese von 1912 durch die Entwicklung der Plattentektonik seit etwa 1960 in der Sache – nicht in der Theorie – bestätigt worden ist, hat man sich allmählich daran gewöhnt, daß im Permo-Karbon, vor rund 250 Ma, eine derartige Asymmetrie während mehr als 30 Ma bestand. In diesem Zeitabschnitt (SCHWARZBACH 1974; FRAKES 1979) bildeten mehrere große Kontinentalschollen einen Riesenkontinent (Gondwana) auf der Südhalbkugel, der damals auch den langsam wandernden Südpol beherbergt hatte. Gleichzeitig wurden auf der Nordhalbkugel unsere heutigen Steinkohlenvorräte in tropisch-subtropischen Waldsümpfen vom Typ der heutigen Everglades in Florida abgelagert. Natürlich ist die heutige Land- und Meerverteilung anders, aber doch grundsätzlich ähnlich: ein Pol liegt auf einem ziemlich großen, isolierten Kontinent, der andere dagegen auf einem tiefen, zu 85 % von Land umgebenen Ozean.

Die Ergebnisse des "Deep Sea Drilling"-Programms haben gezeigt, daß das antarktische Eis schon viele Millionen Jahre lang die ganze

Ostantarktis überdeckte, bevor sich das arktische Treibeis erst jahreszeitlich, dann ganzjährig ausbildete (Herman u. Hopkins 1980). In umfassenden Übersichten haben Kennett (1977) und Frakes (1978) die vorliegenden Befunde zur Geschichte der Antarktis zusammengestellt; ihre Resultate weichen nur in wenigen Punkten voneinander ab. Gegen Ende dieser Zeitspanne einer unipolaren Vereisung – im Pliozän, vor 5 bis 3.5 Ma – lebten unsere Ahnen, die frühen Hominiden des Übergangsfeldes zwischen Affe und Mensch, in einer Savannenlandschaft im tropischen Ostafrika (Olduvai, Rudolf-See, Afar-Senke) und lernten gerade, wie man Steingeröll als Werkzeuge und als Waffen benutzte. (Leider lernten sie noch nicht, das Klima aufzuzeichnen . . .)

Schon vor 50 bis 70 Ma lag Antarktika in Nähe des Südpols, damals noch vereinigt mit Australien. Beide Pole waren im Mesozoikum und Alttertiär (vor 200–50 Ma) eisfrei (Schwarzbach 1974). Unter diesen Bedingungen – d. h. mit geringem Temperaturgefälle zwischen dem Äquator und beiden Polen und kleiner thermischer Rossby-Zahl – wurde die schwache atmosphärische Zirkulation beherrscht von den tropischen Hadley-Zellen, die mit großen jahreszeitlichen Verschiebungen bis 50 und 60° Breite gereicht haben sollten (Flohn 1964). Die meridionale Erstreckung dieses Restkontinents erzwang weit polwärts ausgreifende, warme Ozeanströmungen und verhinderte jede Eisbildung bis zum Beginn des Eozäns (vor 55 Ma). Erst etwa 45 Ma vh. spaltete sich Australien von Antarktika ab und driftete mit einer Geschwindigkeit um 5 cm/Jahr nach Norden, während Antarktika in seiner polnahen Lage fixiert blieb. Nach einer Zeitspanne mit allmählicher Ausbreitung von Winterschnee, vielleicht mit einer lokalen Gebirgsvergletscherung in Westantarktika, und mit abnehmenden Wassertemperaturen, aber immer noch mit geringem Temperaturunterschied zwischen Boden- und Oberflächenwasser, kam es vor 38 Ma (Grenze Eozän/Oligozän) zu einer markanten Abkühlung. Diese Abkühlung (Abb. 29) betraf vor allem das Tiefenwasser, mit mindestens − 5° C in nicht mehr als 10^5 Jahren, was für die damals sehr langsame Klimaentwicklung als abrupt gelten konnte. Ähnlich wie heute strömte dieses kalte Tiefenwasser nach N und kam in hohen Nordbreiten

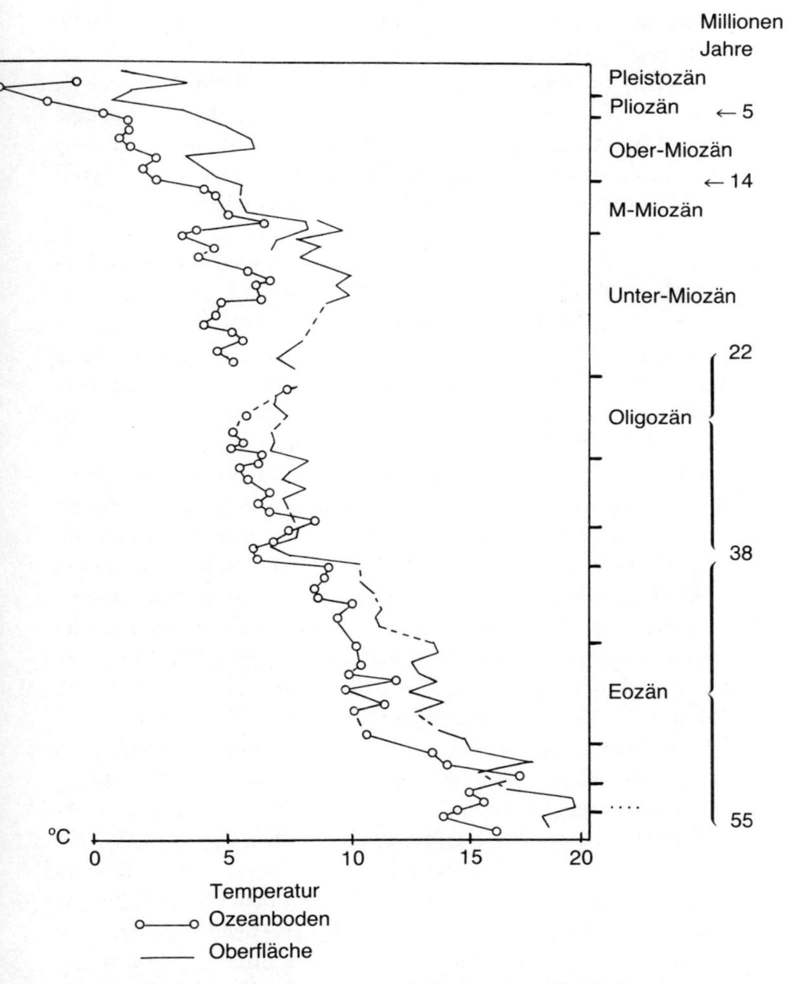

Abb. 29: Aus Isotopenanalysen ermittelte Boden- und Oberflächentemperatur in der Subantarktis (50° S, 160° O) seit dem späten Paläozän (58 Ma vh.). Den Kurven liegen zwei Abbildungen aus KENNETT (1977) zugrunde.

Quelle: FLOHN 1980.

wieder an die Oberfläche. Paläobotanische Daten (Wolfe 1978, 1980) bestätigen eine Abkühlung um 11 bis 13° C am Golf von Alaska (60° N) sowie im pazifischen NW der USA (45° N). Auch im Gebiet der Nordsee schließt Buchardt (1978) aus dem Isotopengehalt fossiler Muschel- und Schneckenschalen auf eine Abkühlung um etwa 12° C. Auf eine (auch für Modellbauer) interessante Hypothese von O'Keefe (1980) eines Saturnringes um die Erde kann hier nur kurz hingewiesen werden.

In dieser Zeit, vor 38 Ma, begann die Bildung von antarktischem Meereis, zugleich mit dem allmählichen Aufbau kontinentaler Eisfelder in Teilgebieten Antarktikas (Kennett 1977). Von den darauf folgenden Klimaschwankungen von vorwiegend geologischem Interesse sei hier nur eine signifikante globale Kälteperiode während des Oligozäns (vor 30–25 Ma) erwähnt. Im mittleren Miozän (vor 15–12 Ma) erstreckte sich eine permanente Eiskappe über ganz Ostantarktika; es handelt sich vermutlich zunächst noch um „warmes", bewegliches Eis mit Temperaturen nahe dem Schmelzpunkt. Wenn die aus Tiefseebohrungen gewonnene Statistik über vulkanische Aktivität (Kennett u. a. 1977a, b) repräsentativ ist, stimmt dieser erste Höhepunkt der Vereisung mit einem Maximum vulkanischer Aktivität überein. Für diese Vulkanhypothese spricht auch der Befund mehrfach wiederholter Kaltphasen (wohl Schwankungen des Antarktiseises) in einem Bohrkern im äquatorialen Pazifik (Woodruff u. a. 1981). Erst später (um 9 Ma) bedeckte das Eis auch die bis dahin eisfreie Westantarktis; in Südalaska entstanden etwa gleichzeitig lokale Gebirgsgletscher. Eine markante Abkühlung wurde auch in den höheren Breiten des Pazifiks beobachtet (Savin u. a. 1975), ebenso eine Kaltwasserfauna in Nordjapan (Kanno u. Masuda 1978). Eine detailreiche Übersicht über die Klimaentwicklung entlang der Küste Nordwestafrikas seit dem oberen Oligozän haben Sarnthein und Mitarbeiter (1982) gegeben, die leider nicht im einzelnen erörtert werden kann. Diese Kaltphase (Stufe 5) umfaßt hier die Zeitspanne von 13 bis 9 Ma, wobei der thermische Äquator nach N wandert.

Das größte Eisvolumen auf Antarktika wurde gegen Ende des Miozäns (vor 6.5–5 Ma, in der „Messinian"-Stufe) erreicht; jetzt handelt es sich offenbar um einen „kalten", nur noch sehr unbeweglichen Eisdom. Das Volumen dieses Eisdomes muß um bis zu 50% größer gewesen sein als das des heutigen, ebenso seine maximale Höhe; das Ross-Schelfeis reichte damals einige 100 km weiter nördlich bis zum Abfall des kontinentalen Schelfrandes (KELLOGG 1979). Dieses Eismaximum wurde begleitet von einer globalen Abkühlung, von einer Ausbreitung des kalten antarktischen Oberflächenwassers um 300 km nach N sowie von hoher Karbonatsedimentation im äquatorialen Pazifik (SAITO u. a. 1975), die (wie heute) das Vorherrschen von nahrungsreichem kalten Auftriebswasser anzeigt (Kap. B. 3.). 8 bis 10 thermische Zyklen wurden beobachtet, deren Minima ebenso intensiv waren wie in der Kaltphase der letzten Eiszeit: das muß nicht als Indiz für eine entsprechende globale Abkühlung interpretiert werden, wohl aber als Anzeiger für die Intensität der äquatorialen Auftriebsvorgänge. Eine der wichtigsten Konsequenzen dieses antarktischen Eisaufbaus war ein „glazial-eustatisches" Absinken des Meeresspiegels um 40 bis 50 m gegenüber heute. Während jeder Absinkphase wurde die Straße von Gibraltar (bzw. ihre flachen Vorgänger in Südspanien) trockengelegt und das Mittelmeer abgeschnürt: dieses verdunstete damals 8- bis 10mal bis zu seinen größten Tiefen (3700 m) und wurde erneut aufgefüllt. Hierbei bildete sich ein geschichtetes Salzlager von 300 bis 500 m Dicke aus (HSÜ u. a 1977). Diese Schichtung läßt einen zyklischen Ablauf mit einer Zeitskala von etwa 10^5 Jahren – über etwa 1 Ma hinweg – erkennen; es liegt nahe, dessen Ursache in den Erdbahnelementen zu sehen, nachdem diese von HAYS, IMBRIE und SHACKLETON (1976) für das jüngere Pleistozän nachgewiesen worden sind. Eine noch längere Folge von Zyklen hat MCKENZIE (1979) auf Sizilien beschrieben.

Während und nach diesem Zeitabschnitt herrschte in der Arktis ein kühl-gemäßigtes Klima, in dem boreale Wälder sich bis an die Küsten ausdehnen konnten. Im Spätmiozän und Pliozän fiel das ausgedehnte Schelfeis nördlich von Sibirien und Alaska trocken, und die Kontinente reichten 200 bis 600 km weiter nach Norden, in Sibirien bis 81° N, in Kanada bis 83° N (HOPKINS 1967). Die Vegetationsgürtel Sibiriens während des Jungpliozäns (vor rund 2.5 Ma,

d. h. vor dem ersten Auftreten des Eises auf dem europäischen Kontinent) wurden von Frenzel (1968, 1968a) kartenmäßig dargestellt aufgrund zahlreicher Arbeiten aus Sowjetrußland. Keinerlei Anzeichen für Tundravegetation oder Dauerfrostboden (Permafrost) wurden gefunden. Die Sommertemperaturen müssen in Westeuropa etwa 3° C, in Osteuropa 4 bis 5° C höher gelegen haben als heute. Zudem, schätzte Frenzel, lagen dort und in Sibirien die Mitteltemperaturen des Jahres und des Winters um 5 bis 10° C höher. Da die relativen und absoluten Höhen der Gebirge wesentlich niedriger waren als heute (Kap. F.1.), konnten ozeanische Regenfälle weiter binnenwärts vordringen, weshalb Frenzel vielerorts um 300 bis 400 mm höhere Niederschläge vermutete. Nur in engbegrenzten Gebieten – wie in der Sierra Nevada Kaliforniens oder Nordwestisland – bildeten sich lokale Gletscher, ohne daß von ihnen eine nachhaltige Wirkung auf das Klima ausging. Eine gleichzeitige Vereisung von Grönland ist gut möglich, doch fehlen alle Spuren, als Folge der wiederholten, vielleicht permanenten glazialen Ausräumungen seit dieser Zeit. Entlang der Küsten von Alaska erstreckten sich ausgedehnte Mischwälder mit borealen Arten über 800 km nördlich der heutigen Baumgrenze. Die fossile Insektenfauna in 66° N ähnelt den heute lebenden Formen im Gebiet von Vancouver und Seattle in 48 bis 50° N (Hopkins 1971).

Während des Pliozäns dehnte sich, wie erwähnt, das Ross-Schelfeis (im pazifischen Sektor von Antarktika) über seine heutige Grenze hinaus aus, und in Südamerika begann eine großräumige Vergletscherung (schon vor 3.6 Ma: Mercer 1976). Eisverfrachtete Gerölle werden als Anzeichen für eine Ausweitung des kalten, antarktischen Oberflächenwassers nach Norden interpretiert; die antarktischen Tafeleisberge drifteten noch weiter nach Norden als während der pleistozänen Eiszeiten.

Besonders interessant ist das Klima der mittleren und tropischen Breiten. Aufgrund sorgfältiger Detailstudien stellte Lotze (1964) Karten der Lage des Evaporiten-Gürtels für die wichtigsten Vorzeitklimate zusammen, d. h. der Lage der Trockenzone mit Salzpfannen, in denen lösliche Salze unter ariden Bedingungen abgelagert worden waren (s. auch Habicht 1979). Die Nordgrenze der nordhemisphärischen Trockenzone im Quartär, im Jung- und Alttertiär wurde aus LOTZES Karten (1964) in Abbildung 30 zusammengestellt. Ihre mittlere Breite ergibt sich im Alt- und Mitteltertiär zu 47° N, im Jungtertiär auf 42° N und auf 38° N im Pleistozän. Abweichungen im Westen Nordamerikas und in Zentralasien sind eine Folge der Aufwölbung der Gebirge während dieser Zeit; in unserem Zusammenhang interessieren nur die Verschiebungen seit dem Jungtertiär. Das oben erwähnte, wiederholte Trockenfallen des Mittelmeeres (HSÜ 1977) während des Messinian (Übergang Miozän/Pliozän) verschärfte die ariden Bedingungen in Südeuropa. Belege für eine entsprechende Verschiebung der Vegetationsgürtel in Nordamerika hat DORF (1960) zusammengestellt. Die aride Ostwindzone der Sahara, die Quelle äolischer Sandablagerungen im Atlantik, lag im Untermiozän (vor 20 Ma) noch zwischen 22 und 26°N und verlagerte sich bis zum Pleistozän um etwa 6 Breitengrade nach S (SARNTHEIN u. a. 1982, Fig. 26); das Messinian entspricht hier der Stufe 7.

Während des Messinian war sogar das südliche Mitteleuropa zeitweise arid, mit Salzpfannen und Wüstenvegetation im Wiener Becken (SCHWARZBACH 1974; HSÜ 1974) wie heute in den Schotts von Algerien (33° N). Ebenso war Südwestdeutschland trockener als heute (SCHWARZBACH in NAIRN 1964). Während vor diesem Einschnitt tropisch-marine Mikrofossilien im Atlantik bis in 58° nördlicher Breite lebten, verlagerte sich ihre Grenze während der Austrocknung des Mittelmeeres an der Ostseite bis etwa 33° N. Daher konnten nach der Wiedereröffnung des Mittelmeeres im Frühpliozän (vor 5 Ma) diese Arten nicht wieder einwandern, obwohl sie in der Golfstromregion im W noch in 50° N lebten. Das zeigt die Gegensätze längs eines Breitenkreises, vermutlich (wie heute) als Folge der windgetriebenen Oberflächenströmungen der Ozeane.

An der Westküste Afrikas (SARNTHEIN u. a. 1982, Stufe 8) fehlte das Aufquellen von Kaltwasser, auch war der Staubtransport mit dem Harmattan (aus Ost) schwach. In der Sahara (MCCAULEY u. a. 1982) herrschten humide Bedingungen mit einem ausgedehnten Flußnetz.

Verschiedene regionale Abschätzungen von Temperatur und

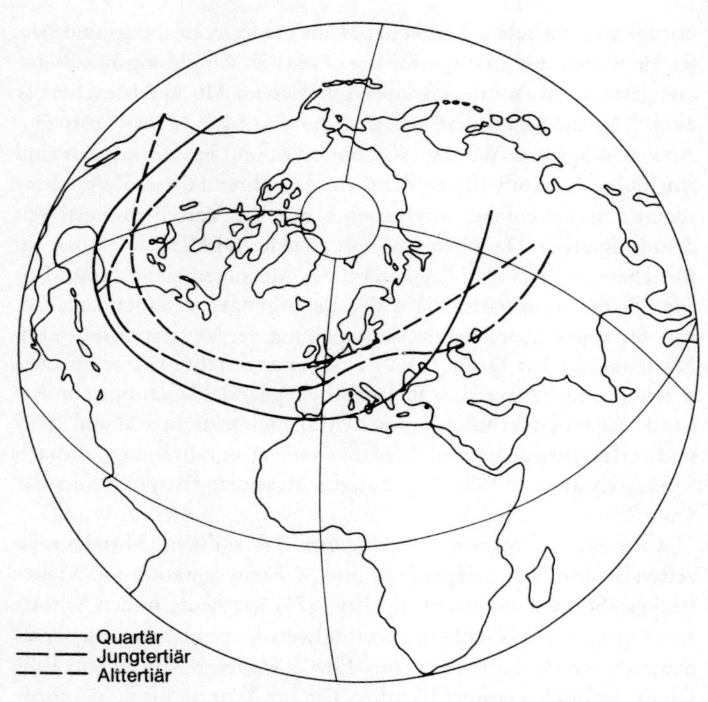

Abb. 30: Verlagerung der Nordgrenze der ariden Zonen auf der Nordhalbkugel der Erde.

Quelle: LOTZE in NAIRN (Hrsg.) 1964.

Niederschlag sind bekannt (so bei MÄGDEFRAU 1968; SCHWARZBACH 1974). Da die meisten heutigen Gebirge im Jungtertiär erst in rudimentärer Form existierten, können die Zahlen jedoch nur in gewissen Gebieten als repräsentativ für eine mögliche Wiederholung in naher Zukunft angesehen werden. Das ist sicher nicht der Fall für die heute ariden Hochbecken von Nevada oder die Mojave-Wüste, die im Obermiozän in einem feucht-maritimen Klima etwa im Meeresniveau lagen. Die Temperaturen lagen dort damals im Sommer 4° C tiefer, im Winter 8 bis 10° C höher als heute (SCHWARZBACH 1974).

In dieser Zeit erfreute sich Südwestdeutschland eines subtropischen, im Pliozän eines warm-gemäßigten, relativ feuchten Klimas (MÄGDEFRAU 1968); für die Schweiz hat HANTKE (1978) viele ähnliche Daten beigetragen.

In den Tropen beherrschte das Savannenklima mit jahreszeitlichem Wechsel von Trocken- und Regenzeit offenbar größere Räume als heute, während der äquatoriale Regenwald mit ganzjährigem Regen schmäler war. Im Oligozän und frühen Miozän zeigten die Vegetationsgürtel Afrikas (MALEY 1980) eine ähnliche Asymmetrie wie später im Jungtertiär. Während der Südteil der Sahara eine tropisch-humide oder wenigstens semihumide Vegetation trug (wie heute im Süden Nigerias), waren Südafrika und das Kongobecken trocken, ja zeitweise Wüste. Die gleiche Aridität ergab sich auch in Nordaustralien, besonders für den Zeitabschnitt nach dem Höhepunkt der antarktischen Vereisung im Messinian (KEMP 1978).

Wenn auch dieses Belegmaterial (das hier nur zum kleinen Teil wiedergegeben werden kann) sehr unvollständig ist, so zeigt es doch, daß die hemisphärische Asymmetrie der allgemeinen Zirkulation von Atmosphäre und Ozean im Zeitabschnitt zwischen dem mittleren Miozän und dem Oberpliozän erheblich stärker war als heute (FLOHN 1978a). Form und Lage der großen Kontinente entsprach in großen Zügen der heutigen, allerdings mit zwei wesentlichen Ausnahmen:

a) Der Isthmus von Panama wurde erst vor rund 3.5 Ma durch Vulkanismus und Landhebung geschlossen (BERGGREN u. a. 1977). Damit wurde die große Nordäquatorialströmung des Ozeans, die von Westafrika bis Indonesien reichte, blockiert, das tropische Warmwasser des Atlantiks konnte nur nach Norden hin ausweichen und verstärkte den (als westliche Randströmung schon vorher existierenden) Golfstrom. Während die Meeresfauna sich zu beiden Seiten von Panama nach der Isolation verschieden entwickelte (KEIGWIN 1978), setzte der Austausch der Landsäugetiere in meridionaler Richtung jetzt ein (WEBB 1976). Die Verstärkung des Golfstroms führte zu einer verstärkten Zufuhr von Wasserdampf in das kritische Gebiet der nordhemisphärischen Vereisung (Grönland, Baffin-Land, Labrador) – das gleiche Gebiet, in dem auch die

Reste der letzten Vereisung am spätesten verschwunden sind bzw. noch heute existieren.

b) Eine weitere Ausnahme bildete die Hebung des riesigen zentralasiatischen Gebirgssystems, das mit dem Namen Tibet (in Englisch: Himalayas) nur unzureichend beschrieben wird. Sie begann erst im obersten Pliozän (vor 1.8–2 Ma) und dauerte im Pleistozän an; das ausgedehnte Monsun-Wind-System kann sich erst seit dieser Zeit ausgebildet haben. Zu diesem Monsunsystem – das von jenseits der Philippinen (140° E) bis zur Westküste Afrikas (25° W) reicht – gehört der sehr kräftige (im Mittel 30–35 m/s in 150 mb oder ca. 14 km Höhe) tropische Oststrahlstrom, der praktisch das gleiche Gebiet umfaßt wie der (viel schwächere) SW-Monsun der unteren Schichten. Seine Auswirkungen reichen überraschend weit (FLOHN 1964 a, 1965): in seinem langgestreckten „Delta" über der Südsahara wird seine kinetische Energie in eine (ageostrophische) Querkomponente nach N hin umgesetzt und baut dort ein überaus kräftiges, permanentes Höhenhoch auf, mit verstärktem Absinken über der zentralen und nördlichen Sahara, das die tropischen Sommerregen dort praktisch nicht über 16° N-Breite hinaus vordringen läßt. Dieses fast 170 Längengrade überstreichende System ist nach empirischen Untersuchungen (FLOHN 1968) und überzeugenden Modellrechnungen (HAHN u. MANABE 1975) in erster Linie nicht die Folge der Land-/Meer-Verteilung, sondern der Existenz der zentralasiatischen Hochländer als hochgelegene Heizfläche (Tibet im Mittel 4500 m auf über 2×10^6 km²), die das troposphärische Temperaturgefälle Äquator–Subtropen im Sommer umkehren.

In Übereinstimmung mit „westlichen" Arbeiten (OPDYKE u. a. 1979, SAHNI u. MITRA 1980) haben chinesische Erdwissenschaftler auf einem Tibet-Symposium im Mai 1981 (s. auch LI u. a. 1979) gezeigt, daß das Aufsteigen der zentralasiatischen Hochgebirge und Hochländer erst in der Wende von Pliozän zum Pleistozän vor rund 2 Ma einsetzte. Zugleich aber – völlig unabhängig von diesen Befunden und ohne Kenntnis dieser Zusammenhänge – haben geologische und paläoökologische Untersuchungen in Afrika nachgewiesen, daß im Pliozän in der Sahara und in Ostafrika noch ein semihumides Klima mit großen Flußtälern und einer Savannenvegetation herrschte, das dann in der gleichen Zeitspanne (vor 2 Ma) von einem allgemeinen ariden Klima abgelöst wurde (Zusammenfassungen siehe WILLIAMS u. FAURE 1980, besonders Kap. 4, 6, 9, 11 und 15, sowie McCAULEY u. a. 1982). Mit diesem zeitlichen Zusammenhang wird auch ein großes Fragezeichen beseitigt, das hinter meinen früheren Untersuchungen (FLOHN 1964 a, 1965, 1968) stand. In Kapitel H. 3. wird auf diesen Zusammenhang zurückzukommen sein.

Von den lokalen Vorläufern (Alaska, Grönland, vielleicht auch dem heutigen Barents-Schelf mit seinem terrestrischen Glazialrelief) abgesehen, begann eine großräumige Vereisung der Nordkontinente frühestens vor etwa 3.5 Ma (Abb. 31). Die Bildung des arktischen Treibeises erfolgte erst danach, wahrscheinlich jedoch vor 2.5 Ma, nachdem das Schmelzwasser der Eismassen eine dünne, salzarme Deckschicht des Arktischen Ozeans erzeugt hatte. Auf dem amerikanischen Kontinent scheint eine ausgedehnte – bis 41° N reichende – Vereisung in der Zeit 2.8 bis 2.2 Ma, mit einem Maximum um 2.4 Ma, nachweisbar zu sein (Boellstorff). Für die Arktis stehen sich die Auffassungen von HERMAN und HOPKINS (1980) und CLARK (1980, 1982) gegenüber, letztere allerdings mit einem sehr viel reichhaltigeren Material. Eine quantitative Auswertung seiner Daten zeigt allerdings, daß die Diskrepanzen anscheinend gar nicht so groß sind. In seiner Stufe A (älter als 3.3 Ma, vielleicht noch bis in das späteste Miozän reichend) treten vereinzelte Erratika auf, jedoch – auf das erfaßte Volumen der Bohrkerne bezogen – nur wenige Prozent der sicher vereisten Stufen C (2.8 Ma), F (um 1.8 Ma), H (1.1 Ma) und jüngere. Dieser Befund beweist meines Erachtens lediglich das Auftreten lokaler Vereisungen schon vor der kritischen Zeit 3.5 Ma, in Übereinstimmung mit Abbildung 31, wobei allerdings das Eisvolumen nicht mehr als 10 bis 15 % des der letzten Eiszeit betragen hat. Neuestens haben SHACKLETON (1984) und 16 weitere Autoren m. E. überzeugende Belege für eine erste intensive Vereisung der subarktischen Kontinente vor 2.4 Ma angegeben.

Damit ist eine permanente Eisdecke in der zentralen Arktis für die letzten etwa 0.7 Ma gesichert; vorher scheint es einen Wechsel zwischen eisfreien, jahreszeitlich und auch wohl schon permanent ver-

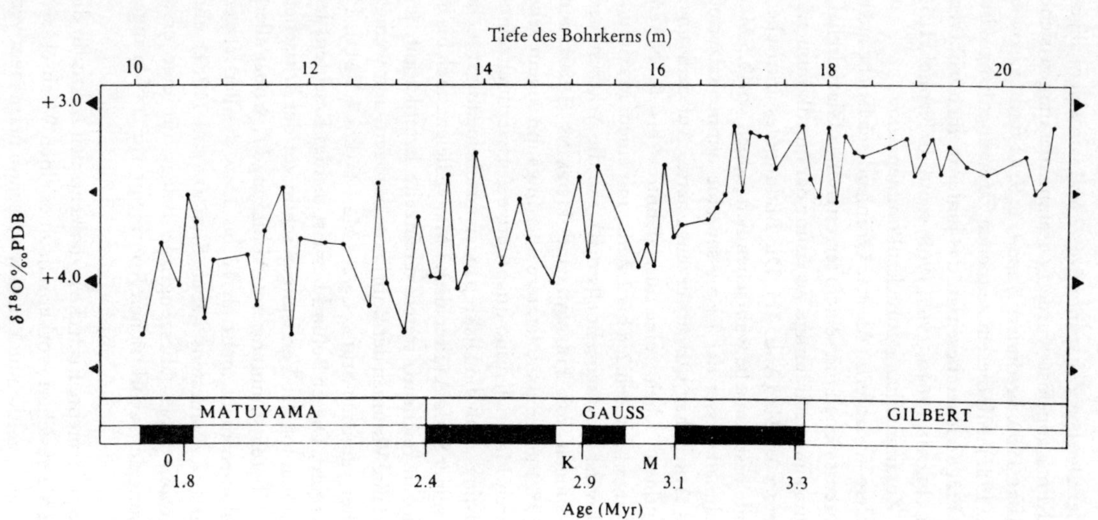

Abb. 31: Abweichungen der [18]*O-Isotope im jüngeren Pliozän und älteren Pleistozän von einem Referenzwert.* Unten paläomagnetische Zeitskala in Ma. Beachte die Unterschiede zwischen den Zeitabschnitten 3.6 bis 3.3 Ma und nach 3.1 Ma mit größeren und regelmäßigen Amplituden.

Quelle: SHACKLETON u. OPDYKE 1977, Fig. 2, S. 218.

eisten Zeitabschnitten gegeben zu haben. Nach dem heutigen Stand unserer Kenntnisse (s. auch SARNTHEIN 1982, besonders Stufen 1 und 9) dürfte die gleichzeitige Existenz eines antarktischen Eisdoms und einer im wesentlichen eisfreien Arktis für Obermiozän und Altpliozän (ca. 13–3.5 Ma) gesichert sein. Das sind rund 10 Ma, d. h. fünfmal so lange wie das ganze Pleistozän mit seiner Sequenz von Eiszeiten und Warmzeiten; auf kurzfristige Klimaschwankungen kann hier nicht eingegangen werden. Diese auch für Spezialisten überraschende Situation (FLOHN 1979, 1981 a) muß notwendig von markanten hemisphärischen Klimaanomalien in Atmosphäre und Ozean begleitet gewesen sein.

3. Die Klima-Asymmetrie während einer unipolaren Vereisung

Die Entdeckung – dieser Begriff ist hier wohl berechtigt – einer unipolaren Vereisung des Planeten Erde, über einen Zeitraum von 10 Ma hinweg in geologisch relativ junger Vergangenheit, war nur möglich auf der Grundlage zahlreicher Befunde, die im Rahmen des internationalen Tiefsee-Bohrprogramms mit „Glomar Challenger" zusammengetragen worden sind. Die klimatischen Folgerungen aus dieser Asymmetrie der beiden Halbkugeln sind so weitreichend, und stehen z. T. in so eindeutigem Widerspruch zu traditionellen Lehrmeinungen, daß es notwendig ist, etwas näher auf die ganze Problematik einzugehen.

Eine der dringendsten Aufgaben der nächsten Zukunft ist zunächst eine kritische Zusammenfassung der vorhandenen Daten aus der umfangreichen geologischen Literatur in globalem Rahmen. Das sollte jedoch in Zusammenarbeit zwischen Geologen und Meteorologen geschehen, d. h. in voller Kenntnis der grundlegenden Gesetze der planetarischen Zirkulation und ihrer Konsequenzen. Eine derartige Zusammenfassung haben inzwischen A. ZUBAKOV und J. BORZENKOVA in russischer Sprache gegeben; sie beruht großenteils auf umfangreichem Material aus der Ukraine, dem Schwarzmeergebiet und Sibirien.

Von meteorologischer Sicht aus muß vor allem das fundamentale

Zirkulationstheorem in seiner Formulierung durch V. Bjerknes (1897f.; s. bei Palmén u. Newton 1969) herangezogen werden. In der Erdatmosphäre nehmen Temperatur und Dichte mit der Höhe ab; andererseits nimmt die Temperatur mit der Breite ab, die Dichte dagegen zu. Das erzeugt eine dreidimensionale barokline Struktur. So schneiden sich die (isothermen) Flächen gleicher Temperatur und die (isopyknischen) Flächen gleicher Dichte unter einem flachen Winkel und bilden auf diese Weise flache Röhren (Solenoide). Das Zirkulationstheorem sagt nun aus, daß in einem baroklinen Feld die Intensität der thermischen Zirkulation, die durch räumlich verschiedene Heizung in Gang gesetzt wird, nur von der Zahl dieser Solenoide abhängt, mit anderen Worten von dem Temperaturgefälle auf einer isopyknischen Fläche. Dieses Gefälle liegt nur bei 1:300 bis 1:2000. Auf einem rotierenden Planeten wird diese thermische Zirkulation verzerrt durch die ablenkende Kraft der Rotation (Coriolis). Daher sind in der rasch (am Äquator mit 465 m/s) rotierenden Erdatmosphäre die zonalen, von Ost nach West verlaufenden Komponenten des Windes viel stärker als die meridionalen und vertikalen Komponenten.

Die ozeanische Zirkulation wird an der Oberfläche hauptsächlich vom Wind angetrieben, in größerer Tiefe jedoch ausschließlich durch Solenoide zwischen den Flächen gleicher Temperatur und gleicher Dichte, die hier auch vom Salzgehalt abhängt. Ist die Rotation der Erde und die Zusammensetzung der Atmosphäre (und damit auch ihre Dichte) vorgegeben, dann hängt die atmosphärische Zirkulation in erster Linie von der Temperaturdifferenz Äquator–Pol ab. Die Daten in Tabelle 2 (Kap. B. 2.) zeigen, daß heute die Temperaturdifferenz Äquator–Pol auf der Südhalbkugel etwa 40% höher ist als auf der Nordhalbkugel; entsprechend ist die atmosphärische Zirkulation dort stärker und drängt diejenige der Nordhalbkugel über den Äquator zurück.

Im Rahmen einer (konservativen) Extrapolation der Temperaturänderung mit der Höhe nehmen wir für den Fall einer eisfreien Arktis im Winter eine mittlere Oberflächentemperatur von + 4° C an (gegenüber heute – 34° C) sowie ein feucht-adiabatisches Gefälle (d. h. häufige Schauerbildung) zwischen einer Wolkenbasis in

950 mb und mindestens 500 mb. Diese Instabilität müßte zu einer Abkühlung der oberen Troposphäre führen, z. B. in 300 mb (ca. 9 km Höhe) von − 58° C auf etwa – 62° C. Das ergibt eine mittlere Erwärmung der gesamten Troposphäre im Winter um 11.5° C. Da im Sommer die untere Inversion nur schwach ist, kann dann die Erwärmung der ganzen Troposphäre nur auf 2 bis 3° C geschätzt werden. Für die als repräsentativ anzusehende Schicht 300/700 mb der mittleren Troposphäre (s. Kap. B, besonders Tab. 2) beträgt die Erwärmung im Winter nur 4° C, im Sommer 2° C. Im Jahresmittel ergibt sich also eine (konservative) Schätzung von + 3° C; dann nimmt die Temperaturdifferenz Äquator–Pol in dieser Schicht auf 24° C ab. Auf der Südhalbkugel bleibt diese Temperaturdifferenz bei 37° C, d. h. mehr als 50 % höher als auf der Nordhalbkugel. Hierbei wird angenommen, daß über der Antarktis die Glieder der Strahlungsbilanz im wesentlichen unverändert bleiben; das ist sicher unrealistisch und muß überprüft werden.

Ein fundamentaler Parameter der atmosphärischen Zirkulation läßt sich für den Fall einer derartigen thermischen Asymmetrie extrapolieren. In einer rotierenden Atmosphäre treten für den meridionalen Austausch konservativer Größen, wie Drehimpuls oder Enthalpie, zwei grundsätzlich verschiedene Zirkulationstypen auf (PALMÉN u. NEWTON 1969). Der erste Typ läßt sich (Kap. B.2.) als schraubenartige Bewegung innerhalb einer Zone beschreiben, die symmetrisch zur Rotationsachse verläuft und von einer (relativ schwachen) thermischen Zirkulation in einer meridionalen Vertikalebene zwischen Äquator und Subtropen angetrieben wird: dies ist die tropische Zirkulation oder Hadley-Zelle.

Im Gegensatz hierzu erzeugen beim zweiten Typ barokline Instabilitätsvorgänge wandernde und näherungsweise ortsfeste Störungen, die Warmluft polwärts, Kaltluft äquatorwärts transportieren: das sind die „mäandrierenden langen Wellen" oder Rossby-Wellen des Westwindgürtels in höheren Breiten. Dieser Westwindgürtel ist identisch mit dem großen polaren Kaltluftwirbel; er bildet die außertropische oder Ferrel-Zirkulation. Die mittlere Grenze zwischen den beiden Typen (die in Wirklichkeit in ständiger Wechselwirkung stehen) wird in Bodennähe durch den Gürtel der subtropischen

Hochdruckzellen charakterisiert, in der oberen Troposphäre zugleich durch die subtropische Strahlströmung.

Wie schon in Kapitel B. 2. gezeigt, ist die mittlere Breitenlage beider Phänomene nahezu identisch; die der subtropischen Hochdruckzone (STA) am Boden ist empirisch einfacher zu definieren (wenn auch, so über dem inneren Asien, nicht ganz fehlerfrei) und wird daher hier bevorzugt. Aus einem baroklinen Instabilitäts-Kriterium (SMAGORINSKY 1963) läßt sich eine einfache Formel für diese Breite φ_s ableiten (Kap. B.2.), in die das meridionale wie das vertikale Temperaturgefälle eingehen:

$$\operatorname{cotg} \varphi_s = \frac{r}{h} \, \frac{\partial\theta/\partial y}{\partial\theta/\partial z}$$

Da diese Formel den heutigen jahreszeitlichen Gang und die Verschiedenheit beider Halbkugeln in guter Näherung wiedergibt (Abb. 5), können wir sie in erster Näherung für die Abschätzung von φ_s im Falle eines eisfreien arktischen Ozeans verwenden. Hierbei setzen wir $\partial\theta/\partial z$ zunächst als konstant an. Aus Abbildung 5 ergibt sich, daß bei höherer Temperatur über der Arktis, d. h. bei abnehmendem Temperaturgefälle Äquator–Pol, φ_s zunimmt, daß also die subtropische Hochdruckzone sich polwärts verschiebt und damit die Ferrel-Zirkulation schrumpft.

Berücksichtigen wir noch die von allen Modellrechnungen gelieferte Labilisierung bei höherem CO_2- und H_2O-Gehalt (Erwärmung in Bodennähe, Abkühlung der Stratosphäre), so wirkt diese allerdings entgegengesetzt; dies geht schon aus einem früher veröffentlichten Diagramm (FLOHN 1964) hervor. Eine einfache Lösung ist also hier nicht möglich, wenn auch dieser Effekt der Labilität offenbar erheblich kleiner ist als der Effekt der Abnahme des meridionalen Temperaturgefälles; nähere Untersuchungen sind notwendig.

Eine quantitative Auswertung dieses Zusammenhangs mit Hilfe der Modellrechnungen (Abb. 32) von MANABE und WETHERALD (1980) bleibt unsicher. Einmal ist es offen, ob $\partial\theta/\partial z$ in Abbildung 5 als linearer Mittelwert zwischen Äquator und Pol bestimmt werden darf; wahrscheinlich ist für das oben erwähnte Instabilitätskriterium

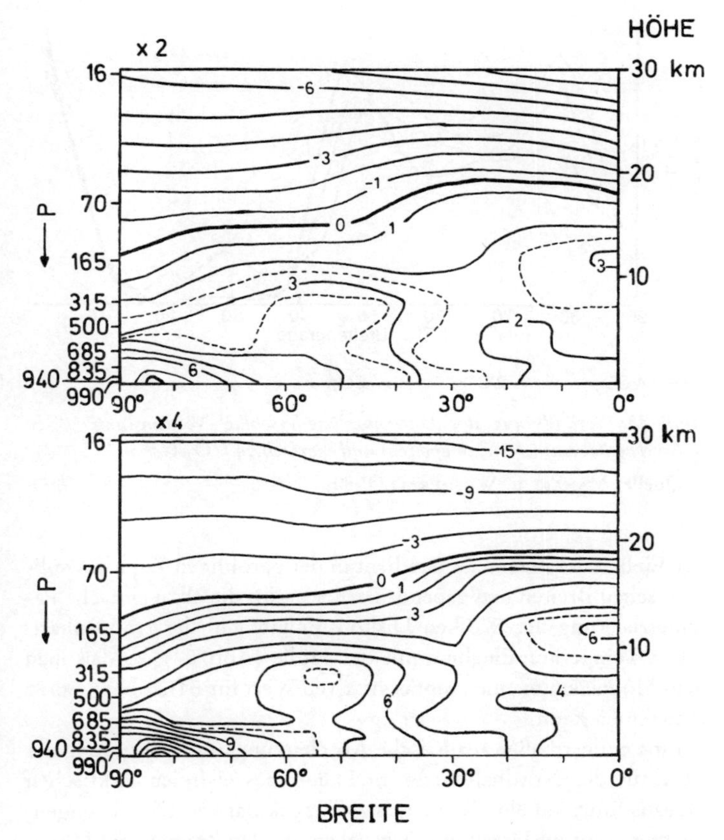

Abb. 32: Temperaturveränderung bei Verdoppelung (oben) *und Vervierfachung* (unten) *des atmosphärischen* CO_2*-Gehalts; Meridian-Höhenschnitt.* Berechnet mit dem Zirkulationsmodell von MANABE und WETHERALD 1980, in dem der Ozean als Sumpf behandelt wird.

Quelle: MANABE u. WETHERALD 1980.

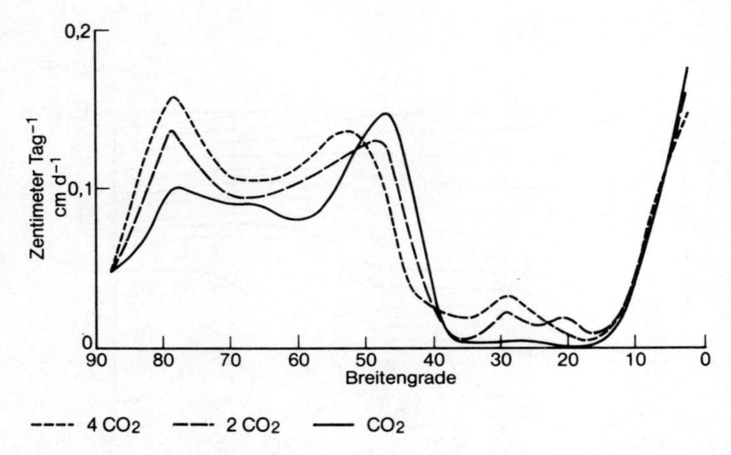

Abb. 33: Veränderung der Differenz Niederschlag–Verdunstung (P–E) in cm/Tag bei einfachem, doppeltem und vierfachem CO_2-Gehalt.

Quelle: Manabe u. Wetherald 1980.

der Wellen der maximale Gradient in der baroklinen Zone der subtropischen Breiten maßgebend. Ferner ergibt die allzu einfache Parametrisierung der Wolken Diskontinuitäten in der troposphärischen Temperaturabnahme mit der Höhe (Abb. 32), so daß man dem Modell kaum einen repräsentativen Wert für $\partial T/\partial z$ bzw. $\partial \theta/\partial z$ entnehmen kann.

Eine einigermaßen realistische Abschätzung der Verlagerung der STA auf der Nordhalbkugel im Falle eines eisfreien Arktischen Ozeans führt auf eine Reihe von z. T. spekulativen Überlegungen, die hier nicht im Detail wiedergegeben werden können. Sie führen auf eine Nordverschiebung von im Sommer 2 bis 300 km, im Winter aber 6 bis 700 km; das bedeutet eine Nordverschiebung des Trokkengürtels und eine Einengung der subtropischen Winterregengebiete (vgl. den im Vorwort angegebenen Bericht d).

Das steht in vollem Einklang mit den Ergebnissen neuer Modellrechnungen von Manabe und Wetherald 1980 und Mitarbeiter (1981), obwohl diese Modelle eine stark idealisierte Geographie der

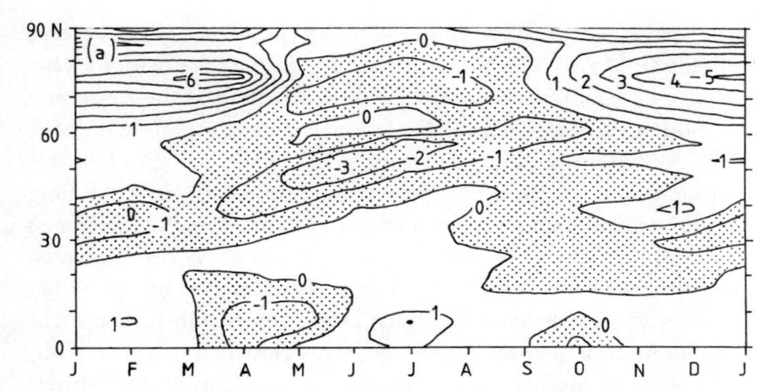

Abb. 34: Veränderung der Bodenfeuchte (in cm) im Fall einer Vervierfachung des CO_2-Gehalts (Meridian-Zeitschnitt).

Quelle: WETHERALD u. MANABE 1981.

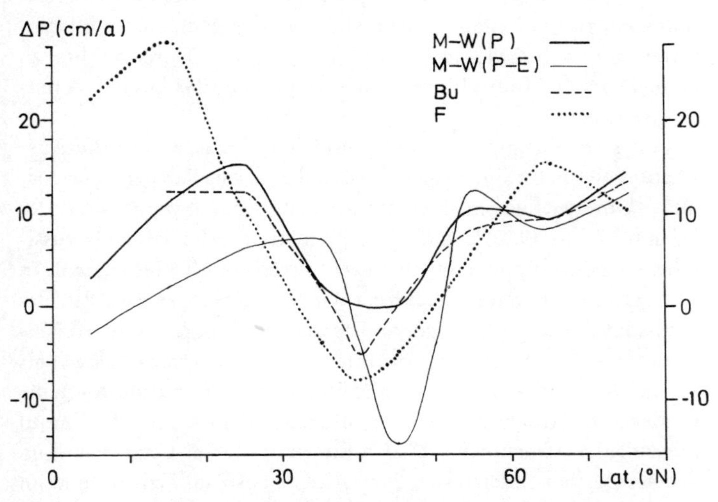

Abb. 35: Veränderung der Breitenkreismittel des Niederschlags (P) bzw. der Differenz Niederschlag – Verdunstung (P – E).

Quelle: Nach Modell MANABE u. WETHERALD 1980 (4 × CO_2) sowie nach BUDYKO 1981 (Differenz Pliozän – heute) und FLOHN (in CLARK 1982).

Erdoberfläche verwenden und keinen eisfreien Ozean voraussetzen. Abbildung 33 zeigt die Nordverlagerung der Grenze des Trockengürtels mit wachsendem CO_2-Gehalt; Abbildung 34 die Änderung des Bodenfeuchtegehalts als Funktion von Breite und Jahreszeit, beide Abbildungen bei vierfachem CO_2-Gehalt, jedoch ohne Berücksichtigung der Rolle der Spurengase (Kap. D. 4.). In Abbildung 34 führt das frühere Einsetzen der Schneeschmelze im Polargebiet zu einer sommerlichen Trockenperiode bis gegen 65° N; in der Tat ist das Auftreten sommerlicher Dürren in mittleren und hohen Nordbreiten aus verschiedenen Gründen sehr wahrscheinlich. Die wirksamsten Änderungen der Wasserversorgung ergeben sich in den subtropischen Winterregengebieten: Kalifornien, das ganze Mittelmeergebiet, der Nahe und Mittlere Osten bis in das sowjetische Zentralasien, den Punjab und Nordwestindien. Hier trifft eine Abnahme des Niederschlags P zusammen mit einer Zunahme der Verdunstung E infolge höherer Temperaturen: diese negative Korrelation kann zu einer dramatischen Abnahme des Abflusses in Flußgebieten wie dem Colorado, Ebro, Po, Euphrat-Tigris bis hin zu Amu-Darja und Indus führen, auf die Revelle 1982 besonders hingewiesen hat.

Völlig unabhängig von diesen Modellergebnissen zeigt die Auswertung der paläoklimatischen Daten die gleiche Tendenz zur Aridität. Untersuchungen über die Vegetation im Jungtertiär in der Sahara (Maley 1980) und die paläoklimatischen Karten einer russischen Arbeitsgruppe unter Budyko (unveröffentlichter Bericht, in Budyko 1982 nur für Osteuropa wiedergegeben) zeigen, daß das Klima im Pliozän (ohne nähere Angabe) im heutigen Winterregengebiet (auch im SW der USA) wärmer und zugleich trockener war als heute. Die Aridität des heutigen Mittelmeergebiets wurde durch die wiederholte Abschnürung vom offenen Atlantik und die darauf folgenden Austrocknungs-Zyklen nur verstärkt; in Ungarn und im Wiener Becken bildeten sich Evaporite, ebenso auf Sizilien, und im Schwarzmeergebiet nahm nach der Salinitätskrise (Hsü u. Giovanoli 1979/80) der Anteil von Steppenpollen erheblich zu. In Abbildung 35 stellen wir die auf ganz verschiedene Weise gewonnenen Daten über die Änderung der Niederschläge im Falle einer *warmen*, weitgehend schnee- und eisfreien Arktis (kein neueres Modell stellt einen ständig offenen Arktischen Ozean in Rechnung!) zusammen. Modellrechnungen, semi-empirische Extrapolationen (F) und paläoklimatische Daten von den Kontinenten (Bu) liefern übereinstimmend eine Tendenz wachsender Aridität in der Breitenzone 40 und 45° N, die im Modell von MANABE, WETHERALD und STOUFFER (1981) sich im Sommer noch weiter nach N erstreckt. Andererseits ergibt sich aus geologischen Daten (WILLIAMS u. FAURE 1980) und Radaraufnahmen von Satelliten her (McCAULEY u. a. 1982) die Existenz eines pliozänen Flußnetzes selbst in den heute aridesten Teilen der Sahara; auf die paläoklimatischen Voraussetzungen muß noch näher eingegangen werden.

Eine derartige asymmetrische Verlagerung des nördlichen Subtropengürtels zugleich mit annähernder Konstanz des südlichen Subtropengürtels müßte auch eine Verschiebung der innertropischen Konvergenz, d. h. des „meteorologischen Äquators" ergeben von seiner heutigen Lage in 6° N bis hin zu 9 bis 10° N. Da unter diesen Bedingungen die südhemisphärische Hadley-Zelle und der SE-Passat relativ noch stärker waren als heute, erscheint eine Verlagerung bis nahe 12° N im Jahresmittel als durchaus möglich. In beiden Fällen könnte ein Übergreifen des äquatorialen Regengürtels auf die Südkontinente höchstens gelegentlich im Nordwinter stattfinden; seine jahreszeitliche Wanderung wäre wahrscheinlich auf die Zone 0 bis 20° N beschränkt. Das müßte zur Ausbildung arider Klimate in vielen Gebieten zwischen Äquator und 20° S führen. Eine solche Entwicklung würde noch verschärft durch stärkeres Aufquellen der Ozeane südlich des Äquators mit Reduktion der Verdunstung nicht nur im Nordsommer/Südwinter, wenn der meteorologische Äquator seine nördlichste Position erreicht, sondern annähernd ganzjährig.

In Nordafrika – besonders im Bereich der tropischen Sommerregen (jetzt ca. 8–16° N) – und Südasien müssen wir versuchen, das Verhalten des großen Monsunsystems (s. Kap. H. 2.) abzuschätzen. Da das Aufsteigen der zentralasiatischen Hochländer und damit die Bildung des tropischen Oststrahlstroms erst vor rund 2 Ma einsetzte, können paläoklimatische Daten aus dem Pliozän, d. h. *vor* diesen Ereignissen, nicht zur Interpretation künftiger Zustände herangezogen werden. Dieses Aufsteigen hat sich in jüngerer Vergangenheit noch einmal verstärkt; für die nächste Zukunft muß selbstverständlich Konstanz der orographischen Randbedingungen angenommen werden. Wenn die planetarische Zirkulation der Nordhalbkugel sich bei einem offenen Arktis-Meer abschwächt, dann kann sich die orographisch bestimmte Monsunzirkulation stärker durchsetzen; insbesondere müßte sie früher im Jahre einsetzen und länger andauern, als das heute der Fall ist. Ob die allgemeine Nordwanderung der subtropischen Strahlströme auch im Winter zu einer sprunghaften Verschiebung von der Südseite auf die Nordseite des tibetischen Plateaus führen wird, ist schwer abzuschätzen. Eine Modifikation des Modells von Hahn und Manabe (1975) mit einem eisfreien Arktis-Meer könnte wichtige Aufschlüsse geben.

Aus den oben erörterten Zusammenhängen ergibt sich – als wahrscheinlichstes Denkmodell – eine Verlängerung der Monsunregenzeit zu Beginn und Ende. Eine Verstärkung und räumliche Ausweitung nach N, also in den heute von langen Dürreperioden heimgesuchten Sahelgürtel hinein, ist dagegen nicht wahrscheinlich. Die Einwände hiergegen (Flohn 1979) haben sich inzwischen vermehrt und verstärkt:

a) Eine relative Verstärkung der Monsunzirkulation müßte auch den tropischen Strahlstrom und damit das Absinken über der Sahara verstärken (s. oben).

b) Die Lage des Perihels im Januar bleibt wenigstens für das nächste Jahrtausend noch in etwa erhalten; damit scheidet eine Verstärkung und Ausweitung der tropischen Monsunregen wie im frühen Holozän (Kutzbach u. a. 1981, s. Kap. F. 2.) aus.

c) Da damals die beiden Eisdome in Nordeuropa (bis etwa 8500 vh.) und im östlichen Kanada (bis etwa 6000 vh.) den baroklinen Westwindgürtel mit seinen wandernden Höhentrögen ganzjährig nach S verschoben, traten im Frühholozän neben den tropischen Sommermonsunregen auch in kalten Jahreszeiten (wie heute in den Übergangsmonaten) außertropische Regenfälle auf (Rognon 1981; Nicholson u. Flohn). Im Gegensatz hierzu wird sich in Zukunft mit der zurückweichenden Schneedecke dieser barokline Gürtel nach N verschieben.

d) Eine Reihe von Modellrechnungen (zuerst J. Charney 1975) liefern eine positive Korrelation zwischen Oberflächenalbedo (abhängig von der Vegetation) und der Intensität des Absinkens über der Sahara; empirische Belege hierfür – etwa ein Trend in homogenen Gebietsmitteln des Niederschlags – konnten bisher nicht gefunden werden. Nur wenn die eventuell neu entstandene Vegetation gegen die anthropogenen Desertifikationsprozesse, insbesondere den enormen Feuerholzbedarf einer weiter zunehmenden Bevölkerung, wirksam geschützt werden kann und die Oberflächenalbedo (heute in den Sandfeldern der Ergs 35–40 %, in der Savanne 15–20 %) sich verringert, könnte der vorhergesagte Effekt (verringertes Absinken, d. h. öfter Regen) eintreten.

In der Arktis selbst wäre eine der ersten Konsequenzen des Verschwindens des arktischen Treibeises die Ausbildung einer baroklinen Zone in der kalten Jahreszeit längs der Nordküste der Kontinente zwischen der Kaltluft, die sich ständig über dem schneebedeckten Land (nördlich des Polarkreises!) bildet, und der relativ warmen Luft über der offenen Arktis. Eine solche barokline, zyklogenetische Zone führt zu dem Auftreten starker winterlicher Schneefälle in den Küstengebieten (vermutlich mit retrograden, d. h. von Ost nach West ziehenden Störungen) und auf den arktischen Inseln, ebenso auch auf Grönland. Im Sommer müßte die charakteristische dünne Stratusdecke über dem schmelzenden Eis verschwinden; dann müßte sich eine thermische Zirkulation zwischen den aufgeheizten Kontinenten und dem relativ kühlen Wasser ausbilden, begleitet von Absinken und geringer Bewölkung im Divergenzbereich der Arktis.

Änderungen im globalen Wasserhaushalt (Kap. D) sind zahlenmäßig schwer abzuschätzen. Während für die mäßig warmen Phasen analog zum Holozän oder Eem-Interglazial eine abgeschwächte Hadley-Zirkulation mit gesteigerter Meeresverdunstung wahrscheinlich ist (Kap. G. 3. und G. 4.), sprechen die paläoklimatischen Anzeichen im Jungtertiär eher für zunehmende Aridität. Nimmt man wegen der starken Asymmetrie des Windfeldes äquatoriales Aufquellen nur während der 6 Monate des Südwinters an, dann ergibt sich ein Verlust von etwa 30×10^3 km^3/Jahr. Empirische Untersuchungen zeigen eine erstaunlich weiträumige positive Korrelation der äquatorialen Wassertemperaturanomalien im Pazifik und Atlantik in der Breitenzone (20° N–20° S) an. Das macht einen Verlust wahrscheinlich, der um einen Faktor 2 bis 3 höher liegt und 15 bis 20 % der heutigen Meeresverdunstung ausmacht. Hier könnten paläoklimatische Untersuchungen wichtige Aufschlüsse geben.

Andererseits müßte ein offener Arktischer Ozean in der kalten Jahreszeit viel stärker verdunsten als heute (der Vergleichswert liegt bei 5–10 cm/Jahr). Aber selbst wenn man eine kräftige Zunahme auf 100 cm/Jahr im Winter ansetzt, dann ergibt das für die heute treibeisbedeckte Fläche von rund 10^7 km² doch nur 10×10^3 km³/Jahr. Damit kommen wir zu der Vermutung eines überwiegend trockenen Klimas mit einem Rückgang des globalen Wasserhaushalts.

4. Antarktischer Kollaps und globaler Anstieg des Meeresspiegels?

Die Möglichkeit eines weltweiten Meeresspiegelanstiegs als Folge eines „Aufschwimmens“ eines Teils des antarktischen Inlandeises (s. Kap. C. 3.), als eine Konsequenz einer globalen Erwärmung, muß ebenfalls zahlenmäßig überprüft werden. Ein Verschwinden des arktischen oder antarktischen Treibeises ändert den Meeresspiegel überhaupt nicht: im Gegensatz zu kontinentalem Eis ist Treibeis im Schwimmgleichgewicht mit Wasser, wie ein Eiswürfel in einem Glas Whisky. Innerhalb unserer „humanen“ Zeitskala von 3 bis 4 Generationen (~100 Jahre) kann ein weltweiter erheblicher Anstieg des Meeresspiegels nur verursacht werden durch großräumige „Ausbrüche“ (surges) kontinentaler Eisschilde mit einem „submarinen“ Sockel mit einer Größenordnung von 10^5 km³ oder mehr, die bei einer Eisdichte von rund 0.9 zu einem Meeresspiegelanstieg von 25 cm pro 10^5 km³ Eis führen. Schelfeisabbrüche der Größenordnung bis 10^4 km³ wurden schon mehrfach beobachtet, sie liefern Tafeleisberge von einigen 10000 km² Fläche.

Nach unseren heutigen Kenntnissen, die DENTON und HUGHES in ihrer anregenden Monographie zusammengestellt haben (1981), kommen zwei Gebiete als Quelle für einen derartigen Eisausbruch in

Frage: der Bereich 100° bis 110° westlicher Länge an der antarktischen „Westküste" zwischen der antarktischen Halbinsel und dem Ostpazifik und der Lambert-Gletscher bei 70° E (Indik), dessen Einzugsgebiet jedoch nur zum kleineren Teil auf einem Felssockel unter dem Meeresspiegel liegt. Im Gegensatz zu dem viel größeren Eisschild der Ostantarktis liegt das westantarktische Eis (Abb. 7) zum großen Teil auf einem Felssockel unter dem Meeresspiegel. Ausbrüche von der Größenordnung 10^5 km^3 sind mehrfach vermutet worden: für das 19. Jahrhundert von Lamb (1967), für das Postglazial von A. T. Wilson (1978). Die Wahrscheinlichkeit eines solchen Ereignisses dürfte mit der erwarteten globalen Erwärmung zunehmen. Vielleicht gibt es einen allmählichen Übergang zwischen solchen Ausbrüchen verschiedener Größen (mit unbekannter Zeitskala!) und einer verstärkten „Kalbung" der existierenden Schelfeise. Von wesentlich größerem Interesse ist die Möglichkeit von Ausbrüchen der Größenordnung 2×10^6 km^3, entsprechend einem Meeresspiegelanstieg um 5 m (Kap. C. 3.). In einer neueren Arbeit mit viel Belegmaterial vermutet Hollin (1980) zwei derartige Ereignisse, um 115 ka und ein noch größeres (Anstieg um 16 m) um 95 ka, beide in warmzeitlichen Abschnitten des Stadiums 5 nach Emiliani und Shackleton (1974). Das Risiko eines solchen weltweiten Anstiegs ist inzwischen mehrfach (so Mercer 1978) untersucht worden. Wie oben (Kap. C. 3.) geschildert, ist dieses Risiko zwar heute gering, aber in absehbarer Zukunft sicher nicht vernachlässigbar; es erfordert also intensive Feldarbeit sowie die Überwachung der antarktischen Schelfeise und der Festeisgürtel an den Küsten.

Die Möglichkeit eines Abschmelzens der kontinentalen Eisdome (Grönland, Antarktika) ist gering. Die Oberfläche des antarktischen Eises, mit Temperaturen zwischen − 20° C (Sommer) und − 70° C (Winter) und mit einer Albedo von 80 bis 90 %, kann praktisch als stabil angesehen werden. Selbst eine drastische Erwärmung als Folge verstärkter Zufuhr von Warmluft würde keinesfalls ausreichen, um merkliches Schmelzen (oder Verdunstung) in Gang zu setzen. Anders Grönland (in 60–83° N-Breite): nach einem eventuellen Verschwinden des arktischen Treibeises käme es sicher im Sommer in den Randgebieten und im Süden zu einem nicht unerheblichen Abschmelzen (DANSGAARD in Bericht c, vgl. S. XIII; AMBACH 1981). Auf der anderen Seite müßte ein eisfreier Arktischer Ozean (Kap. H. 3.) bei zunehmender Zyklonentätigkeit erheblich größere winterliche Schneemengen erzeugen. Eine quantitative Schätzung beider Prozesse ist ohne Modellrechnungen kaum möglich. Aber im schlimmsten (und recht unwahrscheinlichen) Fall würde ein Nettoverlust von 50 cm/Jahr Wasseräquivalent ein zusätzliches Ansteigen des Weltmeeres um 2.5 mm/Jahr verursachen – im Vergleich zu dem aktuellen Wert von rund 1.2 mm/Jahr (ETKINS u. EPSTEIN 1982; GORNITZ u. a. 1982). Eine globale Erwärmung führt auch zu einer Dichteabnahme und Volumenzunahme des Ozeans, jedenfalls der oberen Mischungsschicht. Eine Abschätzung dieses sehr langsamen Anstiegs hängt von vielen Annahmen ab; sie könnte im 21. Jahrhundert jedenfalls einige Dezimeter ausmachen (GORNITZ u. a. 1982).

Fassen wir diese Überlegungen mit der notwendigen nüchternen Kritik zusammen, so erscheint für die nächsten 50 bis 100 Jahre die Wahrscheinlichkeit eines katastrophalen Meeresanstiegs gering, wenn auch nicht ganz vernachlässigbar. Über ein Jahrhundert hinaus gilt diese konservative Einstellung jedoch offenbar nicht mehr; eine Erwärmung um 4 bis 5° C (bei einem CO_2-Anstieg auf über 600 ppm) könnte bei längerem Anhalten diesen Kollaps des westantarktischen Eises auslösen, dessen Zeitskala von Experten auf 200 bis 500 Jahre geschätzt wird. Vergleicht man dieses Risiko mit dem einer Verschiebung der Klimazonen als Folge eines Verschwindens des dünnen arktischen Treibeises, dann muß das letztere, aus wohlerwogenen geophysikalischen Gründen, als sehr viel höher eingeschätzt werden.

SCHLUSSFOLGERUNGEN

Kleine Änderungen der globalen Mitteltemperatur von 1°, 2° oder selbst 4° C erscheinen für den Nichtfachmann als unbedeutend und vernachlässigbar; aber diese Ansicht ist ein Mißverständnis, das in die Irre führt. Ein Absinken der mittleren Jahrestemperatur um 1° C im Bereich der Polargrenze des Ackerbaus – z. B. in Finnland, im inneren Kanada (Weizenanbau in Alberta), für die Heuernte in Island – ist gleichbedeutend mit einer Verkürzung der Vegetationsperiode um 3 bis 4 Wochen: das aber bedeutet ein drastisches Absinken der Ernteergebnisse bis zur Unrentabilität. In der Kleinen Eiszeit war die Vegetationsperiode in Mittelengland um 5 bis 6 Wochen kürzer als um 1950. Im Rahmen der Weltproduktion sind die damit zusammenhängenden Änderungen in der Häufigkeit von Mißernten in mittleren Breiten (z. B. durch ein naßkaltes Frühjahr, kühle und nasse Sommer, Dürren) noch bedeutsamer. Nach dem heutigen Stand unserer Kenntnisse kann eine rasche Abkühlung von diesem (nur scheinbar geringen) Ausmaß keinesfalls ausgeschlossen werden, da die internen Klimaprozesse (s. Kap. B) heute unvorhersagbar sind und dies wohl noch auf nicht absehbare Zeit bleiben werden. Katastrophale Jahre, wie um 1316, um 1430 und 1570 sowie in der Dekade ab 1690 waren teilweise nicht auf Europa beschränkt. Besonders schwierige Klima- und Wirtschaftsbedingungen herrschten in den Jahren nach den größten historischen Vulkanausbrüchen, so nach 1766, 1783, 1815 oder zuletzt 1883. Die europäischen Revolutionen von 1789 und 1848 waren wohl eine Folge von lange bestehenden sozialen, politischen und wirtschaftlichen Verhältnissen. Sie wurden aber ausgelöst jeweils nach einer Folge von Jahren mit schlechtem Wetter, schlechten Ernten und hohen Getreidepreisen, deren psychologische Wirkungen man nicht unterschätzen sollte.

Das Problem der natürlichen Klimaanomalien und -schwankungen als Folge der wechselnden Häufigkeit und Intensität von Vul-

kaneruptionen verdient eine weitere Erörterung. Soweit heute erkennbar, ist dieser Effekt der einzige, der mit einem genügenden Grad an Wahrscheinlichkeit der erwarteten globalen Erwärmung entgegenwirken könnte. Lambs "dust veil index" (1970, 1977) ist inzwischen durch eine bis 553 n. Chr. zurückgehende Meßreihe aus dem Eis von Zentralgrönland (Hammer u. a. 1980) objektiv geworden; einen weiteren Index haben Newhall u. a. (1981) abgeleitet. Inzwischen ist der Zusammenhang kühler Jahre (besonders im Sommer) mit großen Vulkaneruptionen statistisch ausreichend gesichert (Taylor u. a. 1980). Ihre Rolle in der Klimageschichte (auch in der langen geologischen Zeitskala, s. Kennett u. a. 1977 a, b) ist nicht zu übersehen; ihre Vorhersage (mindestens jenseits der Zeitskala von Tagen und Wochen) ist bis heute unmöglich. Das globale Konzept der Plattentektonik hat viel zum Verständnis der Vulkanausbrüche beigetragen: im Bereich der mittelozeanischen Gebirgsgräben dringt ständig heißes Material aus der Tiefe auf und liefert isolierte Ausbrüche, während die Platten sich seitwärts bewegen (wenige cm im Jahr, wie in Island unter unseren Augen zu sehen) und unter den Kontinentalrändern untertauchen, hier unter Auslösung schwerer Erdbeben. In den letzten Jahren wurde eine Serie ungewöhnlich schwerer Erdbeben dieser Art beobachtet (so in China, Iran, Türkei, Italien längs der bekannten, tektonisch aktiven Zonen), während die Vulkantätigkeit – im Vergleich zu früheren Höhepunkten – bis jetzt nur mäßigen Umfang annahm. Müssen wir in Zukunft auch mit wachsender Häufigkeit schwerster Vulkanausbrüche (wie etwa Tambora 1815) rechnen? Diese Frage muß offen bleiben, aber kaum ein Vulkanologe wäre überrascht von einem solchen Ereignis. Die ungewöhnlich (vor allem in den Subtropen) leuchtenden Dämmerungserscheinungen seit dem Sommer 1982 entstammen einem Ausbruch des Vulkans Chichón in Südmexiko; die Intensität des stratosphärischen Dunstes nahm um einen Faktor <100 zu (R. Reiter u. a. 1982).

Die Wahrscheinlichkeit des Eintritts einer kühlen Epoche wie in der Kleinen Eiszeit in den nächsten 100 Jahren kann rein statistisch abgeschätzt werden (s. Fig. A 31 in dem Bericht ›Understanding Climatic Change‹ der Akademie der Wissenschaften der USA). Setzt man ein zufälliges Auftreten eines solchen Ereignisses auf einmal in 1000 Jahren an, dann beträgt seine Wahrscheinlichkeit in den nächsten 100 Jahren rund 10 bis 20%. Diese Abschätzung liefert nichts als eine Größenordnung – aber es wäre unverantwortlich, diese Wahrscheinlichkeit zu vernachlässigen.

Modellrechnungen und paläoklimatische Analogfälle führen zu folgenden Schlüssen: Wenn der CO_2-Gehalt der Atmosphäre weiterhin ansteigt und wenn die oben erwähnten im Infrarot absorbierenden Spurengase (wie erwartet) einen wesentlichen Anteil zu dem Glashaus-Effekt des Kohlendioxyds beitragen, dann muß eine Klimaentwicklung entsprechend den in Kapitel G erwähnten Beispielen der jüngeren Klimageschichte erwartet werden. Das Eem-Interglazial mag eine Vorstellung der zu erwartenden Klimaverteilung geben, wenn der reale CO_2-Gehalt auf 450 bis 500 ppm ansteigt. Das Modell MANABE und WETHERALD (1975) zeigt, daß bereits bei 600 ppm (einschließlich Spurengase) wichtige regionale Klimaänderungen eintreten können – einige zweifellos vorteilhaft, andere dagegen mit verheerenden Folgen. Diese Klimaänderungen wären auf jeden Fall tiefgreifender als alle Änderungen, die die Menschheit in den letzten 6000 Jahren miterlebt hat. Will man *jedes* ernsthafte Klimarisiko diesen Umfanges vermeiden, dann muß Vorsorge getroffen werden, den CO_2-Gehalt nicht über einen kritischen Schwellenwert von 450 ppm ansteigen zu lassen. Ob dieses Ziel – das A. B. LOVINS (1980) für realistisch hält – wirklich erreicht werden kann, wird von vielen Fachleuten bezweifelt. Zweifellos treten aber auch schon bei einem CO_2-Gehalt von 400 bis 450 ppm – auch schon vorher! – immer wieder einzelne Jahre oder Gruppen von Jahren auf, mit extremen Witterungen, die über die Erfahrungen aus der „instrumentellen" Zeitspanne der letzten 2 bis 300 Jahre hinausreichen. Die Extreme der letzten 15 bis 20 Jahre – wie schnell werden sie von der Öffentlichkeit wieder vergessen! – sind nur schwache Andeutungen von dem, was da auf uns zukommt: das letzte Interglazial (Eem) liegt ja bereits 120000 Jahre zurück. Die Variabilität des Wetters, der Witterung einzelner Jahreszeiten ist ein notwendiger Bestandteil des Klimas, ausgelöst von den jahreszeitlichen und regionalen Fluktuationen des Treibeises, der Schneedecke, der Vegetation und Bodenfeuchte; in einer Umbruchsphase müssen diese extremen „Anomalien“ besonders intensiv auftreten. Gerade diese Anomalien – die oft gruppenweise auftreten (LAMB 1982) – aber haben die fühlbarsten Auswirkungen auf Wasserversorgung, Ernährung, Transport und Verkehr, auf die ganze Volkswirtschaft. Der „Super El Niño“ von 1982/3 (CANE u. a. 1983) hat mit seinen weltweiten Auswirkungen ein höchst eindrucksvolles Beispiel vor Augen geführt.

Auf eine derartige Entwicklung, auf Wetterextreme einer bisher nicht gekannten Intensität in einzelnen Jahren oder Jahresgruppen, müssen wir schon jetzt vorbereitet sein. Aber das eigentliche Klimarisiko bezieht sich auf eine weit darüber hinausgehende, durchaus *mögliche* Entwicklung: das Verschwinden des arktischen Treibeises, erst jahreszeitlich, dann rasch ganzjährig (Kap. H).

Können wir bei einem CO_2-Gehalt zwischen etwa 450 und 600 ppm noch Halt gebieten? Da die Dauer eines Überganges von einem in ein anderes Energiesystem in der Größenordnung von 50 Jahren liegt (HÄFELE u. Mitarbeiter 1981), kann es sehr bald zu spät sein für wirksame Gegenmaßnahmen. Der Bericht einer Arbeitsgruppe hervorragender Spezialisten (WILLIAMS 1978, S. 315) stellte fest, daß „die Menschheit einen Zeitraum von 5 bis 10 Jahren (der aber auch zur Verfügung steht) benötigt für intensive Forschung und Planung, um einen grundsätzlichen Wechsel der Energiepolitik zu rechtfertigen“. Die verringerte Wachstumsrate (eine Folge des Ölpreisanstiegs, vgl. jedoch Abb. 21!) kann dieses Zeitfenster verlängern, ohne die Substanz dieser Feststellung zu beeinträchtigen.

Die Idee eines asymmetrischen Planeten mit einem hochvereisten und einem eisfreien Pol erscheint auf den ersten Blick unvorstellbar und irreal. Diese Vorstellung stößt daher – auch bei Fachleuten – rein gefühlsmäßig auf Widerstand. Aber gerade dieser unwahrscheinliche Zustand hat noch vor geologisch kurzer Zeit existiert und blieb während eines Zeitraumes von 10 Millionen Jahren stabil. Das ist heute keine Spekulation mehr: das ist eine weitgehend gesicherte, nachprüfbare Tatsache.

Eine Vorhersage der künftigen Entwicklung des CO_2-Gehalts und der Erwärmung mit entsprechenden Zeitangaben liegt jenseits der Grenzen eines Klimatologen, der mit dem geophysikalischen und historischen Hintergrund seiner eigenen Wissenschaft vertraut ist. Diese Entwicklung hängt von wirtschaftlichen und politischen Maßnahmen ab, die der Naturwissenschaftler mit seinen Kenntnissen – und nicht nur er! – nicht vorhersagen kann (s. PERRY in CLARK [Hrsg.] 1982: ›Carbon Dioxide Review‹). Faßt man alle Unsicherheiten zusammen, insbesondere hinsichtlich der Rolle der Ozeane und der Biosphäre für den CO_2-Haushalt und des Klimas, dann kann man mit einer Zunahme des atmosphärischen CO_2-Gehalts um einen Faktor 2 bis 2.5 (oder höher) in den nächsten 100 bis 200 Jahren rechnen.

Vom Standpunkt des Klimatologen aus gesehen liegt der eigentlich kritische Schwellenwert des CO_2-Gehalts irgendwo zwischen 550 und 700 ppm, wobei die Wirkung weiterer Spurengase (mit bis 100% ansteigend) einbezogen ist. Oberhalb dieses Schwellenwerts steigt die Wahrscheinlichkeit eines Überganges zu einem eisfreien Arktischen Ozean rapide an. Dieser Übergang könnte ganz abrupt ablaufen, d. h. in wenigen Dekaden; er ist in jedem Falle praktisch irreversibel. Da diese Situation, bei gleichzeitig vereister Antarktis, über viele Millionen Jahre hinweg stabil gewesen ist, unter rein natürlichen Bedingungen, muß auch jetzt mit hoher Stabilität gerechnet werden. Zweifellos dauert es mehrere Jahrtausende, bevor der tiefe Ozean das zusätzliche CO_2 absorbiert hat. Was schon einmal geschehen ist, kann wieder geschehen, sofern die Randbedingungen nicht grundsätzlich abweichen. Das bedeutet – nach einer Serie von katastrophalen regionalen Wetterextremen – eine für einen Nichtfachmann fast unvorstellbare Verlagerung der großen Klimazonen der Erde um 300 bis 600 km oder gar mehr, die die Menschheit als Ganzes trifft. Diese kritische Schwelle könnte (CLARK [Hrsg.] 1982: ›Carbon Dioxide Review‹, S. 357) in der zweiten Hälfte des nächsten Jahrhunderts erreicht werden – aber kaum früher.

Nach vielen Diskussionen ist der Verfasser der festen Überzeugung, daß dieses Risiko – trotz mancher Vorteile einer solchen Entwicklung! – unannehmbar ist und wenn irgend möglich vermieden werden muß, selbst unter sehr hohen Kosten. Soweit ein Vergleich überhaupt sinnvoll ist, wächst dieses Klimarisiko weit hinaus über alle Risiken, die bei der – mindestens während einer Übergangszeit notwendigen – Verwendung der Kernenergie mit entsprechenden Sicherheitsauflagen unvermeidlich auftreten. Dieses Überrisiko eines globalen Klimaumbruchs könnte vielleicht vermieden werden, wenn die Energiepolitik der Zukunft im Hinblick auf alle ihre Konsequenzen schon jetzt sorgfältig geplant und in internationalem Zusammenwirken durchgeführt wird. Die Entwicklung der Jahre 1980 bis 1982 (bis zum Zusammenbruch der Hochpreis-Politik des OPEC-Kartells) verlief auch ohne Planung in der richtigen Richtung.

LITERATUR

AAGARD, K.; L. K. COACHMAN: EOS (Transact. Amer. Geophys. Un.) 56 (1975), 484–487.

AAGARD, K.; P. GREISMAN: Journ. Geophys. Res. 80 (1975), 3821–3827.

ABEL, W.: Agrarkrisen und Agrarkonjunktur. 2. Aufl. Parey, Hamburg 1966; Massenarmut und Hungerkrisen im vorindustriellen Europa. Parey, Hamburg 1974, 427 S.

ACKLEY, S. F.: Int. Assoc. Hydrol. Sci. Publ. 131 (1981), 127–159.

ADAM, D. P.: Science 219 (1983), 168–170; Geology 9 (1981), 373 f.

AHARON, P. u. a.: Nature 283 (1980), 649–651.

ALEXANDRE, J.: Annales, Economics, Sociétés, Civilisations 32 (1977), 183–197.

ALLISON, L. J. u. a.: NASA Report TN-D6684 (1972).

AMBACH, W.: Wetter und Leben 35 (1980), 135–142.

AMBS, A.: Dipl. Arbeit Univ. Bonn 1978.

ANDREAS, E. L.: Boundary-Layer Meteor. 17 (1979), 57–71; Monthly Weather Review 108 (1980), 2057–2063.

ANDREWS, J. T. u. a.: Nature 239 (1972), 147–149; Quaternary Research 6 (1976), 167–183; Nature 289 (1981), 164–167.

ANGELL, J. K.: Monthly Weather Review 109 (1981), 230–243.

ARAKAWA, H.: Arch. Meteor. Geophys. Bioklim. B 6 (1954), 152–166; Geofisica pura e appl. 30 (1955), 147–150.

AUGUSTSSON, T.; V. RAMANATHAN: Journ. Atmos. Sci. 34 (1977), 448–451.

BACASTOW, R. B.: Nature 261 (1976), 116–118.

BACH, W.; J. PANKRATH; J. WILLIAMS (Hrsg.): Interactions of Energy and Climate. D. Reidel (Dordrecht) 1980, XXXX + 568 S.

BACH, W. u. a. (Hrsg.): Food-Climate Interactions. D. Reidel (Dordrecht) 1981, XXXI + 504 S.

BACH, W.: Gefahr für unser Klima. C. F. Müller (Karlsruhe) 1982, XXI + 317 S.

BACH, W. u. a. (Hrsg.): Carbon Dioxide. Current Views and Developments in Energy/Climate Research. D. Reidel (Dordrecht) 1983, XVII + 525 S.

BAES, C. F. jr., in: W. C. CLARK (Hrsg.) 1982, 187–204.

BARRY, R. G. u. a.: Arctic and Alpine Research 9 (1977), 193–210.

BAUMGARTNER, A.; E. REICHEL: Die Wasserbilanz der Erde. R. Oldenbourg, München 1975.

BEHREND, H.: Bonner Meteor. Abhandl. 31 (1984), 1–50.

BELL, P. J., in: W. C. CLARK (Hrsg.) 1982, 401–406.

BERGER, A. L.: Journ. Atmos. Sci. 35 (1978), 2362–2367; Quaternary Research 9 (1978), 139–167; Geophysical Surveys 3 (1979), 351 bis 402.

BERGER, A. L. (Hrsg.): Climatic Variations and Variability. Facts and Theories. D. Reidel (Dordrecht) 1981.

BERGGREN, W. A. u. a.: Tectonophysics 38 (1977), 11–48; Quaternary Research 13 (1980), 277–302.

BERKOFSKY, L.: Journ. Appl. Meteor. 15 (1976), 1139–1144; Beitr. Phys. Atmos. 50 (1977), 312–320.

BERNABO, J. C.; T. WEBB III: Quaternary Research 8 (1977), 64–96.

BJERKNES, J.: Monthly Weather Review 97 (1969), 163–172.

BOLIN, B. u. a. (Hrsg.): The Global Carbon Cycle. SCOPE 13, J. Wiley, New York 1979.

BOLIN, B. u. a. (Hrsg.): Carbon Cycle Modelling. SCOPE 16, J. Wiley, New York 1981.

BOLIN, B. u. a. (Hrsg.): The Major Biogeochemical Cycles and their Interaction. SCOPE 21, J. Wiley, New York 1983.

BORTENSCHLÄGER, S.: Erdwissenschaftliche Forschungen Bd. 13 (Wiesbaden 1977), 260–270.

BOWLER, J. M. u. a.: Earth Science Review 12 (1976), 279–310.

BRAY, J. R.: Nature 252 (1974), 679–680; 260 (1976), 414–415; Science 197 (1977), 251–254; Nature 283 (1979), 603–604.

BRICE, W. C.: The Environmental History of the Near and Middle East. Academic Press London, New York 1978, 384 S.

BROECKER, W. S.; J. VAN DONK: Rev. Geophys. Space Physics 8 (1970), 169–198.

BRUMME, B.: Arch. Meteor. Geophys. Bioklim. B 29 (1981), 191–210.

BRUNNACKER, K. u. a.: Quaternary Research 18 (1982), 152–173.

BRYSON, R. A.: Science 184 (1974), 753–760.

BRYSON, R. A.; T. J. MURRAY: Climates of Hunger. Univ. Wisconsin Press 1977, 171 S.

BRYSON, R. A.; B. H. Goodman: Science 207 (1980), 1041-1044.

BUCHARDT, B.: Nature 275 (1978), 121–123.

Budd, W. F.; J. N. Smith: Intern. Assoc. Hydrol. Sci. Publ. 131 (1981), 369–409.

Budyko, M. I.: Izvest. Akad. Nauk SSR, Ser. Geograf. 6 (1962), 3–10.

Budyko, M. I.: Tellus 21 (1969), 611–619; EOS (Transact. Amer. Geophys. Un.) 1972, 868–874.

Budyko, M. I.: Climatic Changes. Amer. Geophys. Union 1977, 261 S.

Budyko, M. I.: The Earth's Climate: Past and Future. Intern. Geophys. Ser. 29, Academic Press New York 1982, 307 S.

Butzer, K. W. u. a.: Science 175 (1972), 1069–1076, sowie in F. Wendorf, A. E. Marks (Hrsg.): Problems in Prehistory: North Africa and the Levant, Dallas (1975).

Butzer, K. W.: Geogr. Mag. 51 (1979), 201–208.

Callendar, G. S.: Quart. Journ. Roy. Meteor. Soc. 64 (1938), 223–240; Tellus 10 (1958), 243–248.

Cane, M. A. u. a.: Science 222 (1983), 1189–1210.

Cess, R. D.: Journ. Atmos. Sci. 33 (1976), 1831–1843; 34 (1977), 1824–1837.

Charney, J. G.: Quart. Journ. Roy. Meteor. Soc. 101 (1975), 193–202.

Chu, C. Ch.: Scientia Sinica 16 (1973), 226–256.

Chýlek, P.; J. H. Coakley jr.: Aerosols and Climate: Science 183 (1974), 75–77.

Clark, D. L. u. a.: Spec. Paper Geol. Soc. America 181 (1980); Nature 300 (1982), 321–325.

Clark, W. C. (Hrsg.): Carbon Dioxide Review 1982. Clarendon Press Oxford, XIX + 469 S.

Cline, R. M.; J. D. Hays (Hrsg.): Geological Society of America, Memoir 145 (1976).

Coope, G. R.: Philos. Transact. Roy. Soc. London B 280 (1977), 313–340.

Crutzen, P. J., in: B. Bolin (Hrsg.): SCOPE 21 (1983), 67–112.

Damon, P. E.; St. M. Kunen: Science 193 (1976), 447–453.

Dansgaard, W. u. a., in: Turekian (Hrsg.): The Late Cenozoic Glacial Ages, Yale Univ. Press 1972, 37–56; sowie Quaternary Research 2 (1972a), 396–398; Nature 255 (1975), 24–28; Science 218 (1982), 1272–1277.

De Jong, A. F. M. u. a.: Nature 280 (1979), 48–49.

Delcourt, H. R.; W. F. Harris: Science 210 (1981), 321–323.

Delmas, R. I. u. a.: Nature 284 (1980), 155–157.

DENTON, G. H.; T. HUGHES: The Last Great Ice Shields. J. Wiley, New York 1981, XVIII + 484 S.

DEY, J.: Journ. Glaciol. 25 (1980), 425–438; Journ. Geophys. Res. 86 (1981), 3223–3235.

DONN, W. L.; D. M. SHAW: Journ. Geophys. Res. 71 (1966), 1087–1193.

DONNER, L.; V. RAMANATHAN: Journ. Atmos. Sci. 37 (1980), 119–124.

DORF, E.: American Scientist 48 (1960), 341–364.

DREXLER, J. W. u. a.: Quaternary Research 13 (1980), 327–345.

DUPLESSY, J. Cl. u. a.: Nature 226 (1970), 631–633.

DUPLESSY, J. Cl., in: A. BERGER (Hrsg.): Climatic Variations and Variability: Facts and Theories. D. Reidel, Dordrecht 1979, 181–192.

DUPLESSY, J. Cl.: Palaeogeogr., Palaeoclim., Palaeoecol. 35 (1981), 121–144.

ELLSAESSER, H. W. u. a.: Quart. Journ. Roy. Meteor. Soc. 102 (1976), 655–666.

EMILIANI, C.; N. J. SHACKLETON: Science 183 (1974), 511–514.

ETKINS, R.; E. S. EPSTEIN: Science 215 (1982), 287–289.

ENFIELD, D. B.; J. S. ALLEN: Journ. Phys. Oceanogr. 8 (1980), 557–578.

EULER, R. C. u. a.: Science 205 (1979), 1089–1101.

FABIAN, P. u. a.: Naturwissenschaften 67 (1980), 109–120; Journ. Geophys. Res. 87 (1982), 5179–5184.

FINK, J.; G. KUKLA: Quaternary Res. 7 (1977), 363–371.

FISHER, D. A.; R. M. KOERNER, in: W. C. MAHONEY (Hrsg.): Quaternary Paleoclimate. Norwich, o. J. (1980?), 249–271.

FISHMAN, J. u. a.: Nature 282 (1979), 818–820.

FLETCHER, J. O. u. a.: WMO Techn. Note 129 (1973), 181–218.

FLIRI, F. u. a.: Z. f. Gletscherkunde und Glazialgeologie 6 (1970); 7 (1971).

FLOHN, H.: Z. f. Erdkunde 1941, 13–22.

FLOHN, H.: Geol. Rundschau 54 (1964), 504–515; 70 (1981a), 725–736.

FLOHN, H.: Bonner Meteor. Abhandl. 4 (1964a); 21 (1975a).

FLOHN, H.: Z. f. Meteorologie 17 (1965), 316–320.

FLOHN, H.: Annalen der Meteorologie N. F. 3 (1967), 76–80.

FLOHN, H.: Colorado State University, Atmospheric Science Paper 130 (1968).

FLOHN, H.: Eiszeitalter und Gegenwart 20 (1969), 204–231.

FLOHN, H.; M. KETATA: Étude des conditions climatique de l'avance du désert. WMO Techn. Note No. 116, 1971.

FLOHN, H., in: A. L. GORDON (Hrsg.): Studies in Physical Oceanography Vol. I (1972), 93–102.
FLOHN, H.: Quaternary Res. 4 (1974a), 385–404; 12 (1979a), 135–149.
FLOHN, H.: Annalen der Meteorologie N. F. 9 (1974), 25–31.
FLOHN, H., in: GARP No. 16 (1975b), 106–118.
FLOHN, H.: Climatic Change 1 (1977), 5–20.
FLOHN, H., in: J. WILLIAMS (Hrsg.): Carbon Dioxide, Climate and Society. IIASA Proc. Series Vol. 1, 1978.
FLOHN, H., in: E. M. VAN ZINDEREN BAKKER (Hrsg.): Antarctic Glacial History and World Palaeoenvironment. Balkema, Rotterdam 1978a, 3–13.
FLOHN, H.: Wiss. Mitt. Meteor. Inst. München 35 (1979b), 173–177.
FLOHN, H.: Possible Climatic Consequences of a Man-Made Global Warming. Intern. Inst. Appl. Systems Analysis Laxenburg 1980.
FLOHN, H.; Sh. NICHOLSON: Palaeoecology of Africa 12 (1980a), 3–21.
FLOHN, H.: Beiträge zur Physik der Atmosphäre 53 (1980b), 204–212.
FLOHN, H.: Physikal. Blätter 37 (1981), 184–190.
FLOHN, H., in: W. BACH u. a. (Hrsg.): Food-Climate Interactions, 1981a, 423–441.
FLOHN, H., in: W. C. CLARK (Hrsg.): Carbon Dioxide Review 1982, 143–179.
FLOHN, H.: Journ. Meteor. Soc. Japan 60 (1982a), 268–273.
FLOHN, H.: Sitz. Ber. Mitt. Braunschweig. Wiss. Ges. Sonderheft (1982b), 78–79.
FLOHN, H., in: A. GHAZI (Hrsg.): Palaeoclimatic Research and Models. D. Reidel (Dordrecht) 1983, 17–33.
FLOHN, H., in: A. STREET-PERROTT u. a. (Hrsg.): Variations in the Global Water Budget. D. Reidel (Dordrecht) 1983a, 403–418.
FLOHN, H.; R. FANTECHI: The Climate of Europe: Past, Present and Future. D. Reidel (Dordrecht) 1984, X + 356 S.
FRAEDRICH, K.: Quart. Journ. Roy. Meteor. Soc. 104 (1978), 461–474; 105 (1979), 147–167; Promet 1980, Heft 1/2, S. 2–6.
FRAKES, L. A.: in: A. E. PITTOCK u. a. (Hrsg.): Climatic Change and Variability – A Southern Perspective. Cambridge Univ. Press 1978, S. 53–69.
FRAKES, L. A.: Climates Throughout Geologic Time. Elsevier, Amsterdam 1979, XII + 310 S.
FRANKENBERGER, R.; W. LAUER: Untersuchungen zur Humidität und Aridität von Afrika. Bonner Geograph. Abhandlungen, Heft 66, 1981.
FRENZEL, B.: Die Klimaschwankungen des Eiszeitalters. Vieweg, Braun-

schweig 1967; Erdwissenschaftliche Forschung 1 (Wiesbaden 1968); Science 161 (1968a), 637–649.

FRITTS, H. C.: Tree Rings and Climate. Academic Press, New York 1976.

FRITTS, H. C., in: HUGHES (Hrsg.): Climate from Tree Rings. Cambridge Univ. Press 1982.

FUJI, N., in: S. HORIE (Hrsg.): Palaeoclimatology of Lake Biwa 4 (1976), 316–356.

FULTZ, D. u. a.: Amer. Meteor. Soc., Meteor. Monogr. 4, No. 21 (1959), 104 S.

GABRIEL, B.: Berliner Geogr. Abhandl. 27 (1977).

GAMPER, M.; J. SUTER; H. HOLZHAUSER: Geographica Helvetia 37 (1982), 105–126.

GARDNER, J. V.; J. D. HAYS: Geol. Soc. America Mem. 145 (1976), 221–246.

GARP: The Physical Basis of Climate and Climate Modelling. GARP Publ. Series 16 (1975), WMO (Genf), 265 S.

GASSE, F.; G. DELIBRIAS, in: S. HORIE (Hrsg.): Palaeoclimatology of Lake Biwa 4 (1976), 529–575; Nature 265 (1977), 42–45.

GEIGER, R.: Das Klima der bodennahen Luftschicht. Vieweg, Braunschweig, 4. Aufl. 1961.

GERASSIMOV, I. P., in: W. C. BRICE (Hrsg.): The Environmental History of the Near and Middle East Since the Last Ice Age. Academic Press, London, New York 1978, 335–349.

GHAZI, A. (Hrsg.): Palaeoclimatic Research and Models. D. Reidel (Dordrecht) 1983, VII + 205 S.

GILLILAND, R. L.: Climatic Change 4 (1982), 111–132.

GORNITZ, V. u. a.: Science 215 (1982), 1611–1614; Diskussion Science 219 (1983), 996–998.

GRASSL, H.: Promet 1980, Heft 1/2, 6–12.

GROSSWALD, M. G.: Quatern. Res. 13 (1980), 1–32.

GRÜGER, E.: Geologica Bavaria 80 (1979), 5–64.

HABICHT, J. K. A.: Paleoclimate, Paleomagnetism and Continental Drift. Amer. Assoc. Petrol. Geol. Studies in Geology No. 9 (1979).

HÄFELE, W. u. a.: Energy in a Finite World: A Global Systems Analysis. Ballinger, Cambridge, Mass. 1981.

HAHN, D. G.; S. MANABE: Journ. Atmos. Sci. 32 (1975), 1515–1541.

HAHN, J.; C. JUNGE: Z. f. Naturforschung 32a (1977), 190–214.

HAHN, J., in: W. BACH u. a. (Hrsg.): 1980a, 193–213.

HAMMER, C. U. u. a.: Nature 270 (1977), 482–486; Nature 288 (1980), 230–235; Journ. Glaciol. 20 (1977), 3–26; 25 (1980), 359–372.

HANSEN, J. u. a.: Science 213 (1981), 957–966.

HANTEL, M., in: A. L. GORDON (Hrsg.): Studies in Physical Oceanography Vol. I (1972), 121–136.

HANTEL, M.: Promet 1980, Heft 1/2, 12–19.

HANTKE, R.: Eiszeitalter. Die jüngste Erdgeschichte der Schweiz und ihrer Nachbargebiete. O. H. Verlag 1978.

HARE, F. K.: Quaternary Research 6 (1976), 507–517; sowie in: Desertification: Its Causes and Consequences. UN Conf. on Desertification (Nairobi) 1977, 63–167.

HASTENRATH, St.; P. LAMB: Climatic Atlas of the Tropical Atlantic and Eastern Pacific Oceans. Univ. of Wisconsin 1977; Heat Budget Atlas of the Tropical Atlantic and Eastern Pacific Oceans. do. 1978.

HASTENRATH, St.; A. WU: Arch. Meteor. Geophys. Bioklim. B 31 (1982), 1–37.

HAVLIK, D.: Festschrift f. F. Monheim, Aachen 1981, 91–109.

HAYS, J. D.; J. IMBRIE; N. SHACKLETON: Science 194 (1976), 1121–1132.

HAYS, J. D. u. a.: Geol. Soc. America Mem. 145 (1976), 337–369; in E. M. VAN ZINDEREN BAKKER (Hrsg.): Antarctic Glacial History and World Palaeoenvironment. Balkema, Rotterdam 1978, 57–71.

HEINE, K.: Palaeoecology of Africa 10 (1978), 31–39; 15 (1981), 53–76.

HENDERSON-SELLERS, S.: Surface Albedo. Rev. Geophys. Space Phys. 21 (1983), 1743–1778.

HENNING, D.: Arch. Meteor. Geophys. Bioklim. A 16 (1967), 126–136.

HENNING, D.; H. FLOHN: Beitr. Phys. Atmos. 53 (1980), 430–441.

HERMAN, G. F.; W. T. JOHNSON: Monthly Weather Review 106 (1978), 1649–1664.

HERMAN, Y.; D. M. HOPKINS: Science 209 (1980), 557–562.

HERTERICH, K.: Promet 1980, Heft 1/2, 19–23.

HIBLER, W. D. III: Monthly Weather Review 108 (1980), 1943–1973; Journ. Phys. Oceanogr. 12 (1982), 1514–1523.

HOFFERT, M. I. u. a.: Journ. Geophys. Res. 85 (1980), 6667–6679.

HOLLIN, J. T.: Nature 281 (1980), 629–630.

HOLLIS, G. E.: Geogr. Journ. 144 (1978), 62–80.

HOPKINS, D. M. (Hrsg.): The Bering Land Bridge. Stanford Univ. Press 1967; Palaeo³ 9 (1971), 211–231.

HOSKINS, W. G.: Agricult. Hist. Rev. 12 (1964), 28–46; 16 (1968), 15–31.

HOUGHTON, J. T.: The Global Climate. Cambridge Univ. Press 1984.
HOYT, D. V. u. a.: Rev. Geophys. Space Physics 17 (1979), 427–458; Climatic Change 2 (1979a), 79–92.
HSÜ, K. J. u. a.: Naturwissenschaften 61 (1974), 137–142; Nature 267 (1977), 399–403.
HSÜ, K. J.; F. GIOVANOLI: Palaeo³ 29 (1979/80), 75–93.
HUGHES, T.: Rev. Geophys. Space Physics 13 (1975), 502–526; 15 (1977), 1–46.
HUNT, B. G.: Monthly Weather Review 105 (1977), 247–260.

IDSO, Sh. B.: Carbon Dioxide: Friend of Foe? IBR Press, Tempe, Ariz. 1982.
IMBRIE, J. u. K.: Ice Ages: Solving the Mistery. Emlow Publ., Short Hill, N. J. 1979.
INGRAM, M. I. u. a.: Nature 276 (1978), 329–334; sowie in: T. M. L. WIGLEY u. a. (Hrsg.): Climate and History. Cambridge Univ. Press 1981, 180–213.
IVES, J. D. u. a.: Naturwissenschaften 62 (1975), 118–125.

JÄCKEL, D.: Palaeoecology of Africa 11 (1979), 13–44.
JAENICKE, R., in: A. L. BERGER (Hrsg.): 1981, 577–597.
JANKOWSKY, E. J.; D. J. DRURY: Nature 291 (1981), 17–20.
JULIAN, P. R.; R. M. CHERVIN: Monthly Weather Review 106 (1978), 1433–1451.
JUNGE, Chr.: Air Chemistry and Radioactivity. Academic Press, New York 1963.

KANNO, S.; F. MASUDA, in: K. TAKAHASHI; M. YOSHINO (Hrsg.): Climatic Change and Food Production, Tokyo Univ. Press 1978, 63–70.
KARLĚN, W.: Geograf. Annaler, Serie A, 55 (1973), 29–63; 58 (1976b), 1–34; Boreas 5 (1976a), 25–56; 61 (1979), 11–28.
KEELING, C. D. u. a., in: W. C. CLARK (Hrsg.): 1982, 377–385.
KEIGWIN, L. D. jr.: Geology 6 (1978), 630–634.
KELLER, G.; J. A. BARRON: Geol. Soc. Amer. Bull. 94 (1983), 590 bis 613.
KELLOGG, T. B.: Marine Micropaleontology 4 (1979a), 137–158; J. Foram Res. (9 [1979b], 250–269).
KELLOGG, T. B. u. a.: Geology 7 (1979), 249–253.
KELLOGG, W. W.: WMO Techn. Note 156 (1977); Ann. Rev. Earth Plant.

Sci. 7 (1979), 63–92; WMO Bulletin 22 (1983), 23–32; Journ. Geophys. Res. 88 (1983a), 1263–1269.

KELLOGG, W. W., in: W. BACH u. a. (Hrsg.): 1980, 281–296.

KELLOGG, W. W.; R. SCHWARE: Climate Change and Society. Westview Press, Boulder, Color. 1981, XIII + 178 S.

KELLY, P. M.; P. D. JONES: Climate Monitor 10 (1981).

KEMP, E. M.: Palaeo^3 24 (1978), 169–208.

KEMPE, St.: Mitt. Geol. Paläont. Inst. Univ. Hamburg 47 (1977), 125–128.

KENNETT, J. P.: Journ. Geophys. Res. 82 (1977), 3843–3860.

KENNETT, J. P. u. a.: Journ. Volcan. Geotherm. Res. 2 (1977a), 145–163; Science 196 (1977b), 1231–1234.

KINGTON, J. A.: Climatic Change 3 (1980), 7–36.

KOERNER, R. M.: Quaternary Research 13 (1980), 153–159.

KORFF, H. Cl.; FLOHN, H.: Annalen der Meteorologie N. F. 4 (1969), 163–164.

KRATZER, A.: Das Stadtklima (2. Aufl.), Braunschweig 1956.

KUKLA, G.: Earth Science Rev. 13 (1977), 307–374; Transact. Nebraska Acad. Sci. 6 (1978), 57–93; Palaeoecology of Africa 12 (1980), 395–408, sowie in: A. BERGER (Hrsg.), 1981, 207–232.

KUKLA, G.; J. GAVIN: Science 214 (1981), 497–503.

KUTZBACH, J. E. u. a.: Science 214 (1981), 59–61; Journ. Atmos. Sci. 39 (1982), 1177–1188.

LAMB, H. H.: Quart. Journ. Roy. Met. Soc. 85 (1959), 1–23.

LAMB, H. H.: Philos. Transact. Roy. Soc. London A 266 (1970), 425–533; Climate Monitor 6 (1977a), 57–67; Quaternary Research 11 (1979), 1–20.

LAMB, H. H.: Climate, Present, Past and Future. Vol. I–II, Methuen, London 1972, 1977.

LAMB, H. H.: Pure Appl. Geophys. 119 (1981), 628–639.

LAMB, H. H.: Climate, History and the Modern World. Methuen, London 1982, XIX + 387 S.

LANDSBERG, H. u. a.: Univ. of Maryland, Inst. Fluid Dynamics, Techn. Note BN 571 (1968).

LANDSBERG, H.; J. M. ALBERT: Weatherwise 27 (1974), 63–66.

LANDSBERG, H.: The Urban Climate. Intern. Geophys. Ser. 28 (1981), Academic Press New York.

LEMKE, P. u. a.: Hamburger Geophys. Einzelschr. (1980); Journ. Phys. Oceanogr. 10 (1980), 2100–2120.

LeRoy Ladurie, E.: Times of Feast, Times of Famine. A History of Climate Since the Year 1000. Allen and Unwin, London 1972; Journ. Interdisc. Hist. 10 (1980), 839–849.

Lettau, H. und K.: Tellus 21 (1969), 208–222; Monthly Weather Review 97 (1969), 691–699; Ann. Meteor. N. F. 9 (1974), 9–13.

Lettau, H. und K.; C. E. Molina: Monthly Weather Review 107 (1979), 227–238.

Li, J. J. u. a.: Scientia Sinica 22 (1979), 1314–1328.

Lieth, H.: Primary Productivity of the Biosphere. Springer Verlag, Berlin, Heidelberg 1975.

Lorenz, E. N.: The Nature and Theory of the General Circulation of the Atmosphere WMO 1967. XXV, 161 S.

Lorenz, E. N.: Amer. Meteorol. Soc. Meteor. Monograph 8, No. 30 (1968), 1–3; Journ. Appl. Meteor. 9 (1970), 325–329; Journ. Atmos. Sci. 36 (1979), 1367–1376.

Lorius, C.; D. Raynaud, in: Bach u. a. (Hrsg.), 1983, 145–178.

Lotze, F., in: A. E. M. Nairn (Hrsg.): Problems in Paleoclimatology. London, Interscience Publ. 1964, 491–507.

Lovins, A. B., in: W. Bach (Hrsg.), 1980, 1–31; s. a. in W. Bach 1982, Kap. VI.

Lvovich, M.: World Water Resources and their Future. Engl. Translation by R. L. Nace. Amer. Geophys. Union 1975, Russische Version 1974, VIII + 415 S.

Madden, R. A.; V. Ramanathan: Science 209 (1980), 763–768.

Maejima, I.: Geogr. Rep. Tokyo Metropol University 1 (1966), 103–111.

Mägdefrau, K.: Paläobiologie der Pflanzen. 4. Aufl. Stuttgart, G. Fischer 1968 (bes. Kapitel 21–22).

Maley, J.: Nature 269 (1977), 573–577, sowie in: M. A. J. Williams, H. Faure (Hrsg.) 1980, 63–86; Thèse 1981.

Manabe, S.; K. Bryan: Journ. Phys. Oceanogr. 5 (1975), 3–46.

Manabe, S.; R. T. Wetherald: Journ. Atmos. Sci. 24 (1967), 241–259; 32 (1975), 3–15; 37 (1980), 99–118.

Manabe, S.; J. L. Holloway jr.: Journ. Geophys. Res. 80 (1975), 1617–1649.

Manabe, S.; K. Bryan; M. J. Spelman: Dynamics of Atmospheres and Oceans 3 (1979), 393–429.

Manabe, S.; R. J. Stouffer: Nature 282 (1979), 491–493; Journ. Geophys. Res. 85 (1980), 5529–5554.

MANABE, S.; R. T. WETHERALD; R. J. STOUFFER: Climatic Change 3 (1981), 347–386.
MANGERUD, J. u. a.: Nature 277 (1979), 189–192; Boreas 10 (1981), 138–208.
MANLEY, G.: Quart. Journ. Roy. Meteor. Soc. 100 (1974), 389–405.
MARTINSON, D. G. u. a.: Journ. Phys. Oceanogr. 11 (1981), 466–488.
MASON, B. J.: Quart. Journ. Roy. Meteor. Soc. 102 (1976), 473–498; sowie in World Climate Conference (Genf 1979), WMO-No. 537 (1979), 210–242.
MAYKUT, G. A.; N. UNTERSTEINER: Journ. Geophys. Res. 76 (1971), 1550–1575.
McCAULEY, J. F. u. a.: Science 218 (1982), 1004–1020.
McCLURE, H. A.: Nature 263 (1976), 755–756.
McCORMIC, B. M.; J. H. LUDWIG: Science 156 (1967), 1358–1359.
McCORMAC, B. M.; T. A. SELIGA (Hrsg.): Solar-Terrestrial Influences on Weather and Climate. D. Reidel (Dordrecht) 1979.
McCRACKEN, M. C.; H. MOSES: Bulletin of the American Meteor. Soc. 63 (1982), 1164.
McDONALD, G. J. M. (Hrsg.): The Long-Term Impact of Increasing Atmospheric Carbon Dioxide Levels. Ballinger, Cambridge, Mass. 1982.
McGHEE, R., in: T. M. L. WIGLEY u. a. (Hrsg.): Climate and History. Cambridge Univ. Press 1981, 162–179.
McKENZIE, J. A. u. a.: Palaeo^3 29 (1979), 125–141.
MERCER, J. H.: Quatern. Res. 6 (1976), 125–166; Nature 271 (1978), 321–325.
MERLIVAT, L.; J. JOUZEL: Journ. Geophys. Res. 84 (1979), 5029–5033.
MESSERLI, B. u. a.: Z. f. Gletscherkunde 11 (1975), 3–110; Arctic and Alpine Res. 10 (1978), 247–260.
MICKLIN, Ph. P.: EOS (Transact. Amer. Geophys. Union) 62 (1981), 489–493.
MILANKOWITSCH, M., in: W. KÖPPEN, R. GEIGER (Hrsg.): Handbuch der Klimatologie, Band I, S. 1–176 (1930).
MITCHELL, J. M. jr.: Ann. N. Y. Acad. Sci. 95 (1961), 235–250; UNESCO, Arid Zones Res., 20 (1963), 161–180.
MOLINA-CRUZ, A.; M. J. VALENCIA: Quaternary Res. 8 (1977), 324 bis 338.
MÖLLER, F.: Journ. Geophys. Res. 68 (1963), 3877–3886.
MÖRNER, N. A.: Palaeo^3 19 (1976), 63–85; (Hrsg.) Earth Rheology, Isostasy and Eustasy. J. Wiley, New York 1980.

MÜLLER, H.: Geol. Jahrbuch 83 (1965), 327–352; A 21 (1974), 107–140; sowie in: W. BACH u. a. (Hrsg.): Man's Impact on Climate. Developm. Atmos. Sci. 10 (1979), 29–41.

MUNN, R. E.; L. MACHTA: Proc. World Climate Conference, WMO-Nr. 537 (1979), 170–209.

NAIRN, A. E. M. (Hrsg.): Problems in Palaeoclimatology. Interscience Publ., London 1964.

NEFTEL, R. u. a.: Nature 295 (1982), 220–223.

NEUMANN, J.: Bull. Amer. Meteor. Soc. 58 (1977), 163–168.

NEUMANN, J.; S. LINDGREN: Bull. Amer. Meteor. Soc. 60 (1979), 775–787; Climatic Change 3 (1981), 173–187.

NEWELL, R. E.; A. R. NAVATO; J. HSIUNG: Pure and Appl. Geophysics 116 (1978), 351–371.

NEWELL, R. E.; T. G. DOPPLICK: Journ. Appl. Meteor. 18 (1979), 822 bis 825.

NEWELL, R. E.; S. GOULD-STEWART: Journ. Atmos. Sci. 38 (1981), 2789–2796.

NEWHALL, G. G.; S. SELF: Journ. Geophys. Res. 87 (1982), 1231 bis 1238.

NEWMAN, W. S. u. a.: Intern. Assoc. Hydrol. Sci. Publ. 131 (1981), 263–275.

NICHOLS, H.: Univ. of Colorado, Inst. of Arctic and Alpine Research, Occas. Paper No. 15 (1975).

NICHOLSON, Sh. E.; H. FLOHN: Climatic Change 2 (1980), 313–348.

NICHOLSON, Sh. E., in: M. A. J. WILLIAMS, H. FAURE (Hrsg.), 1980, 173–200.

NICHOLSON, Sh. E., in: T. M. L. WIGLEY u. a. (Hrsg.): Climate and History. Cambridge Univ. Press 1981, 249–270.

NINKOVICH, D. u. a.: Nature 276 (1978), 574–577.

OESCHGER, H. u. a., in: A. GHAZI (Hrsg.), Palaeoclimatic Research and Models. D. Reidel (Dordrecht) 1983, 95–107.

O'KEEFE, J. A.: Nature 285 (1980), 309–311.

OLSSON, J. S., in: W. C. CLARK (Hrsg.), 1982.

OLSSON, J. S. u. a.: Changes in the Global Carbon Cycle and the Biosphere. Oak Ridge Nat. Lab. EIS 109 (1978).

OPDYKE, N. D. u. a.: $Palaeo^3$ 27 (1979), 1–34.

OSBORNE, P. J.: Quart. Research 4 (1974), 471–486.

PACHUR, H. J.: Die Erde (Z. Gesellsch. f. Erdk. Berlin) 106 (1975), 21–46.

PALMÉN, E.; C. W. NEWTON: Atmospheric Circulation Systems. Academic Press, London 1969, 603 S.

PALTRIDGE, G.; S. WOODRUFF: Monthly Weather Review 109 (1981), 2427–2435.

PARKINSON, C. L.; W. W. KELLOGG: Climatic Change 2 (1979), 149–162.

PARKINSON, C. L.; W. W. WASHINGTON: Journ. Geophys. Res. 84 (1979), 311–337.

PARRY, M. L.: Climatic Change, Agriculture and Settlement. Dawson, Folkestone 1978.

PASTOURET, L. u. a.: Oceanologica Acta 1 (1978), 217–232.

PATZELT, G.: Z. f. Gletscherkunde und Glazialgeol. 9 (1973), 5–57; Erdwissensch. Forschung 13 (Wiesbaden 1977), 249–259.

PFISTER, Chr.: Viertelj. Schr. Naturf. Ges. Zürich 122 (1977), 447–471; Meteorol. Rdsch. 31 (1978), 56–62; Schweiz. Zeitschr. Geschichte 31 (1981), 445–491; in: T. M. L. WIGLEY u. a. (Hrsg.), 1981, 214–249; Klimageschichte der Schweiz 1525 bis 1860, Band 1. Academia Helvetica 6, P. Haupt, Bern, Stuttgart 1984.

PFLAUMANN, U.: Palaeoecology of Africa 12 (1980), 191–212.

PFLUGBEIL, C.: Berichte des Deutschen Wetterdienstes 104 (1967).

PHILANDER, S. G. H.; R. C. PACANOWSKI: Journ. Geophys. Res. 85 (1980), 1123–1136; Tellus 33 (1981), 201–210; Journ. Phys. Oceanogr. 11 (1981a), 176–189.

PITTOCK, A. B.: Rev. Geophys. Space Physics 16 (1978), 400–420; Quart. Journ. Roy. Meteor. Soc. 109 (1982), 23–55.

PLASS, G. N.: Tellus 8 (1956), 140–154.

The Polar Group: Rev. Geophys. Space Physics 18 (1980), 525–543.

POLLACK, J. B. u. a.: Journ. Geophys. Res. 81 (1976), 1071–1083.

POST, J. D.: The Last Great Subsistence Crisis in the Western World. Baltimore, John Hoskins Univ. Press 1977.

PRELL, W. L. u. a.: Geol. Soc. Amer. Mem. 145 (1976), 247–266; Quaternary Res. 14 (1980), 309–336.

PRIGOGINE, I.: Introduction à la thermodynamique des processes irreversibles. Monogr. Dunod, Paris 1968.

RAATZ, W.: Dipl. Arbeit Univ. Bonn 1977.

RAMAGE, C. S. u. a.: Journ. Geophys. Res. 86 (1981), 6580–6598.

RAMANATHAN, V., in: W. BACH (Hrsg.), 1980, 269–280; Journ. Atmos. Sci. 38 (1981), 918–930.

RASCHKE, E. u. a.: Journ. Atmos. Sci. 30 (1973), 341–364.

RASMUSSON, E. M.; T. H. CARPENTER: Monthly Weather Review 110 (1982), 354–384.

RASMUSSEN, R. A. u. a.: Science 211 (1981), 285–287.

REIDAT, R.: Wetter und Leben 23 (1971), 1–6.

REISER, H.; V. RENNER: Promet 1980, Heft 1/2, 23–29.

REITER, E. R.: Monthly Weather Review 106 (1978), 324–330; Journ. Atmos. Sci. 35 (1978), 349–370; Arch. Meteor. Geophys. Bioklim. A 28 (1979), 195–210; Rev. Geophys. Space Physics 13 (1975), 459 bis 474.

REITER, R. u. a.: Geophys. Res. Letters 7 (1980), 1099–1101; 9 (1982), 469–472.

REVELLE, R.: Scientific American (Aug. 1982); Spektrum der Wissenschaft, Okt. 1982, 16–25.

RIEHL, H.: Climate and Weather in the Tropics. Academic Press, London 1979, XII + 611 S.

ROBINSON, M. K.: Atlas of the North Pacific Ocean Monthly Mean Temperatures and Mean Salinities of the Surface Layer. Naval Oceanogr. Office Publ. 2 (1976), Washington, D. C.

ROGNON, P.; M. A. J. WILLIAMS: Palaeo^3 21 (1977), 285–327.

ROGNON, P.: Rev. Geol. Dyn. Geogr. Phys. 22 (1980), 313–328; Palaeoecology of Africa 13 (1981), 21–44.

ROSSIGNOL-STRICK, M. u. a.: Nature 295 (1982), 105–110; 304 (1983), 46–49.

RÖTHLISBERGER, F. u. a.: Die Alpen 52 (1976), 5–152; Geographica Helvetica 35 (1980), 21–52.

ROTHROCK, D. A.: Journ. Geophys. Res. 80 (1975), 387–397.

RUDDIMAN, W. F.; A. MCINTYRE: Quarternary Res. 13 (1980), 33–64; 16 (1981), 125–134; Climatic Change 3 (1980), 65–87; Palaeo^3 35 (1981), 145–214; Science 212 (1981), 617–627.

SAHNI, A.; H. C. MITRA: Palaeo^3 31 (1980), 39–62.

SAITO, T. u. a., in: T. SAITO,; L. H. BURCKLE (Hrsg.): Late Neogene Epoch Boundaries (New York, Am. Mus. Nat. History 1975), 226–244.

SALTZMAN, B. u. a.: Tellus 30 (1980), 572–584; 34 (1982), 97–112; Journ. Atmos. Sci. 38 (1981), 494–503.

SARNTHEIN, M. u. a.: Nature 271 (1978), 43–46; Palaeoecology of Africa 12 (1980), 239–253; Nature 293 (1981), 193–196.

SARNTHEIN, M. u. a., in: U. VAN RAD u. a. (Hrsg.): Geology of the Northwest African Continental Margin. Springer-Verlag, Heidelberg 1982, 545–604.

Savin, S. M. u. a.: Geol. Soc. America Bull. 86 (1975), 1499–1510.

Schairdel, B.; H. Flohn: Vortrag IUGG Hamburg 1983.

Schirmer, H.: Forschungen zur deutschen Landeskunde 81 (1955).

Schlesinger, M. E.: Oregon State Univ., Climate Research Paper No. 40 (1982).

Schneider, St. H.; S. L. Thompson: Journ. Geophys. Res. 86 (1981), 3135–3147.

Schwarzbach, M.: Das Klima der Vorzeit. Eine Einführung in die Paläoklimatologie, 3. Aufl. Enke, Stuttgart 1974, VIII + 380 S.

Schweingruber, F. H. u. a.: Boreas 8 (1979), 427–452.

Schwerdtfeger, W.: World Survey of Climatology. Vol. 14, Hrsg. von H. E. Landsberg. Elsevier, Amsterdam 1969, 253–355.

Sedlacek, W. A. u. a.: Journ. Geophys. Res. 88 (1983), 3741–3776.

Seibel, M.: Dipl. Arbeit Univ. Bonn 1980.

Sellers, W. D.: Journ. Appl. Meteor. 8 (1969), 392–400; 12 (1973), 241–254.

Sergin, V. Ya.: Journ. Geophys. Res. 86 (1981).

Shackleton, N. J.; N. D. Opdyke: Quaternary Research 3 (1973), 39–55; Nature 270 (1977), 216–219.

Shackleton, N. J., in: Marine Science. Vol. 6, Plenum Press, New York 1977, 401–427.

Shackleton, N. J. u. a.: Nature 307 (1984), 620–623.

Simmonds, I.: International Assoc. Hydrol. Sci. 131 (1981), 193–206.

Singh, G. u. a.: Philos. Transact. Roy. Soc. London B 267 (1974), 467–501.

Smagorinsky, J.: Monthly Weather Review 91 (1963), 99–165.

SMIC: Inadvertent Climate Modification: Report of the Study on Man's Impact on Climate. MIT-Press 1971, Cambridge, Mass.

Smith, A. G.; J. C. Briden: Mesozoic and Cenozoic Paleocontinental Maps. Cambridge Univ. Press 1977.

Sneyers, R.; G. L. Dupriez: Les Normales Du Réseau Pluviométrique Belge. Inst. Royal Météor. de Belgique. Public. Sér. A 101, 1978.

Söderlund, R.; B. H. Svenson: SCOPE-Bericht No. 7, 23–73. J. Wiley, London 1976.

Sonntag, C. u. a.: Palaeoecology of Africa 12 (1980), 159–171.

Starkel, L.: Abstract X. INQUA Congress, Birmingham 1977, 433.

Stephens, G. L. u. a.: Journ. Geophys. Res. 86 (1981), 9739–9760.

Stigebrandt, A.: Journ. Phys. Oceanogr. 11 (1981), 1407–1422.

STREET, F. A.: Palaeoecology of Africa 11 (1979), 135–143; 12 (1980), 137–158.

STREET, F. A.; A. T. GROVE: Quaternary Research 12 (1979), 83–118.

STRÜBING, K.: Seewart 35 (1974), 1–14; 36 (1975), 28–29.

STUIVER, M.: Nature 273 (1978), 271–274; 286 (1980), 868–871; Science 207 (1980), 11–17 (mit Quay).

SUESS, H. E., in: I. U. OLSSON: Radiocarbon Variations and Absolute Chronology. Nobel Symposium Vol. 20 (1970), 303–309.

SWAIN, A. M.; J. E. KUTZBACH; S. HASTENRATH: Quaternary Res. 19 (1983), 1–17.

TAIRA, K.: Palaeo^3 17 (1975), 333–338.

TAKAHASHI, K.; J. NEMOTO, in: K. TAKAHASHI, M. M. YOSHINO (Hrsg.): Climatic Change and Food Production, Univ. Tokyo Press 1978, 183–196.

TARLING, D. H.: Continental Drift. A Study of the Earth's Moving Surface. Penguin 1979, 154 S.

TAYLOR, B. L.; T. GAL-CHEN; St. H. SCHNEIDER: Quart. Journ. Roy. Meteor. Soc. 106 (1980), 175–199.

THORNDIKE, A. S. u. a.: Journ. Geophys. Res. 80 (1975), 4501–4513.

TOOLEY, M. C.: Geogr. Journ. 140 (1974), 18–42.

TREMPEL, U.: Dipl. Arbeit Univ. Bonn 1978.

United Nations Environment Program: Desertification: Its Causes and Effects. Pergamon Press 1977.

VAN DEN DOOL, H. M. u. a.: Climatic Change 1 (1978), 319–330.

VAN LOON, H.; J. C. ROGERS: Monthly Weather Review 106 (1978), 296–310.

VAN ZINDEREN BAKKER, E. M.: Palaeoecology of Africa 9 (1976), 160–202; 12 (1980), 381–394.

VASARI, Y. u. a. (Hrsg.): Acta Universitatis Ouluensis A 3 (Geologica) 1972.

VOWINCKEL, E.; S. ORVIG: World Survey of Climatology Vol. 14 (1970), 129–252; WMO Techn. Note 129 (1973), 143–166.

VUILLEUMIER, B. S.: Science 178 (1971), 771–780.

WALSH, J. E.; C. M. JOHNSON: Journ. Phys. Oceanogr. 9 (1979), 580–591; Journ. Geophys. Res. 84 (1979a), 6915–6928.

WANG, Sh. W.; I. C. ZHAO, in: T. M. L. WIGLEY (Hrsg.): Climate and History. Cambridge Univ. Press 1981, 271–288.
WANG, W. C. u. a.: Science 194 (1976), 685–690; Journ. Atmos. Sci. 37 (1980), 333–338.
WASHINGTON, W. W.; SEMTNER u. a.: Journ. Phys. Oceanogr. 10 (1980), 1887–1908.
WEARE, B. C.: Journ. Phys. Oceanogr. 12 (1982), 17–27.
WEBB, S. D.: Paleobiology 2 (1976), 220–234.
WEBB, Th. III: Journ. Interdisc. History 10 (1980), 749–772.
WETHERALD, R. C.; S. MANABE: Journ. Atmos. Sci. 32 (1975), 2044–2059; 37 (1981), 1485–1510; Journ. Geophys. Res. 86 (1981), 1194–1204; Climatic Change 3 (1981), 347–386 (mit STOUFFER).
WIGLEY, T. M. L.; M. J. INGRAM, G. FARMER (Hrsg.): Climate and History. Cambridge Univ. Press 1981, XII + 530 S.
WIJMSTRA, T. A., in: J. GRIBBIN (Hrsg.): Climatic Change. Cambridge Univ. Press 1978, 25–45.
WILLIAMS, J. (Hrsg.): Carbon Dioxyde, Climate and Society. Pergamon Press 1978.
WILLIAMS, M. A. J.; H. FAURE (Hrsg.): The Sahara and the Nile. Balkema (Rotterdam) 1980.
WILLSON, R. C. u. a.: Science 211 (1981), 700–702.
WILSON, A. T., in: E. M. VAN ZINDEREN BAKKER (Hrsg.): Antarctic Glacial History and World Palaeoenvironments. A. A. Balkema (Rotterdam) 1978, 33–39.
WOILLARD, G.: Acta Geogr. Lovaniensia 14 (1975), 1–168; Quartern. Res. 9 (1978), 1–21; Nature 281 (1979), 558–562.
WOILLARD, G.; W. G. MOOK: 1981 Science 215 (1982), 159–161.
WOLDSTEDT, P.: Handbuch der stratigraphischen Geologie. 2. Band, Stuttgart 1969, 263 S.
WOLFE, J. A.: American Scientist 66 (1978), 694–703; Palaeo^3 30 (1980), 313–323.
WOODRUFF, F. u. a.: Science 212 (1981), 665–668.
WYRTKI, K.: Journ. Phys. Oceanogr. 5 (1976), 572–584; 9 (1979), 1223–1231; 11 (1981), 1205–1214.

YAMAMOTO, R. u. a.: Arch. Meteor., Geophys., Bioklima B 25 (1977), 105–115.
YOSHINO, M. M., in: K. TAKAHASHI, M. M. YOSHINO (Hrsg.): Climate Change and Food Production. Univ. Tokyo Press 1978, 331–342.

Zubakov, W. A.; I. I. Borsenkova: Paleoklimatyi Podnego, Gidrometeoizdat Leningrad 1983, 216 S.
Zwally, H. J. u. a.: Science 220 (1983), 1005–1012.

REGISTER

Aus dem weiteren Programm

5489-X Boesler, Klaus Achim:
Raumordnung. (EdF, Bd. 165.)

1982. VII, 255 S. mit zahlr. Fig., Diagr. u. Tab., 1 Faltkt., kart.

Dieser Bericht über die Situation der Raumordnung im geographischen Bereich bietet unter ausführlicher Bereitstellung einschlägiger bibliographischer Daten eine Darstellung der gegenwärtigen Forschungsdiskussion sowie der aktuellen Grundsatzfragen.

8053-X Klug/Lang:
Einführung in die Geosystemlehre.

1983. XII, 187 S. mit 43, zum Teil farb. Abb. u. 3 Tab., 1 farb. Faltkt., kart.

Ziel dieses Buches ist es, Wirkungsgefüge, Stoff- und Energiehaushalt von Geosystemen zu kennzeichnen und somit einen Forschungsansatz vorzustellen, der für die weitere Entwicklung der Physischen Geographie und deren Praxisrelevanz sicherlich entscheidende Bedeutung haben wird.

7624-9 Mensching, Horst (Hrsg.):
Physische Geographie der Trockengebiete. (WdF, Bd. 536.)

1982. VI, 380 S., Gzl.

Der geomorphologische Formenreichtum in Gebieten, die man „wüst" und „leer" nennt, ist groß. Je nach der geographischen Lage, dem Klima und der Beschaffenheit des natürlichen Untergrundes solcher Trockenräume sind die methodischen Zugänge zur Erforschung der einzelnen Eigenschaften und des Gesamtphänomens unterschiedlicher Art. Dieses Buch bietet Forschungsschwerpunkte der physischen Geographie der Trockenzone der Erde sowie deren grundlegende Erkenntnisse und Gedanken in wichtigen Beiträgen seit den zwanziger Jahren.

8161-7 Weber, Peter:
Geographische Mobilitätsforschung. (EdF, Bd. 179.)

1982. VIII, 190 S. mit 9 Abb. u. 13 Tab., kart.

Die Energieprobleme der jüngsten Zeit haben deutlich werden lassen, daß unsere arbeitsteilige Gesellschaft nur dann funktionieren kann, wenn sich die Mobilität des Menschen im Raum voll entfalten kann. In diesem Buch werden die vielfältigen innerhalb der Geographie entwickelten Forschungsansätze und erdweiten Analysen von Mobilitätsphänomenen in ihren wichtigsten Erträgen dargestellt.

83/I

WISSENSCHAFTLICHE BUCHGESELLSCHAFT
Hindenburgstr. 40 D-6100 Darmstadt 11